元素の周期表

原子番号 ― 元素記号 ― 元素名 ― 原子量

周期＼族	1	2	3	4	5	6	7	8	9	10	11	12	13	14	15	16	17	18
1	1 H 水素 1.008																	2 He ヘリウム 4.003
2	3 Li リチウム 6.941	4 Be ベリリウム 9.012											5 B ホウ素 10.81	6 C 炭素 12.01	7 N 窒素 14.01	8 O 酸素 16.00	9 F フッ素 19.00	10 Ne ネオン 20.18
3	11 Na ナトリウム 22.99	12 Mg マグネシウム 24.31											13 Al アルミニウム 26.98	14 Si ケイ素 28.09	15 P リン 30.97	16 S 硫黄 32.07	17 Cl 塩素 35.45	18 Ar アルゴン 39.95
4	19 K カリウム 39.10	20 Ca カルシウム 40.08	21 Sc スカンジウム 44.96	22 Ti チタン 47.88	23 V バナジウム 50.94	24 Cr クロム 52.00	25 Mn マンガン 54.94	26 Fe 鉄 55.85	27 Co コバルト 58.93	28 Ni ニッケル 58.69	29 Cu 銅 63.55	30 Zn 亜鉛 65.39	31 Ga ガリウム 69.72	32 Ge ゲルマニウム 72.61	33 As ヒ素 74.92	34 Se セレン 78.96	35 Br 臭素 79.90	36 Kr クリプトン 83.80
5	37 Rb ルビジウム 85.47	38 Sr ストロンチウム 87.62	39 Y イットリウム 88.91	40 Zr ジルコニウム 91.22	41 Nb ニオブ 92.91	42 Mo モリブデン 95.94	43 Tc テクネチウム (99)	44 Ru ルテニウム 101.1	45 Rh ロジウム 102.9	46 Pd パラジウム 106.4	47 Ag 銀 107.9	48 Cd カドミウム 112.4	49 In インジウム 114.8	50 Sn スズ 118.7	51 Sb アンチモン 121.8	52 Te テルル 127.6	53 I ヨウ素 126.9	54 Xe キセノン 131.3
6	55 Cs セシウム 132.9	56 Ba バリウム 137.3	57～71 ランタノイド	72 Hf ハフニウム 178.5	73 Ta タンタル 180.9	74 W タングステン 183.9	75 Re レニウム 186.2	76 Os オスミウム 190.2	77 Ir イリジウム 192.2	78 Pt 白金 195.1	79 Au 金 197.0	80 Hg 水銀 200.6	81 Tl タリウム 204.4	82 Pb 鉛 207.2	83 Bi ビスマス 209.0	84 Po ポロニウム (210)	85 At アスタチン (210)	86 Rn ラドン (222)
7	87 Fr フランシウム (233)	88 Ra ラジウム (226)	89～103 アクチノイド	104 Rf ラザホージウム (267)	105 Db ドブニウム (268)	106 Sg シーボーギウム (271)	107 Bh ボーリウム (272)	108 Hs ハッシウム (277)	109 Mt マイトネリウム (276)	110 Ds ダームスタチウム (281)	111 Rg レントゲニウム (280)	112 Cn コペルニシウム (285)	113 Nh ニホニウム (284)	114 Fl フレロビウム (289)	115 Mc モスコビウム (288)	116 Lv リバモリウム (293)	117 Ts テネシン (293)	118 Og オガ (2
	典型元素		遷移元素									典型元素						
			ランタノイド元素	57 La ランタン 138.9	58 Ce セリウム 140.1	59 Pr プラセオジム 140.9	60 Nd ネオジム 144.2	61 Pm プロメチウム (145)	62 Sm サマリウム 150.4	63 Eu ユウロピウム 152.0	64 Gd ガドリニウム 157.3	65 Tb テルビウム 158.9	66 Dy ジスプロシウム 162.5	67 Ho ホルミウム 164.9	68 Er エルビウム 167.3	69 Tm ツリウム 168.9	70 Yb イッテルビウム 173.0	71 L ルテ 17
			アクチノイド元素	89 Ac アクチニウム (227)	90 Th トリウム 232.0	91 Pa プロトアクチニウム 231.0	92 U ウラン 238.0	93 Np ネプツニウム (237)	94 Pu プルトニウム (239)	95 Am アメリシウム (243)	96 Cm キュリウム (247)	97 Bk バークリウム (247)	98 Cf カリホルニウム (252)	99 Es アインスタイニウム (252)	100 Fm フェルミウム (257)	101 Md メンデレビウム (258)	102 No ノーベリウム (259)	103 ローシウ (26

演習でマスターしよう！

化学のキソ・計算のキソ・有機化学のキソ

立屋敷 哲
三芳 綾 著

丸善出版

はじめに

高校生が化学嫌いになるおもな理由は ① 化学式・反応式がわからない，② モルがわからない・化学計算ができない，③ 有機化合物の構造式・名称がわからない，④ 暗記が多い（理解・納得していない内容を暗記する必要がある）ことである．

本書は，高校での化学基礎・化学の学習が不十分で，計算力にも不安がある生徒が，健康・栄養・食物系，保健・看護・医療系，生命科学，食品科学，その他の分野の大学・短期大学へ入学後，スムーズに理系専門科目の学習ができるよう，**入学前に**，自学自修で，**「化学のキソ」「計算のキソ」「有機化学のキソ」**の準備学習（高校の復習＋α）を行うための演習形式の解説書・学習書である．本書で学習するキソは，受験知識ではなく，“専門の学習に実際に必要な役立つ基礎知識”である．自学自修を助けるYouTube チャンネル“タッチーの納得！ 化学解説”（p.86 参照）も用意した．

大学・短大入学後，専門として，また専門基礎として，化学を基礎とする理系科目を学習する必要がある分野は多い．しかしながら，そのような分野においても，高校での化学の基礎概念・基礎知識の修得が不十分，モル計算・%計算も不得意，有機化学が未学習・学習不十分である学生は少なくない．また高校 1, 2 年次に学習した化学基礎の内容を入学時には忘れてしまった学生も多い．

「化学のキソ」である元素名と元素記号，イオンと塩，酸と塩基，酸化還元，化学反応式，化学結合と極性，水素結合，モル計算（pH や浸透圧の基礎）といった知識・概念は，生物系を含めて大学・短大における理系の専門・基礎科目学習の前提である．

「有機化学のキソ」も生命科学，保健・医療，健康・栄養・食品などの分野では必須である．たとえば栄養系大学・短大では，入学直後に生物有機化学，食品学，栄養学基礎，生化学基礎などの授業が始まるところが少なくない．これらの授業についていくには有機化学の基礎知識が必須である．入学後に有機化学の学習を始めても学習成果が出てくるのは 6 月後半以降であり，それまでは，多くの学生は授業についていけない・理解できないのが現状である．この状況を少しでも改善する方策は講義に入る前に最低限の有機化学基礎を学習しておくことである．

非化学分野の学生や有機化学の初学者にとって，まず必要な有機化学の基礎は構造式が書けること，有機化合物群とそれらの代表的化合物の名称，構造式，化学式，性質がわかるようになること，有機化合物の化学式，名称を見てもゾッとしなくなることである．その基本となる入学前学習は入学後の本格的学習をより容易にしてくれるはずである．

加えて，**「計算のキソ」**も必須である．生化学・食品学・栄養学・衛生学などの実験・実習ではモル計算・%計算や溶液の希釈など，また講義でも微量栄養素の学習や血液検査値，環境基準値などの学習に m（ミリ），μ（マイクロ），d（デシ）などが必要である．栄養系の調理実習では調味%の計算を行う必要があるが，数的処理力や%のトレーニングが不十分なために，てこずる学生も少なくない．

本書で学んだことを忘れないで入学後の授業に役立たせるためには，理解する学習とトレーニング（演習）が必要である．読んで理解できる教材があれば，いったん忘れても，入学後にも復習できる．有機化学の基礎に限らず，化学の基礎，計算の基礎についても，問題とその解説をまとめた本書があれば，初学者や化学が苦手な学生用の自習演習書として役に立つ．本書を自習して，問題をノートに解く．別途，演習として本書の問題そのものを繰返し解けば，理解・納得し，できるようになり，応用が効く．近時，入学後に強調される「自学自修」を入学前から身につけることができよう．

本書が大学・短大への入学前の生徒の化学基礎の自学自修や入学後のリメディアル教育に役立つことを願っている．明るく楽しい表紙のイラストを作成いただいた中原馨子氏，本書の出版の実現と，かつより良い本とするべくご尽力をいただいた丸善出版の長見裕子氏に深謝する．

2021年　春

立屋敷　哲

● 本書の内容

第Ⅰ編：化学の基礎である周期表にかかわる知識, 原子・イオン・塩の化学式の書き方, 命名法, 酸・塩基，酸化還元，反応式の書き方の復習，中和反応の反応式，化学結合，極性，水素結合．

第Ⅱ編：計算のコツ，概算・暗算法，四則計算，指数計算などの計算基礎，米国式の化学計算法である換算係数法（未知数 x を使わない，割り算をしない，単位に着目し，間違えないで計算できる方法）の学習．d（デシ）・m（ミリ）・μ（マイクロ）など，%計算，モル計算の復習．

第Ⅲ編：有機化学の基礎（構造式・示性式の書き方概略，数詞，メタン・エタン…，メチル・エチル…，13 種類の有機化合物群の名称と一般式・官能基・性質）の学習＋大学・短大入学後に学習するアミノ酸・脂質・糖質の最低限の予習．

上記以外の項目は入学後にしっかり学習してほしい．

また，本書の内容をさらに理解・納得する学習には，拙著『ゼロからはじめる化学』（本書第Ⅰ～Ⅲ編），『からだの中の化学』（本書第Ⅰ～Ⅲ編），『演習 誰でもできる化学濃度計算 実験実習の基礎』・『演習 溶液の化学と濃度計算 実験実習の基礎』（本書第Ⅱ編とⅠ編の一部），『生命科学，食品・栄養学，化学を学ぶための 有機化学 基礎の基礎 第 3 版』・『演習 生命科学，食品・栄養学，化学を学ぶための有機化学 基礎の基礎』（本書第Ⅲ編）が役立つはずである（いずれも丸善出版発行）．

学習の心構え，学習法

学習にあたっては，**“なぜ？”**という言葉を忘れないようにしよう．「理解し身につける（学習）」「自ら取組む（学習）」「自らの能力を伸ばす」ことを心がけること．他人と比較せず，**過去の自分と比較する**．教科書の本文や解説をしっかり読む（キーワード・文節単位で，下線を引いたり黄色でマーカーしたり，書き込んだりして**自分だけの教科書にする**こと*）．そして，必ず一度はすみからすみまで全部読むこと．本書は懇切丁寧のため字数が多い．字数が多いのは嫌だという人は多いけれど，絵ばかりの本では独学で理解できるはずがない．詳しい説明をしっかり読み，書いてあることを理解してほしい．“読めばわかる”というのが，これまで教えてきた多くの先輩たちの感想である．最初は本書の問題をすべて例題とみなして解説書として学習し，理解・納得したら，2 回目以降は答を隠してすべて演習問題として解く．できなかった問題には印をつけ，問題の答の解説を納得するまで熟読する．後日，再度この問題を解く．これをできるようになるまで繰り返す．できないところは 100 回やるつもりで学習すること．“読書百遍意自（おのずから）見（あらわる）”である．

換算係数法など新しい方法を身につけることは容易ではないだろう．新しいことは頭に入りにくい．わかりづらいし，面倒である．しかし，それを行うのが学習である．これを乗り越えなければ新しいことは身につかない．そもそも「学ぶ」とは新しいことを身につけることであり，楽なはずがない．“学問に王道なし”である．頑張って乗り越えてほしい．

新しいことを身につけるコツは自分自身に備わっている．私たちは誰からも教わらずに日本語・話す能力を身につけたのだから．どうやって？　それは，子どもは本能的に周りに追いつこうとして，先入観なく，周りの人をまねる，すべてを受け入れるからである．そもそも「学ぶ」とはまねぶ（まねる），「学習」とは繰返しまねるという意味である．学ぶことは，まずは教科書の指示どおりに素直にまねることから始まる．これが，上手に学ぶコツである．素直にまねられない，自分式にやろうとするのは大人になった証拠である．しかし，このことが，素直に学ぶことを妨げて，新しいことを学ぶことを難しくしている．まずは，子どもの気持ちで，教科書をしっかり読んで理解し，まねぶしてほしい．

学習に関して知っておくべきことがいま 1 つある．「問題を解く作業は，勉強ではなく，勉強の準備である」．問題を解いて，答が合っていれば自己満足するが，じつは，これだけでは問題を解くのに使った時間はむだである．問題を解く目的は「**間違い，理解していないところを発見する**」ことにある．間違ったところこそが宝もの．間違ったところ，学ぶべきところが見つかったら，そこを理解・納得できるまで，身につけることが学習である．本書で，換算係数法をはじめ新しいこと，今までできなかったことを身につけて，自分の能力，自分らしさ，自分の個性を大きく伸ばすきっかけにしてほしい．他と異なること・十人十色はすばらしいことなのだから．

“みんなちがって，みんないい”（金子みすゞ）

＊ 丸善出版の web サイトでは，筆者の授業を受けた学生の，拙著の教科書活用事例を見ることができます．ぜひ自分だけの教科書をつくりあげてください（「学生必見！ 立屋敷哲先生著の化学テキスト活用事例」；書籍タイトルのページから確認できます）．

目　次

第Ⅰ編　化学のキソ

第Ⅱ編　計算のキソ

第III編　有機化学のキソ

第IV編　付　　録

1 I 化学のキソ

周期表と原子の構造・同位体

――高校の教科書『化学基礎』（I 編「物質の構成」）をざっと復習しよう！

1・1 周期表 化学を学習する際の大前提，元素名と元素記号を覚えよう！

● 1 番～20 番元素の覚え方［語呂合わせ］

水兵リーベ僕のお船（はホウ炭窒酸），名前があるんだ，シップスクラークか？（ケイリン硫黄塩）
（ドイツ語で，愛するという意）

● ハロゲン元素（17 族） F，Cl，Br，I（フクロブリー）の覚え方

フクロぶりーのハロゲンさんは，仏（ふつ） 縁（えん） 臭（しゅう） よぅ
（フクロウのふりをした） （仏に 縁のある 臭いが するよ（フッ素，塩素，臭素，ヨウ素））

● （同族元素の）Cr, Mo（6 族）と O, S, Se（16 族）の覚え方

必須元素[1] のクローモー・オスセェ
（crow（カラス）も いるぜぇ）

1）生体必須微量元素
（Cr, Mn, Fe, (Co), Cu, Zn, Se, Mo, I）

問題 I-1 「水兵リーベ僕のお船……」をもとにして，下の周期表の空欄【　】を埋めなさい．（元素名で記せ．元素記号のみは×）

周期表とは元素を原子番号順に並べて表にしたものです．周期性を典型的に示す元素のことを典型元素といい周期表の族内（縦列）の元素の性質は互いに似ています．**典型元素**には金属元素と非金属元素があります．

（灰色）：典型元素で金属元素　（白）：典型元素で非金属元素

	1 族	【　】族	～	【　】族	【　】族	【　】族	【　】族	【　】族	【　】族
第 1 周期	H 水素		非金属元素						He ヘリウム
第 2 周期	【　】	【　】		【　】	【　】	【　】	【　】	【　】	【　】
第 3 周期	【　】	【　】	金属元素	【　】	【　】	【　】	【　】	【　】	【　】
第 4 周期	【　】	【　】	（遷移元素）				【　】	【　】	
第 5 周期								【　】	
族の名称	【　】							【　】	【　】
イオンの電荷[a]	【　】	【　】		【　】			【　】	【　】	【　】
原子価[b]	(H)【　】				【　】	【　】	【　】	【　】	【　】

a）符号と価数，b）共有結合の手の数．

遷移元素（すべて金属元素）

族番号	3, 4, 5 族	6 族	7 族	8 族	9 族	10 族	11 族	12 族
第 4 周期	Sc, Ti, V[c]	Cr【　】	Mn【　】	Fe【　】	Co【　】	Ni【　】	Cu【　】	Zn【　】
第 5 周期		Mo【　】						

12 族の Zn は，遷移元素ではなく典型元素だが，生体内では似た役割を果たしている．

c）スカンジウム，チタン，バナジウム．

学習の基礎として，まずこの周期表と元素名，元素記号を完全に記憶しよう．

□：典型元素で金属元素　□：典型元素で非金属元素

	1族	2族	3〜12族	13族	14族	15族	16族	17族	18族
第1周期	H 水素		非金属元素						He ヘリウム
第2周期	Li リチウム	Be ベリリウム		B ホウ素	C 炭素	N 窒素	O 酸素	F フッ素	Ne ネオン
第3周期	Na ナトリウム	Mg マグネシウム	金属元素	Al アルミニウム	Si ケイ素	P リン	S 硫黄	Cl 塩素	Ar アルゴン
第4周期	K カリウム	Ca カルシウム	（遷移元素）				Se セレン	Br 臭素	
第5周期								I ヨウ素	
族の名称	アルカリ金属							ハロゲン	貴ガス
イオンの電荷[a]	+1	+2		+3			−2	−1	0
原子価[b]	(H) 1				4	3	2	1	0

a) 符号と価数，b) 共有結合の手の数 (p.77).

遷移元素（すべて金属元素）

族番号	3, 4, 5族	6族	7族	8族	9族	10族	11族	12族
第4周期	Sc, Ti, V[c]	Cr クロム	Mn マンガン	Fe 鉄	Co コバルト	Ni ニッケル	Cu 銅	Zn 亜鉛
第5周期		Mo モリブデン						

12族のZnは，遷移元素ではなく典型元素だが，生体内では似た役割を果たしている．
3〜12族はd-ブロック元素に分類される（➡「ゼロからはじめる化学」p.105).

c) スカンジウム，チタン，バナジウム．
遷移元素の覚え方は「ゼロからはじめる化学」p.5参照．

イオンの電荷と原子の原子価[b]については，18族を「貴ガス」という意味と，食塩NaClの構成イオンである＋電荷をもった陽イオンNa^+（1族）と−電荷をもった陰イオンCl^-（17族）をもとに覚えましょう（p.8も参照）．

食塩は，Na^+（電荷+1）とCl^-（電荷−1）で，NaCl（全体としての電荷0）．
したがって，（Naと同じ）1族は電荷+1，（Clと同じ）17族は電荷−1，と記憶する．

族番号	1族	2族	13族			16族	17族	18族（貴ガス）
イオンの電荷	+1	+2	+3			−2	−1	0

族番号	1族			14族	15族	16族	17族	18族（貴ガス）
原子価[b]	Hのみ1			4	3	2	1	0

「貴ガス」は，“高貴”なガス．つまり，ひとりでも平気・安定している．
誰とも手をつながない＝原子価0．イオンにもならない＝電荷0．

Point すべて丸暗記しなくても，18族（貴ガス）の電荷「0」・原子価「0」，1族（Na^+）の電荷「+1」，17族（Cl^-）の電荷「−1」さえ覚えておけば，あとは周期表を思い浮かべ，族番号に対応して1ずつ増やしたり，1ずつ減らしたりすればよいのです．

1・2 周期表とあわせて覚える基本知識　基本的な塩・イオンと分子を覚えよう！

問題 I-2　(1) 原子量, (2) 原子番号, (3) 金属元素の特徴, (4) 非金属元素の特徴を簡潔に述べよ.

(1) 原子量とは【いわば, ①　　】
(2) 原子番号とは【もともとの意味は, ②　　, 現代的理解では, ③　　】
(3) 金属元素の特徴を 2 つ【④　　, ⑤　　】
(4) 非金属元素の特徴を 3 つ【⑥　　, ⑦　　, ⑧　　】

問題 I-3　食塩について, 以下の空欄を埋めなさい.　要記憶　基礎の基礎

ヒント：イオンの化学式は, 問題 I-1 の周期表中の, 族とイオンの電荷の関係と対応させて考えよう.
(1) 食塩の化学名は【①　　】で, 化学式は【②　　】
(2) 食塩を構成する, 陽イオンの名称は【③　　】で, 化学式は【④　　】
(3) 食塩を構成する, 陰イオンの名称は【⑤　　】で, 化学式は【⑥　　】

問題 I-4　以下のイオンの化学式を書きなさい.　要記憶

ヒント：イオンの化学式は, 問題 I-1 の周期表中の, 族とイオンの電荷の関係と対応させて考えよう.
① カルシウムイオン【　　】　② カリウムイオン【　　】
② マグネシウムイオン【　　】　④ 酸化物イオン【　　】
▶①～③はからだの中のイオンとして重要

問題 I-5　(1) 以下の物質の分子式を書きなさい.　要記憶　基礎の基礎

① 水素【　　】　② 酸素【　　】　③ 窒素【　　】
④ 塩素【　　】　⑤ 塩化水素[1]（水溶液は塩酸）【　　】
ヒント：いずれも“分子（複数の原子が手をつないだもの）”であり, 原子ではない（原子は寂しがりや. ということは……？）

(2) 問題 1 の周期表の族と原子価の関係をもとに, 以下の化合物（分子）の分子式を書きなさい.

⑥ 水【　　】　⑦ アンモニア[2]【　　】
⑧ メタン【　　】　⑨ 二酸化炭素[1,2]【　　】
▶⑦と⑨はからだの代謝産物として重要

(1) 原子量とは, いわば, ① 原子の体重
(2) 原子番号とは, もともとは, ② 原子を軽い順に並べたときの順序（例外あり）, 現代的理解では, ③ 原子番号＝陽子数
(3) 金属元素の特徴, ④ 陽イオンになりやすい, ⑤ 金属としての性質[3] をもつ（配位化合物・錯体をつくる ➡「ゼロからはじめる化学」p.114）
(4) 非金属元素の特徴, ⑥ 陰イオンになりやすい, ⑦ 金属の性質をもたない（金属ではない）, ⑧ 分子・共有結合性物質となりやすい.

3) 金属は金属光沢・展性・延性をもち, 電気・熱の良導体である.

要記憶
(1) 食塩の化学名は, ① 塩化ナトリウム, 化学式は, ② $NaCl$
(2) 食塩を構成する, 陽イオンの名称は, ③ ナトリウムイオン, 化学式は, ④ Na^{+}
(3) 食塩を構成する, 陰イオンの名称は, ⑤ 塩化物イオン, 化学式は, ⑥ Cl^{-}

> 食塩＝塩化ナトリウム＝NaCl　を，まず理屈抜きに覚えること．
> $Na^+ + Cl^-$ → NaCl　これが塩，イオンの基本！
> このことと周期表（族番号とイオンの電荷の関係）とを関連付けて覚える．
> Na^+（電荷＋1）と Cl^-（電荷－1）で NaCl（全体の電荷 0）（p. 31 下図参照）．
> つまり，（Na と同じ）1 族元素は電荷＋1，（Cl と同じ）17 族元素は電荷－1．

「塩化ナトリウム」の化学式は［陽イオン（Na^+）を前］に，［陰イオン（Cl^-）を後］に書く．→［NaCl］
（名称と化学式は物質の前後の順序が逆になる）
「NaCl」の命名は［陰イオン部分（塩化）を前］，［陽イオンの元素名（ナトリウム）を後］に書く．→［塩化ナトリウム］

族番号	1 族	2 族	13 族	14 族	15 族	16 族	17 族	18 族（貴ガス）
イオンの電荷	＋1	＋2	＋3	…	…	－2	－1	0

① カルシウムイオン Ca^{2+}　② カリウムイオン K^+
③ マグネシウムイオン Mg^{2+}　④ 酸化物イオン O^{2-}

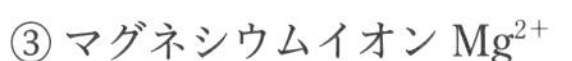

要記憶

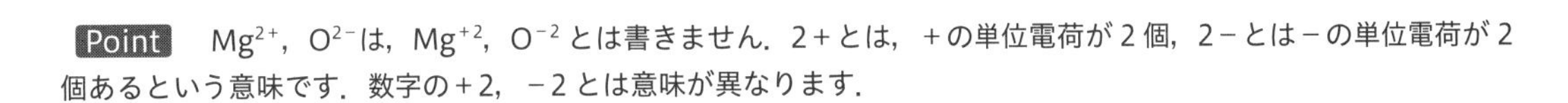

Point　Mg^{2+}，O^{2-} は，Mg^{+2}，O^{-2} とは書きません．2＋とは，＋の単位電荷が 2 個，2－とは－の単位電荷が 2 個あるという意味です．数字の＋2，－2 とは意味が異なります．

> **周期表（族番号とイオンの電荷の関係）と関連付けて覚えよう！**
> Ca は 2 族なので，イオンの電荷は＋2　つまり Ca^{2+}
> K は 1 族なので，イオンの電荷は＋1　つまり K^+
> Mg は 2 族なので，イオンの電荷は＋2　つまり Mg^{2+}
> O は 16 族なので，イオンの電荷は－2　つまり O^{2-}

原子は寂しがりやなので最低 2 個の原子が手をつなぎ（共有結合），分子になる．

(1) ① 水素 H_2　② 酸素 O_2　③ 窒素 N_2　④ 塩素 Cl_2　⑤ 塩化水素[1]（水溶液は塩酸）HCl

(2) ⑥ 水 H_2O[2]（H－O－H）　⑦ アンモニア NH_3[2]（H－N(－H)－H）　⑧ メタン CH_4[2]（H－C(－H)(－H)－H）
⑨ 二酸化炭素[1,2] CO_2

> **1）言葉（化合物名）の意味を考えよう．**
> 「塩化ナトリウム」→「塩化/ナトリウム」→ Cl/Na → NaCl
> （名称と化学式は前後の順序が逆になる）ので…
> 「塩化水素」→「塩化/水素」→ Cl/H → HCl
> 「二酸化炭素」→「二酸化/炭素」→ 2 O/C → CO_2
> なお，塩化水素は気体である．

> **2）周期表の族番号と原子価・化合物を関連付けて覚える．**
> （1 族）H の原子価（手の数）は 1　つまり　H－　（－H）
> （16 族）O の原子価（手の数）は 2　つまり　－O－　H_2O
> （15 族）N の原子価（手の数）は 3　つまり　－N(－)－　NH_3
> （14 族）C の原子価（手の数）は 4　つまり　－C(－)(－)－　CH_4

元素の族番号と原子価の関係（H, O, N, C の原子価（共有結合の手の数）は基礎の基礎として**要暗記**）

族番号	1 族		14 族	15 族	16 族	17 族	18 族（貴ガス）
原子価[a]	H のみ 1		4	3	2	1	0

a）共有結合の手の数．

1・3　原子の構造　原子の最も基本的な構造をイメージできるようになろう！

問題 1-6　原子の構造について，以下の空欄を埋めなさい．

(1) 原子の質量数 =【①　　　】の数 +【②　　　】の数
(2) 原子番号 =【③　　　】の数
(3) 陽子は，電気的には【④　　】性の粒子であり，陽子の数は原子内の【⑤　　】の数と同じ．
(4) 中性子は電気的には【⑥　　】性の粒子であり，【⑦　　】とともに【⑧　　】を構成する．
(5) 電子は，電気的には【⑨　　】性の粒子であり，原子内の【⑩　　】の数と同じ．

原子の構造のイメージをつかもう

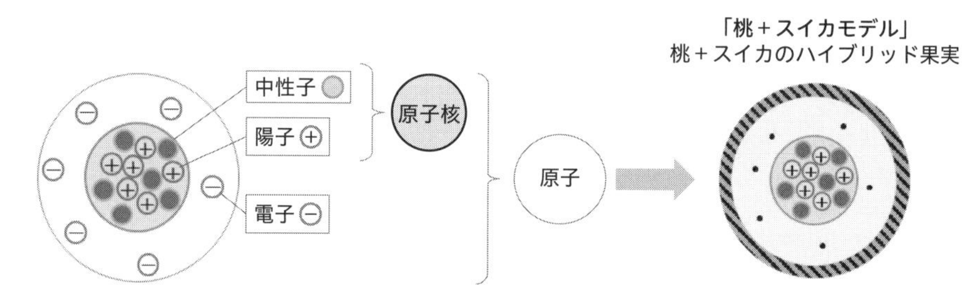

物質を構成する基本粒子の「原子」は，小さな丸い玉です．これを，桃のような，中心に種のある実として考えてみましょう（付録Aも参照）．

中心の種にあたるのが「原子核」とよばれる正の電荷（+）を帯びた中心部分です（ただし，実際の原子核は，原子全体の大きさに比べて極めて小さい）．この原子の“種”にあたる原子核には，「陽子」「中性子」という2種類の素粒子（いわば重たい鉄のパチンコ玉のような玉）が詰まっています．

陽子と中性子は，重さはほとんど同じですが，**陽子は正の電荷（電荷+1）をもち**，**中性子は無電荷**です．**したがって，原子核の重さは「陽子の数+中性子の数」，原子核の電荷は陽子の数だけ「正の電荷（+）」となるのです．**

一方，この実（原子）の果肉部分には，スイカのように小さな種も存在しています．この小さな種にあたるのが，「電子」であり，負の電荷（−）を帯びています．

電子の重さは，陽子や中性子の約 1/2000 と非常に軽く，全体（原子）の重さにほとんど影響を与えません．したがって，**中心部の種である陽子の数 + 中性子の数（原子核の重さに対応）は原子の質量数（原子の重さに対応）に相応します．**また，この実**（原子）全体は電気的に中性（無電荷）**なので，**電子(−)の数=陽子(+)の数**です．

原子番号とは，歴史的には各原子を（原子量順に）軽い順から並べたときに「何番目に軽いのか」を示す番号でしたが（例外あり），原子の構造が解明された現在では，**原子番号=陽子の数**と定義されています．つまり，身近に例えますと原子番号=周期表中の座席順，いわば学籍番号といえますね．

(1) 原子の質量数 = ① 陽子 の数 + ② 中性子 の数
(2) 原子番号 = ③ 陽子 の数
(3) 陽子は，電気的には ④ 陽 性の粒子であり，陽子の数は原子内の ⑤ 電子 の数と同じ．
(4) 中性子は，電気的には ⑥ 中 性の粒子であり，⑦ 陽子 とともに ⑧ 原子核 を構成する．
(5) 電子は，電気的には ⑨ 陰 性の粒子であり，原子内の ⑩ 陽子 の数と同じ．

1・4 同位体 同位体の基本について理解しよう！

問題 I-7 29 番元素・銅の同位体 ^{63}Cu[1] について，以下の空欄を埋めなさい．

$^{63}_{29}Cu$

(1) 質量数は 【①　　】
(2) 原子番号は【②　　】
(3) 陽子数は 【③　　】
(4) 中性子数は【④　　】
(5) 電子数は 【⑤　　】

1) Cu には ^{63}Cu，^{65}Cu など，同位体が複数個ある．同位体とは周期表の同じ位置（場所）を占めるもの（体）という意味で，原子番号＝陽子数は同じ（同じ性質を示す・同一元素）だが，質量数（中性子数）が異なる核種のことである．安定同位体と放射性同位体があり，後者は α 線・He 原子核を放出する α 壊変，β 線・電子を放出する β 壊変を起こす．γ 線・高エネルギーの電磁波（光）を放出する場合もある．

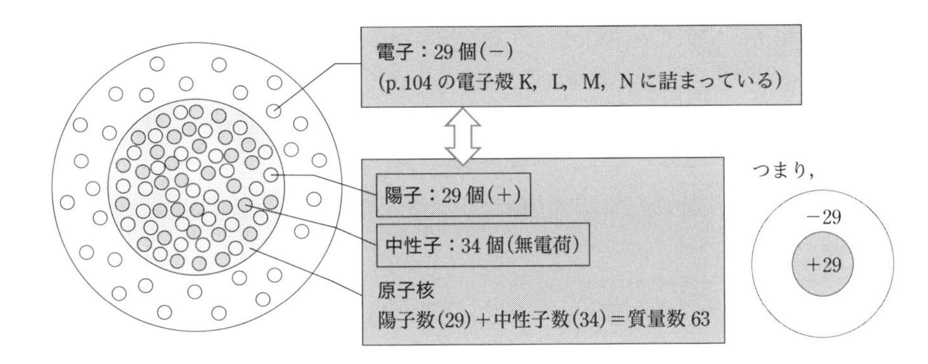

よくわからない人は，「桃＋スイカモデル」のイメージをしっかり頭に入れ込もう．

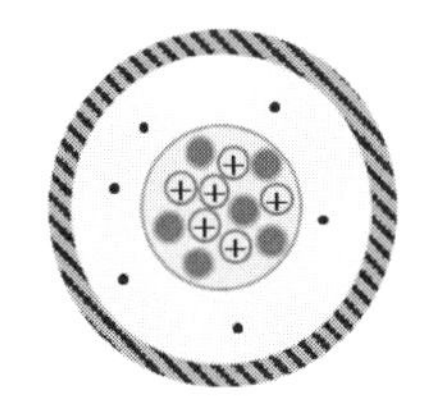

原　子：桃＋スイカのハイブリッド果実
電　子：“－の電荷をもった”スイカの種（ゴマ粒）
原子核：桃の種
陽　子：桃の種（原子核）の中にある“＋の電荷をもった”重たいパチンコ玉
中性子：桃の種（原子核）の中にある“電荷をもたない”重たいパチンコ玉

原子量：原子の体重（もともとの定義は H の重さ（H＝1）の何倍かであったが，現代の定義は $^{12}C=12$）
元素には複数の同位体があるので，原子量はこのすべての同位体の質量の平均値です．
(例) Cl は ^{35}Cl が 75% と ^{37}Cl が 25% よりできているので，原子量＝(35×75/100＋37×25/100)＝35.5

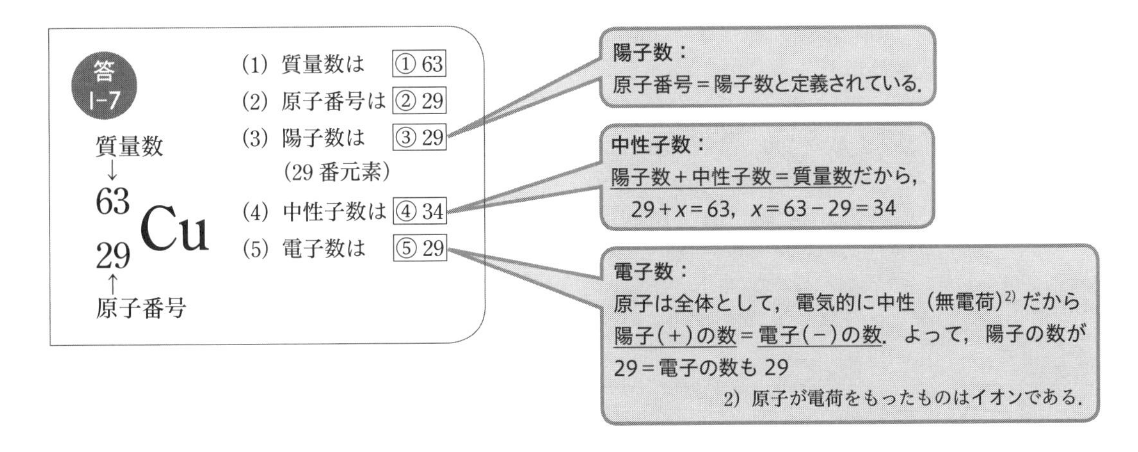

答 I-7
質量数
↓
63
29 Cu
↑
原子番号
(1) 質量数は ① 63
(2) 原子番号は ② 29
(3) 陽子数は ③ 29
(29 番元素)
(4) 中性子数は ④ 34
(5) 電子数は ⑤ 29
陽子数：
原子番号＝陽子数と定義されている．
中性子数：
陽子数＋中性子数＝質量数だから，
29＋x＝63，x＝63－29＝34
電子数：
原子は全体として，電気的に中性（無電荷）2) だから
陽子(＋)の数＝電子(－)の数．よって，陽子の数が
29＝電子の数も 29
2) 原子が電荷をもったものはイオンである．

練習問題 26 番元素・鉄 ^{56}Fe の質量数，原子番号，陽子・中性子・電子数を考えよう（答は p.10）

簡単なイオンの化学式と名称

──からだ，食品など，すべての物質は原子，イオン，分子からできている！

2・1　陰イオン，陽イオンのでき方　イオンのでき方とイオンの電荷を知ろう！

> $NaCl \rightarrow Na^{+} + Cl^{-}$ は基礎的な暗記事項．必ず覚えること．

原子が電荷をもったものをイオン（単原子イオン）といいます．食塩 NaCl は，Na^{+} と Cl^{-} からなり（p.31 下図）水に溶かすと Na^{+} と Cl^{-} に分かれます．この現象を電離といい，電離する物質を電解質といいます．Na^{+} や Cl^{-} のように，電荷をもった微粒子を「イオン」といい，＋電荷をもったものを「陽イオン」，－電荷をもったものを「陰イオン」といいます．イオンの電荷は「イオンの価数」に＋または－の符号を付けたものです．

Point　「○○イオン」という名称であれば，その化学式の後肩には必ず＋か－の電荷があります．逆に，電荷がついている化学式であれば，それはイオン（「○○イオン」）です．電荷がなければイオンではありません．

次の問題は，Cl，Mg が何族元素か，また周期表の族番号とイオンの電荷（価数と符号）との関係を思い出して考えましょう．

問題 I-8　Cl から生じるイオンについて，以下の①～⑬に，数値または語句を入れなさい．

ヒント：Cl は何族元素，何番元素か，暗記した「水兵リーベ…」の表に基づいて考えてみよう．

(1) Cl は【①　　】族元素なので，イオンの電荷は【②　　】である．

(2) このイオンの名称は【③　　　　】，化学式は【④　　】である．

(3) Cl 原子は電子を【⑤　　個⑥　　】と【⑦　　】の電荷を帯び，【⑧　　】価の【⑨　　】イオンとなる．

(4) Cl のイオン化を原子核と電子の図で示すと，

　＋【⑩　　】，－【⑪　　】，＋【⑫　　】，－【⑬　　】

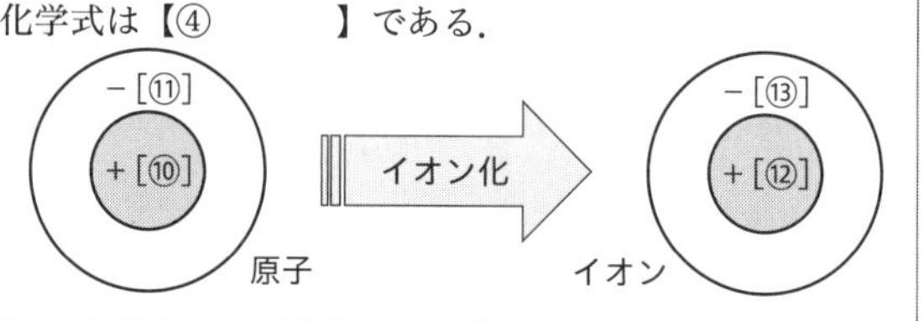

問題 I-9　Mg から生じるイオンについて，以下の①～⑬に，数値または語句を入れなさい．

ヒント：Mg は何族元素，何番元素か，暗記した「水兵リーベ…」の表に基づいて考えてみよう．

(1) Mg は【①　　】族元素なので，イオンの電荷は【②　　】である．

(2) このイオンの名称は【③　　　　】，化学式は【④　　】である．

(3) Mg 原子は電子を【⑤　　個⑥　　】と【⑦　　】の電荷を帯び，【⑧　　】価の【⑨　　】イオンとなる．

(4) Mg のイオン化を原子核と電子の図で示すと，

　＋【⑩　　】，－【⑪　　】，＋【⑫　　】，－【⑬　　】

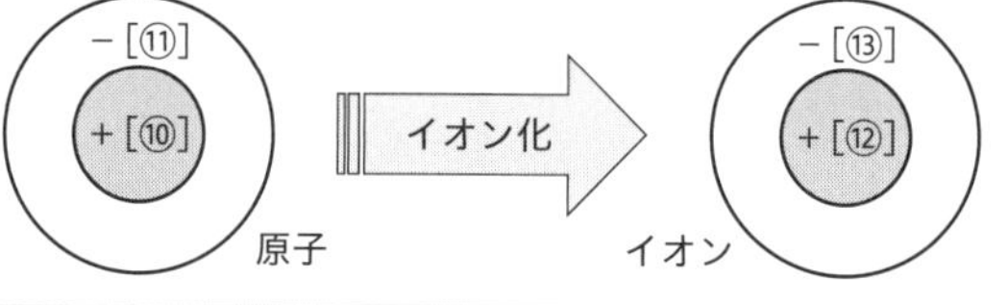

暗記した周期表の族番号とイオンの電荷の関係（p.3 をもとに考えましょう）

	1 族	2 族	13 族	14 族	15 族	16 族	17 族	18 族
第 1 周期	H							He
第 2 周期	Li	Be	B	C	N	O	F	Ne
第 3 周期	Na	Mg	Al	Si	P	S	Cl	Ar
第 4 周期	K	Ca				Se	Br	Kr
第 5 周期							I	Xe
イオンの電荷	+1	+2	+3	－	－	−2	−1	0

“理解” するには，付録 A・3【イオンの電荷】を参照．

(1) Cl は ① 17 族，イオンの電荷は ② −1 である．
（「水兵リーベ…」と周期表(前表)を自分で書いてみると，Cl は 17 族，よって −1 価だとわかる）

(2) 名称は ③ 塩化物イオン，化学式は ④ Cl^- である．

(3) Cl 原子は電子を ⑤ 1 個 ⑥ 得る と，⑦ 負(−) の電荷を帯び，⑧ 1(−1) 価の ⑨ 陰 イオンとなる．

(4) +⑩ 17，−⑪ 17，+⑫ 17，−⑬ 18

【Cl】（塩素原子）　→　【Cl^-】（塩化物イオン）

−17　+17

+⊖

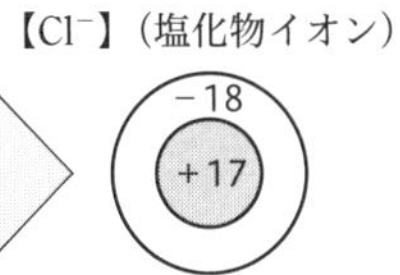

−18　+17

電子（−）18 個
陽子（+）17 個
→ = −1（Cl^-）（負の電荷・陰性）
1 価の陰イオン

17 番元素だから原子核（陽子数）+17，電子 17 個．電子⊖を 1 個得ると，Cl + ⊖→ $Cl^{⊖}$となる．

Point　原子に電子がくっついてできる陰イオンは，顔についたご飯粒同様，外から見てもすぐわかる．

(1) Mg は ① 2 族，イオンの電荷は ② +2 である．
（「水兵リーベ…」と周期表(上表)を自分で書いてみると，Mg は 2 族，よって +2 価だとわかる）

(2) 名称は ③ マグネシウムイオン，化学式は ④ Mg^{2+} である．

(3) Mg 原子は電子を ⑤ 2 個 ⑥ 失う と，⑦ 正(+) の電荷を帯び，⑧ 2(+2) 価の ⑨ 陽 イオンとなる．

(4) +⑩ 12，−⑪ 12，+⑫ 12，−⑬ 10

【Mg】（マグネシウム原子）　→　【Mg^{2+}】（マグネシウムイオン）

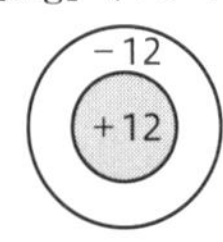

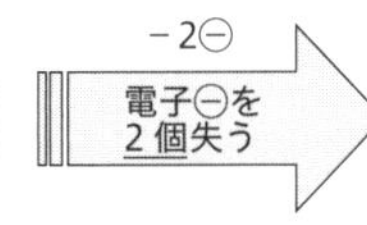

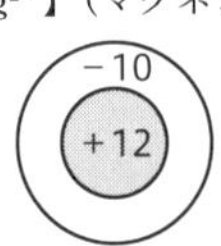

電子（−）10 個
陽子（+）12 個
→ = +2（Mg^{2+}）（正の電荷・陽性）
2 価の陽イオン

12 番元素だから原子核（陽子数）+12，電子 12 個．電子を 2 個失うと，Mg^{2+}となる．

Point　原子が電子を失ってできる陽イオンは，口の中にできた口内炎同様，中まで見ないとわからない．

2・2　イオン(単原子イオン)の化学式　イオンの化学式が書けるようになろう！

問題 I-10　次の単原子イオンの化学式を答えなさい．　要記憶

ヒント：元素の族番号とイオンの電荷の関係をもとに考える．

① フッ化物イオン【　　】　② 塩化物イオン【　　】　③ 臭化物イオン【　　】
④ ヨウ化物イオン【　　】　⑤ 酸化物イオン【　　】　⑥ 硫化物イオン【　　】
⑦ 水素イオン【　　】　⑧ リチウムイオン【　　】　⑨ ナトリウムイオン【　　】
⑩ カルシウムイオン【　　】　⑪ カリウムイオン【　　】　⑫ マグネシウムイオン【　　】
⑬ アルミニウムイオン【　　】

▶③⑤⑥⑬以外は，からだの中の大切なイオン

Point　個々のイオンの電荷を単純に丸暗記するのではなく，周期表（次表）で +1 → +3，−2 ← 0 と，関係付けて覚えるようにしよう．表を覚えて，それに基づいて各イオンの電荷を求めることが大切．

Point　前提として，NaCl（塩化ナトリウム・食塩）は，Na^+（ナトリウムイオン）と Cl^-（塩化物イオン）からなる（p.31 下図）ことを，必ず覚えること．

$$NaCl \longrightarrow Na^+ + Cl^-$$

（Na^+ は 1 族元素 = +1 価の陽イオン，Cl^- は 17 族元素 = −1 価の陰イオン）

この基本知識をもとに，1 族元素は +1 価，17 族元素は −1 価など，1〜18 族元素のイオンの電荷と族番号の関係（次表）を思い出せるようにしましょう．

1～18 族元素のイオンの電荷と族番号（付録 A・1，付録 A・3 も参照）

族　名	アルカリ金属							ハロゲン	貴ガス
族番号	1 族 (Li, Na, K)	2 族 (Mg, Ca)	3～12 族	13 族 (Al)	14 族	15 族	16 族 (O, S)	17 族 (F, Cl, Br, I)	18 族 (He, Ne, Ar)
イオンの電荷	(+1)	+2	――	+3	――	――	−2	(−1)	(0)

貴ガス＝安定
＝反応しにくい
＝イオンの価数 0

表より，1 族（アルカリ金属）→ 2 族 → 13 族元素はそれぞれ，+1 価 → +2 価 → +3 価
16 族 ← 17 族（ハロゲン）← 18 族（貴ガス）元素はそれぞれ，−2 価 ← −1 価 ← 0 価
イオンの化学式は元素記号の右肩に電荷を記載する．したがって，

1 族元素（+1 価）の Li, Na, K はそれぞれ，Li^+, Na^+, K^+
2 族元素（+2 価）の Mg, Ca はそれぞれ，Mg^{2+}, Ca^{2+}
16 族元素（−2 価）の O, S はそれぞれ，O^{2-}, S^{2-}

と考える．

Mg^{2+}，Ca^{2+} は Mg^{+2}，Ca^{+2} とは書かない．
2+とは+の単位電荷が 2 個あるという意味．
数字の+2 とは意味が異なる．また O^{2-}, S^{2-} の 2−も−の単位電荷が 2 個あるという意味である．

H^+ (1 族元素), O^{2-} (16 族元素) は理屈抜きに丸暗記すべき基本事項！

要記憶

① フッ化物イオン　F^-　② 塩化物イオン　Cl^-　③ 臭化物イオン　Br^-
④ ヨウ化物イオン　I^-　⑤ 酸化物イオン　O^{2-}　⑥ 硫化物イオン　S^{2-}
⑦ 水素イオン　H^+　⑧ リチウムイオン　Li^+　⑨ ナトリウムイオン　Na^+
⑩ カルシウムイオン　Ca^{2+}　⑪ カリウムイオン　K^+　⑫ マグネシウムイオン　Mg^{2+}
⑬ アルミニウムイオン　Al^{3+}

2・3 イオン(単原子イオン)の名称　イオンの名称がわかるようになろう！

問題 I-11　以下の単原子イオンの名称を答えなさい．　要記憶

① H^+ 【　　】　② Li^+ 【　　】　③ Na^+ 【　　】
④ Ca^{2+} 【　　】　⑤ K^+ 【　　】　⑥ Mg^{2+} 【　　】
⑦ Al^{3+} 【　　】
⑧ F^- 【　　】　⑨ Cl^- 【　　】　⑩ Br^- 【　　】
⑪ I^- 【　　】　⑫ O^{2-} 【　　】　⑬ S^{2-} 【　　】

⑦⑩⑫⑬以外はからだ，食品の重要なイオン

食塩（塩化ナトリウム）NaCl は，Na^+ と Cl^- からできています（p.31 下図）．

（単原子）陽イオンの名称は，
「元素名＋イオン」
Na^+ =「ナトリウムイオン」

＋

（単原子）陰イオンの名称は，
「○○化物＋イオン」
Cl^- =「塩化物イオン」（塩化物＝塩素化合物）

＝（ナトリウムの塩化物）
塩化ナトリウム
NaCl

ほかの単原子イオン（1 個の原子から生じたイオン）の名称も Na^+，Cl^- と同様に考えましょう．

練習問題の答　26 番元素・鉄 ^{56}Fe の質量数 56，原子番号 26，陽子 26，中性子 30，電子 26 個．

単原子陽イオン（元素名＋イオン）		単原子陰イオン（○○化物イオン）	
H^+	水素イオン	F^-	フッ化物イオン（フッ素化合物）
Li^+	リチウムイオン	Cl^-	塩化物イオン（塩素化合物）
Na^+	ナトリウムイオン	Br^-	臭化物イオン（臭素化合物）
Ca^{2+}	カルシウムイオン	I^-	ヨウ化物イオン（ヨウ素化合物）
K^+	カリウムイオン	O^{2-}	酸化物イオン（酸素化合物）
Mg^{2+}	マグネシウムイオン	S^{2-}	硫化物イオン（硫黄化合物）
Al^{3+}	アルミニウムイオン		

① H^+ 水素イオン ② Li^+ リチウムイオン ③ Na^+ ナトリウムイオン
④ Ca^{2+} カルシウムイオン ⑤ K^+ カリウムイオン ⑥ Mg^{2+} マグネシウムイオン
⑦ Al^{3+} アルミニウムイオン

⑦⑩⑫⑬以外は，からだ，食品の重要成分

⑧ F^- フッ化物イオン ⑨ Cl^- 塩化物イオン ⑩ Br^- 臭化物イオン
⑪ I^- ヨウ化物イオン ⑫ O^{2-} 酸化物イオン ⑬ S^{2-} 硫化物イオン

2・4 水酸化物イオン，アンモニウムイオン（多原子イオン） 特別なイオンを記憶しよう！

問題 I-12 次の多原子イオンの化学式を答えなさい（からだの化学にとって重要）．要記憶

水酸化物イオンの化学式は【①　　】，アンモニウムイオンの化学式は【②　　】である．

水酸化物イオンの「水酸」とは，「水素 H」＋「酸素 O」のことです．したがって，「水酸化物」の化学式は OH．電荷は H が +1 で O が −2 だから，(+1) + (−2) = −1．したがって，「水酸化物イオン」は OH^- となります[1]．

H は 1 族元素だから +1
「H の電荷は +1」と暗記する．

O は 16 族元素だから −2
「O の電荷は −2」と暗記する．

1) OH^- は厳密には ^-OH（^-O-H，O 原子の上に − の電荷がある）だが，OH^- と書く約束である．

アンモニウムイオン $NH_4{}^+$ は，アンモニア分子 NH_3 が，N の非共有電子対で H^+ に配位結合して生じたものです（NH_3 に H^+ がくっついたから $NH_4{}^+$，付録 A・6 参照）．

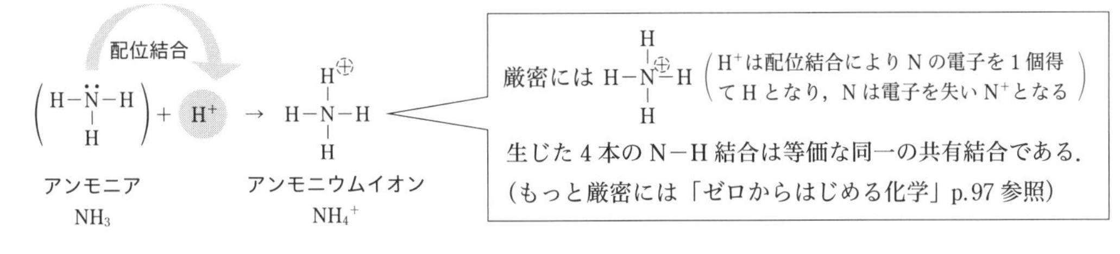

参考 酸の酸性のもとの H^+ は，厳密にはオキソニウムイオン H_3O^+ であり，このイオンもアンモニウムイオン同様 H_2O の O 原子の非共有電子対が，H^+ に「$H_2O + H^+ \rightarrow H_3O^+$」と配位結合して生じたものです．

H−O−H ＋ H^+ ⟶ H−O−H (H_3O^+)

水酸化物イオンの化学式は ① OH^-，アンモニウムイオンの化学式は ② $NH_4{}^+$ である．

イオン性化合物（塩・酸化物）とその化学式と名称

——イオンは固体中では塩・酸化物として存在する！

3・1 交差法 酸化物と塩の化学式が簡単に書けるようになる！

問題 I-13 酸化アルミニウムを例に，交差法について，以下の空欄を埋めなさい．

(1) 酸化アルミニウムの酸化とは陰イオン【①　　】のこと．【②　　】族元素で電荷は【③　　】．
(2) アルミニウムとは陽イオンの【④　　】のことである．【⑤　　】族元素で電荷は【⑥　　】．
(3) イオン性化合物の名称と化学式は，塩化ナトリウムと NaCl のように，陰イオンと陽イオンの順序が前後逆になる．化学式を書くには，陽イオンの電荷の絶対値（価数）を化合物の化学式中の【⑦　　】イオンの数に，陰イオンの価数を化合物の化学式中の【⑧　　】イオンの数にするとよい．これを，交差法という．したがって，酸化アルミニウムの化学式は【⑨　　】．

Point 酸化アルミニウム → 酸化物イオンとアルミニウムイオンからなる ことを，理解している必要があります．酸化物イオンは O^{2-}（O は 16 元素 → 16 族元素のイオンの電荷は −2 → O は電荷 −2 の陰イオン）
アルミニウムイオンは Al^{3+}（Al は 13 族元素 → 13 族元素のイオンの電荷は +3 → Al は電荷 +3 の陽イオン）
したがって，酸化アルミニウムの化学式（組成式）は Al_2O_3（Al が 2 個と O が 3 個の比率でできた化合物）．

交差法を習得しよう

交差法とはイオン性化合物の化学式を求めるための便利な方法です．

（名称） 酸化アルミニウム
（化学式） Al^{3+} 交差法 O^{2-}
Al_2　O_3
↓
Al_2O_3

名称と化学式では，陰イオン と 陽イオン の順序が前後逆になる．

化合物の化学式中の，
陽イオン の数は 陰イオンの価数 を用い[1)]，
陰イオン の数は 陽イオンの価数を用いる[2)]．

1) Al_2：2 は，酸化物イオン O^{2-} の電荷 −2 の絶対値（価数）2 を交差して使用．
2) O_3：3 は，アルミニウムイオン Al^{3+} の価数 3 を交差して使用．

電荷 +3 の Al が 2 つ　　電荷 −2 の O が 3 つ

Al_2O_3 の全体の電荷は，$(+3) \times 2 + (-2) \times 3 = +6-6=0$

つまり，交差させることによって，自動的に全体の電荷が 0 となるように元素の数を決めることができます．

（名称） 酸化カルシウム
（化学式） Ca^{2+} 交差法 O^{2-}
Ca_2　O_2
↓
Ca_2O_2 → 約分する → CaO

原子の数（元素記号の右下の数）は素数とする約束なので，Ca_2O_2 のままではなく「約分」する．「Ca_1O_1」となるが，“1” は省略する約束である．

「酸化」とは，“酸素化” のこと．

このように，交差法は自動的に最小公倍数を求めて，イオン性化合物全体の電荷を 0 とする方法です．

(1)	① 酸化物イオン	②（O は）16 族元素	③ 電荷は −2(2−)
(2)	④ アルミニウムイオン	⑤（Al は）13 族元素	⑥ 電荷は +3(3+)
(3)	⑦ 陰 イオンの数	⑧ 陽 イオンの数	⑨ Al_2O_3

3・2 イオン性化合物の化学式 化学式の書き方をマスターしよう！

問題 I-14 以下のイオン性化合物の化学式を答えなさい． 要記憶

① ヨウ化カリウム 【 】	② 塩化カルシウム 【 】	③ 酸化銅(Ⅱ) 【 】
④ 酸化二銅 【 】	⑤ 酸化銅(Ⅰ) 【 】	⑥ 酸化アルミニウム 【 】
⑦ 塩化鉄(Ⅱ) 【 】	⑧ 塩化鉄(Ⅲ) 【 】	⑨ 酸化鉄(Ⅱ) 【 】
⑩ 三酸化二鉄 【 】	⑪ 酸化鉄(Ⅲ) 【 】	⑫ 硫化ナトリウム 【 】
⑬ 酸化カルシウム 【 】	⑭ 硫化銅(Ⅱ) 【 】	⑮ 塩化銀 【 】
⑯ 水酸化カルシウム 【 】	⑰ 塩化アンモニウム 【 】	（ヒント：銀イオンの化学式は Ag^{+}）

Point イオン性化合物の化学式を求めるには，全体としての電荷（陽イオンと陰イオンの電荷の和）が 0 となるようにします．これは交差法（p.12）を用いると簡単にできます．

① ヨウ化カリウム KI

「ヨウ化」はヨウ化物イオン I^{-}（17 族の I は −1），「カリウム」はカリウムイオン K^{+}（1 族の K は +1）のこと．よって，化学式は KI（陽イオンと陰イオンの電荷の総和が 0 となるようにする）．または，K^{+}，I^{-} に交差法を適用して K_1I_1 ➡ KI（元素記号の右下付きに書く原子数は 1 のときは省略する約束）

② 塩化カルシウム $CaCl_2$（下の（例）も参照）

「塩化」は塩化物イオン Cl^{-}（17 族の Cl は −1），「カルシウム」はカルシウムイオン Ca^{2+}（2 族の Ca は +2）のこと．よって，全体の電荷を 0 とするには，Ca 原子 1 個につき Cl^{-} は 2 個必要 ➡ $CaCl_2$．または，Ca^{2+}，Cl^{-} に交差法を適用して Ca_1Cl_2 ➡ $CaCl_2$

③ 酸化銅(Ⅱ) CuO（下の（例）も参照）

「酸化」は酸化物イオン O^{2-}（16 族の O は −2），「銅(Ⅱ)」は Cu(Ⅱ)イオン Cu^{2+} のこと．よって，全体の電荷を 0 とするには CuO．または，Cu^{2+}，O^{2-} に交差法を適用して，Cu_2O_2 ➡ 2 で割って，Cu_1O_1 ➡ CuO

（例） 塩化カルシウム

「塩化」とは塩化物イオン Cl^{-} のこと．

「カルシウム」とは Ca^{2+} のこと．

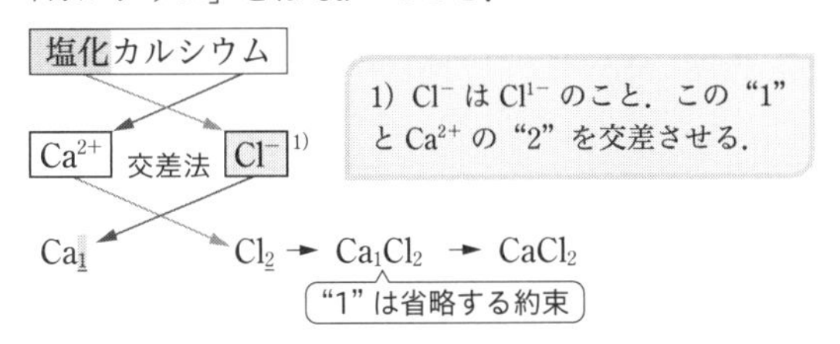

（例） 酸化銅(Ⅱ)

「酸化」とは酸化物イオン O^{2-} のこと．

「銅(Ⅱ)」とは Cu^{2+} のこと．

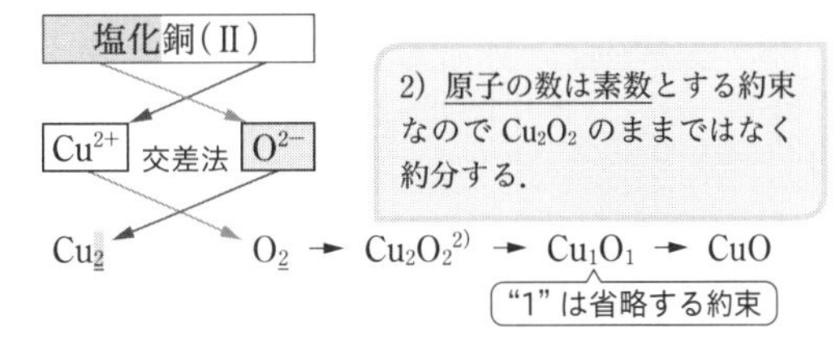

① ヨウ化カリウム	KI	② 塩化カルシウム	$CaCl_2$	③ 酸化銅(Ⅱ)	CuO
④ 酸化二銅	Cu_2O	⑤ 酸化銅(Ⅰ)	Cu_2O	⑥ 酸化アルミニウム	Al_2O_3
⑦ 塩化鉄(Ⅱ)	$FeCl_2$	⑧ 塩化鉄(Ⅲ)	$FeCl_3$	⑨ 酸化鉄(Ⅱ)	FeO
⑩ 三酸化二鉄	Fe_2O_3	⑪ 酸化鉄(Ⅲ)	Fe_2O_3	⑫ 硫化ナトリウム	Na_2S
⑬ 酸化カルシウム	CaO	⑭ 硫化銅(Ⅱ)	CuS	⑮ 塩化銀	AgCl
⑯ 水酸化カルシウム	$Ca(OH)_2$	⑰ 塩化アンモニウム	NH_4Cl		

④　酸化二銅 Cu_2O
酸化二銅とは一酸化二銅のこと．酸素が 1 個（酸化物イオン O^{2-} が 1 個）に，Cu が 2 個 という意味．したがって，Cu_2O のこと（1 価の 銅イオン Cu^+ が 2 個：O は −2 だから，Cu は +1（Cu(Ⅰ)）だとわかる）．

⑤　酸化銅(Ⅰ) Cu_2O ［上の「酸化二銅」と同じものである］
「酸化」は酸化物イオン O^{2-}（16 族の O は −2），「銅(Ⅰ)」は Cu(Ⅰ)イオン Cu^+．よって，全体の電荷を 0 とするためには Cu が 2 個必要．したがって，Cu_2O．または，Cu^+，O^{2-} に交差法を適用すると Cu_2O

⑥　酸化アルミニウム Al_2O_3
「酸化」は酸化物イオン O^{2-}（16 族の O は −2），「アルミニウム」はアルミニウムイオン Al^{3+}（13 族の Al は +3）．よって，Al^{3+}，O^{2-} に交差法を適用すると Al_2O_3．または，3(+) と 2(−) の最小公倍数は 6 だから，Al_2O_3 とすれば，$(+3)\times2=+6$，$(-2)\times3=-6$ で，全体の電荷は 0 となる．

⑦　塩化鉄(Ⅱ)（二塩化鉄）$FeCl_2$ ［二塩化鉄は，名称のとおり塩素原子 2 個と鉄原子 1 個なので $FeCl_2$］
「塩化」は塩化物イオン Cl^-（17 族の Cl は −1），「鉄(Ⅱ)」は Fe^{2+} のこと．よって，全体の電荷を 0 とするためには $FeCl_2$．または，Fe^{2+}，Cl^- に交差法を適用すると Fe_1Cl_2 ➡ $FeCl_2$

⑧　塩化鉄(Ⅲ)（三塩化鉄）$FeCl_3$ ［三塩化鉄は，名称のとおり塩素原子 3 個と鉄原子 1 個なので $FeCl_3$］
「塩化」は塩化物イオン Cl^-（17 族の Cl は −1），「鉄(Ⅲ)」は Fe^{3+} のこと．よって，全体の電荷を 0 とするためには $FeCl_3$．または，Fe^{3+}，Cl^- に交差法を適用すると Fe_1Cl_3 ➡ $FeCl_3$

⑨　酸化鉄(Ⅱ)（一酸化一鉄）FeO ［一酸化一鉄は名称のとおり酸素原子 1 個と鉄原子 1 個なので FeO］
「酸化」は酸化物イオン O^{2-}（16 族の O は −2），「鉄(Ⅱ)」は Fe^{2+} のこと．よって，全体の電荷を 0 とするためには，FeO．または，Fe^{2+}，O^{2-} に交差法を適用すると Fe_2O_2．全体を 2 で割って，FeO（FeO の全体で電荷は 0 となる）

⑩　三酸化二鉄 Fe_2O_3 ［三酸化二鉄は名称のとおり，酸素原子 3 個と鉄原子 2 個なので Fe_2O_3］
酸化物イオン O^{2-}（16 族の O は −2）が 3 個（O_3）だから，負の電荷は全部で $-2\times3=-6$．全体の電荷を 0 とするためには，正の電荷は（Fe_2 で）+6 となる必要がある．よって，Fe は Fe^{3+}，つまり Fe(Ⅲ)．

⑪　酸化鉄(Ⅲ) Fe_2O_3 ［上の「三酸化二鉄」と同じものである］
「酸化」は酸化物イオン O^{2-}（16 族の O は−2），「鉄(Ⅲ)」は Fe^{3+} のこと．よって，Fe^{3+}，O^{2-} に交差法を適用すると，Fe_2O_3 となる．

⑫　硫化ナトリウム Na_2S
「硫化」は硫化物イオン S^{2-}（16 族の S は −2），「ナトリウム」はナトリウムイオン Na^+ のこと（1 族の Na は +1）．よって，全体の電荷を 0 とするためには，S^{2-} が 1 個につき Na^+ が 2 個必要．つまり，硫化ナトリウムは Na_2S．または Na^+，S^{2-} に交差法を適用すると Na_2S となる（**注意** 2NaS とは書かない．こう書くと NaS が 2 個の意味となる）．

補充 1　電解質

酸・塩基・塩のように，水に溶かしたときに陽イオンと陰イオンに解離するもの（p.21, 25）．医学・栄養学分野では体液に溶けたイオンを電解質と呼称しています（電解質の医学・栄養学は重要）．⇔ 非電解質

3・3 イオン性化合物の名称 化合物の名称の付け方をマスターしよう！

問題 I-15 次のイオン性化合物の名称を答えなさい．

① $CaCl_2$ 【　　】 ② AlF_3 【　　】
③ $FeCl_2$ 【　　】 ④ $FeCl_3$ 【　　】
⑤ Na_2S 【　　】 ⑥ FeO 【　　】
⑦ Fe_2O_3 【　　】 ⑧ Fe_3O_4 【　　】

ヒント：NaCl（ナトリウムイオン Na^+, 塩化物イオン Cl^-）を「塩化ナトリウム」というように，
$CaCl_2$ は，陰イオン部分（塩化物イオン：塩化）を前に，
陽イオン部分の元素名（カルシウム）を後にして，塩化カルシウムという名称になる．

① $CaCl_2$ 塩化カルシウム　2 族元素は +2（2+），17 族元素は −1（1−）

Ca はカルシウム，この場合，カルシウムイオン Ca^{2+}．Cl は塩化物イオン Cl^-．化学の世界では，Ca が Ca^{2+}，Cl が Cl^- なのは常識なので（p.3, 8，周期表の族番号とイオンの電荷の関係），Cl^- が 2 個であることを強調した「二塩化カルシウム」という言い方はしない約束である．

② AlF_3 フッ化アルミニウム　13 族元素は +3（3+），17 族元素は −1（1−）

Al はアルミニウム，この場合アルミニウムイオン Al^{3+}．F はフッ化物イオン F^-．化学の世界では，Al が Al^{3+}，F が F^- なのは常識なので，F^- が 3 個であることを強調した「三フッ化アルミニウム」という言い方はしない．

③ $FeCl_2$ 塩化鉄(II)，または二塩化鉄　二塩化鉄は，Cl^- が 2 個の塩化鉄という意味

Fe は鉄，この場合，鉄(II)イオン Fe^{2+}．塩素原子 Cl は 17 族元素なので，塩化物イオンは Cl^-．この Cl^- が 2 個ならば，$FeCl_2$ 中の Fe は（全体の電荷を 0 とする為には）「Fe^{2+}」（つまり，Fe(II)）である必要がある．よって，化合物名は塩化鉄(II)．または，化学式 $FeCl_2$ をそのとおりに読めば，Cl が 2 個だから「二塩化一鉄」→「二塩化鉄」（一(いち)は省略するのが約束）．

Point 鉄は +2 価と +3 価の 2 つの状態をとることができるので，それを区別するために，+2 価の鉄イオン Fe^{2+} は「Fe(II)」と書く約束．

④ $FeCl_3$ 塩化鉄(III)，または三塩化鉄　三塩化鉄は，Cl^- が 3 個の塩化鉄という意味

同上．この場合，Fe は鉄(III)イオン Fe^{3+}．

Point 鉄は +2 価と +3 価の 2 つの状態をとることができるので，それを区別するために，+3 価の鉄イオン Fe^{3+} を「Fe(III)」と書く．

⑤ Na_2S 硫化ナトリウム

Na はナトリウム，この場合，ナトリウムイオン Na^+．S（16 族元素）は硫化物イオン S^{2-}．
化学の世界では Na が Na^+，S が S^{2-} なのは常識なので，Na_2S を「硫化二ナトリウム」とはいわない．

⑥ FeO 酸化鉄(II)，または一酸化一鉄（一酸化鉄）

O は酸化物イオン O^{2-}．（O は 16 族元素なので O^{2-}）FeO の全体で電荷は 0 となるので，FeO の Fe は Fe^{2+}（+2 価の鉄イオン，「Fe(II)」）のことであることがわかる．この場合，“一（いち）” をとると「酸化鉄」となり，酸化鉄(II)か酸化鉄(III)かの区別がつかなくなるので，“一（いち）” は省略しない．

① $CaCl_2$ 塩化カルシウム　② AlF_3 フッ化アルミニウム
③ $FeCl_2$ 塩化鉄(II)，または二塩化鉄　④ $FeCl_3$ 塩化鉄(III)，または三塩化鉄
⑤ Na_2S 硫化ナトリウム　⑥ FeO 酸化鉄(II)，または一酸化一鉄（一酸化鉄）
⑦ Fe_2O_3 酸化鉄(III)，または三酸化二鉄　⑧ Fe_3O_4 四酸化三鉄

⑦　Fe_2O_3　酸化鉄(III)，または三酸化二鉄

O^{2-} が 3 個と Fe が 2 個だから，この Fe は，$(-2)\times3+(+3)\times2=0$ と Fe^{3+} の必要がある．つまり，この Fe は鉄(III)イオン Fe^{3+}，または化学式 Fe_2O_3 どおりに読んで，O が 3 個，Fe が 2 個だから「三酸化二鉄」．

⑧　Fe_3O_4　四酸化三鉄

化学式 Fe_3O_4 をそのとおりに読んで，O が 4 個，Fe が 3 個だから「四酸化三鉄」．Fe_3O_4 は，じつは FeO と Fe_2O_3 が 1：1 で合体したものである（この 2 つの化学式を足すと Fe_3O_4 となる）．

補充 2　酸と塩基　酸と塩基に関する基礎知識を確認しよう！

補充問題 1　以下の問題に答えなさい．

(1) 酸とは何か，その定義（アレニウスの定義，ブレンステッド–ローリーの定義）と酸の性質，酸の代表例の名称を述べよ．

(2) 塩基とは何か．その定義（アレニウスの定義，ブレンステッド–ローリーの定義）と塩基の性質，塩基の代表例の名称と化学式を述べよ．

(3) pH とは何か，またその日本語訳，酸性・中性・塩基性の pH，pH と水のイオン積の定義式を示せ．

(1)　**酸の定義**：アレニウスの定義，ブレンステッド–ローリーの定義ともに，「酸」とは H^+ を放出することができるもののこと．（例）$HCl \rightarrow H^+ + Cl^-$．酸性（酸の性質）を示すものを「酸」という．

酸の性質（酸性とは）：

・水溶液をなめるとす(酸)っぱい（H^+ はす(酸)っぱいもと，酸性のもと）．

・青いリトマス紙を赤くする，BTB 溶液を黄色くする（中性で緑色，塩基性で青色）．

・マグネシウム，亜鉛，鉄などの金属と反応して水素ガス H_2 を発生する．

・塩基と反応し塩基の水溶液の性質を打ち消す．

酸の代表例：塩酸（強酸[1]），硫酸（強酸），酢酸（弱酸）．

1) 強酸：H^+ をたくさん放出する（p.21，解離度 $\alpha \fallingdotseq 1$）

(2)　**塩基の定義**：アレニウスの定義；水に溶けて OH^- を生じるもの．（例）$NaOH \rightarrow Na^+ + OH^-$

ブレンステッド–ローリーの定義；H^+ を受け取ることができるもの．（例）$H^+ + OH^- \rightarrow H_2O$（$OH^-$ が塩基），$H^+ + NH_3 \rightarrow NH_4^+$（$NH_3$ が塩基）．塩基性（塩基の性質）を示すものを「塩基」という．

塩基の性質（塩基性とは）：

・手につけるとぬるぬるする．なめると苦っぽい．

・赤いリトマス紙を青くする，BTB 溶液を青色にする（中性で緑色，酸性で黄色）．

・酸と反応し酸の水溶液の性質を打ち消す．

Point 水溶性塩基をアルカリ，水溶液が示す塩基性をアルカリ性ともいう．OH^- がアルカリ性のもとである．

塩基の代表例：水酸化ナトリウム NaOH・水酸化カリウム KOH（強塩基），アンモニア NH_3（弱塩基）．

アンモニア水はアルカリ性：$NH_3 + H_2O \rightarrow NH_4^+ + OH^-$（p.113），2 価の塩基 $Ca(OH)_2 \rightarrow Ca^{2+} + 2OH^-$

(3)　水溶液の液性（酸性，塩基性(アルカリ性)）を示す尺度を pH という．日本語訳は「水素イオン（濃度）指数」（水素イオン濃度を指数で表したときのその指数部分に－をつけたものが pH）．

酸性：$0 \leqq pH < 7$　　**中性**：pH 7　　**塩基性**（アルカリ性）：$7 < pH \leqq 14$

pH の定義式：$[H^+] = 10^{-pH}$（$pH = -\log_{10}[H^+]$）　**水のイオン積**：$[H^+][OH^-] = 1\times10^{-14}\ (mol/L)^2$

（$[H^+] = 0.001\ mol/L = 10^{-3}\ mol/L$ なら pH 3，pH 2 なら $[H^+] = 10^{-2}\ mol/L = 0.01\ mol/L$）

酸とそのイオンの化学式と名称

――化学とからだ，食品の学習にとって必要！

4・1　酸の化学式　代表的な酸の化学式を覚えよう！

問題 I-16　以下の酸の化学式を答えなさい．要記憶　基礎の基礎

① 炭酸【　　　】　② 硝酸【　　　】　③ リン酸【　　　】
④ 硫酸【　　　】　⑤ 塩酸【　　　】　⑥ 酢酸【　　　】

①③⑤はからだの重要成分

下表は，忘れても自分で考えて思い出せるようにする（覚える）ための，理屈を説明したものです．すでに解答を丸暗記できていて，忘れないようになっている人も一度目を通しておくとよいでしょう．

上の①～④の酸は，非金属元素（【周期表】参照）の酸化物が，水分子と反応することで生じる

酸の名称/化学式	非金属元素の酸化物（最高酸化数は付録A・4参照）	酸のでき方：酸化物を水に溶かす（酸化物を水分子と反応させる）
炭酸/H_2CO_3 （炭素(C)の酸）	C：CO_2　炭素 C＋O(酸化) → CO_2 （C（14族）最高酸化数＋4．Oは酸化数－2．電荷を0にするには，Cが1個にOが2個→「CO_2」二酸化炭素．または，交差法からC_2O_4，これを約分して「CO_2」） これは約束	原子の数を足し合わせる $CO_2 + H_2O \rightarrow H_2CO_3$ （酸化物と水分子が反応する）
硝酸/HNO_3 （窒素(N)の酸） （硝石(KNO_3)の酸[a]）	N：N_2O_5　窒素 N＋O(酸化) → N_2O_5 （N（15族）最高酸化数＋5．Oは酸化数－2．交差法から「N_2O_5」五酸化二窒素）	$N_2O_5 + H_2O \rightarrow H_2N_2O_6 \rightarrow 2(HNO_3)$ （これはHNO_3が2個という意味なので）→ HNO_3（または，$KNO_3 + H_2SO_4 \rightarrow HNO_3 + KHSO_4$）
リン酸/H_3PO_4 （リン(P)の酸）	P：P_2O_5　リン P＋O(酸化) → P_2O_5 （P（15族）最高酸化数＋5．Oは酸化数－2．交差法から「P_2O_5」五酸化二リン．（実在物はP_4O_{10}十酸化四リン））	$P_2O_5 + H_2O \rightarrow H_2P_2O_6 \rightarrow 2(HPO_3)$ （HPO_3が2個という意味なので）→ HPO_3（メタリン酸）．$HPO_3 + H_2O \rightarrow H_3PO_4$（リン酸（オルトリン酸））
硫酸/H_2SO_4 （硫黄(S)の酸）	S：SO_3　硫黄 S＋O(酸化) → SO_3 （S（16族）最高酸化数＋6．Oは酸化数－2．電荷を0にするには，Sが1個にOが3個→「SO_3」三酸化硫黄．または，交差法からS_2O_6．これを約分して「SO_3」）	$SO_3 + H_2O \rightarrow H_2SO_4$
塩酸/HCl （食塩(NaCl)の酸？）[1]		Clの「ハロゲン化水素酸」（塩化水素HClの水溶液，p.18参照）
酢酸/CH_3COOH （食酢の酸）		アセトアルデヒド（CH_3CHO）が酸化されたもの[2]．「カルボン酸」

a）硝酸は，“窒素の酸”ではあるが「チッ酸」とはいわない．かつては硝酸を得るときに，硝石と硫酸を反応させていたので，硝石の酸，「硝酸」という．

① 炭酸　H_2CO_3　② 硝酸　HNO_3　③ リン酸　H_3PO_4
④ 硫酸　H_2SO_4　⑤ 塩酸[1]　HCl　⑥ 酢酸[2]　CH_3COOH（食酢の酸）

1）Clのハロゲン化水素酸
$NaCl + H_2SO_4 \rightarrow HCl + NaHSO_4$

2）カルボン酸 RCOOH の代表例・有機酸
$CH_3CHO + O \rightarrow CH_3COOH$

4・2 酸の名称 化学式から酸の名称がわかるようになろう！

非金属元素原子（C，N，P，S）からできた次の②〜⑤の酸素原子を含む酸をオキソ酸という．

問題 I-17 以下の酸の名称を答えなさい（からだ・食品の学習にとってすべて重要）．要記憶

① HCl[1)]【　　　】　② H_2SO_4【　　　】　③ HNO_3【　　　】
④ H_2CO_3【　　　】　⑤ H_3PO_4【　　　】　⑥ CH_3COOH[2)]【　　　】

1) HCl は（酸素原子を含まないので）オキソ酸ではなく「ハロゲン化水素酸」という（F, Cl, Br, I をハロゲン元素という）．

2) CH_3COOH は（O 原子を含むが）オキソ酸ではなく「カルボン酸」という（有機酸の代表例，次ページ参照）．

参 考 酸分子の構造式は，原子同士が共有結合でつながれて“ひとかたまり”の分子になっている．

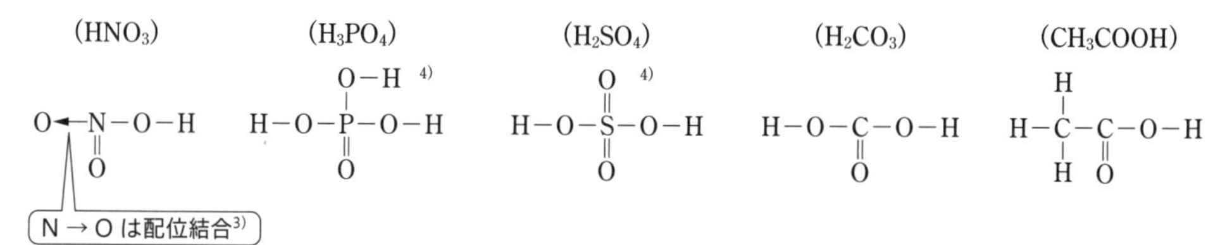

3) 配位結合については，付録 A・6【共有結合・配位結合】参照．
4) p.3 の【周期表】で，15 族の価数は 3 価，16 族は 2 価と覚えたのに，なぜ P（15 族）から 5 本，S（16 族）から 6 本の手が出ているのか．気になる人は，拙著「有機化学 基礎の基礎 第 3 版」p.201 と 227，または「ゼロからはじめる化学」p.104〜106，109 を参照するとよいだろう．5 本の手，6 本の手はそれぞれ sp^3d，sp^3d^2 混成軌道が関与している（P=O，S=O を配位結合とする考えもある）．ハイレベルな話なので，いまは気にしなくてもよい．

酸の名称/化学式		酸のでき方
塩酸/HCl （食塩 NaCl の酸）[a)]	ハロゲン化水素酸	塩酸とは HCl（塩化水素ガス）の水溶液のこと ($NaCl + H_2SO_4 \rightarrow HCl$(気体)$ + NaHSO_4$)[a)]
硫酸/H_2SO_4 （硫黄 S の酸）	オキソ酸	【酸の化学式】p.17 を参照
硝酸/HNO_3（窒素の酸） （硝石 KNO_3 の酸）		
炭酸/H_2CO_3 （炭素 C の酸）		
リン酸/H_3PO_4 （リン P の酸）		
酢酸/CH_3COOH （食酢の酸）	カルボン酸（有機酸[b)]，有機化合物の酸）	CH_3COOH（カルボン酸，R−COOH の一種） CH_3−（メチル基），−COOH（カルボキシ基）

a) 塩酸は“塩素の酸”ではない．塩化ナトリウムと硫酸を反応させてできる化合物なので「(食)塩（の）酸」という．
b) 酢酸（CH_3COOH）のように，カルボキシ基 −COOH をもったもの（R−COOH）を「カルボン酸」といい，「有機酸」のほとんどはカルボン酸である．−COOH 部分が酸のもと（$R-COOH \rightarrow R-COO^- + H^+$）．

オキソ酸（酸素酸）とは

炭素 C，窒素 N，リン P，硫黄 S など非金属元素の酸化物（酸素 O との化合物）が，水分子と反応することで生じる酸のことです．したがって，「オキソ酸」とよばれるものには必ず，酸素 O が含まれています．

CH_3COOH は，“分子中に酸素 O を含んでいる酸”ではありますが，非金属元素の酸化物から生じた酸ではないため，オキソ酸ではなく，「カルボン酸」といいます（CH_3COOH はアセトアルデヒド（CH_3CHO）の酸化物（酸素化されたもの）である）．

また，C が含まれていますが，炭素 C の酸化物は「二酸化炭素 CO_2」であり，CO_2 が水分子と反応しても，CH_3COOH は生じません．

カルボン酸とは

（カルボン＝カーボン＝炭素 C　それならカルボン酸は炭素の酸＝炭酸!?）

カルボン酸 RCOOH は carboxylic acid（カルボニルヒドロキシ），炭酸 H_2CO_3 は carbonic acid です．炭素 C の酸化物は「二酸化炭素 CO_2」であり，CO_2 から生じるのは，$CO_2+H_2O \rightarrow H_2CO_3$（炭酸）です（p.17）．

「カルボン酸」とは，カルボキシ基 −COOH をもったもの（R−COOH）のことをいいます．

−COOH 部分が酸のもと（$R-COOH \rightarrow R-COO^- + H^+$；R− はアルキル基，p.89 参照）．

H^+ が酸性のもとであり，この H^+ を放出できるものを「酸」という．

$$R-\underset{\underset{O}{\|}}{C}-O-H \longrightarrow R-\underset{\underset{O}{\|}}{C}-O^{\ominus} + H^{\oplus}$$

余談ですが，カーボン紙をご存じですか？　2 重 3 重に重なっている紙の間にはさんで上からペンなどで押さえつけると，下の紙に文字などが写る複写式の用紙です．もともとは，黒いすす（煤，カーボン；炭素 C）をつけた紙だったため，「カーボン紙」とよばれています．現在は，すすではなく化学薬品（色素）が塗ってあり，上からペンで押さえると薬品が反応して発色する仕様になっています．

① HCl	塩酸	② H_2SO_4	硫酸	③ HNO_3	硝酸
④ H_2CO_3	炭酸	⑤ H_3PO_4	リン酸	⑥ CH_3COOH	酢酸

要記憶

Point R−COOH，H_2CO_3，HNO_3，H_3PO_4，H_2SO_4 が酸としてふるまう（H^+ を放出できる）理由：

$$R-\underset{\underset{O}{\|}}{C}-O-H \qquad H-O-\underset{\underset{O}{\|}}{C}-O-H \qquad O\leftarrow\underset{\underset{O}{\|}}{N}-O-H \qquad H-O-\overset{\overset{O-H}{|}}{\underset{\underset{O}{\|}}{P}}-O-H \qquad H-O-\overset{\overset{O}{\|}}{\underset{\underset{O}{\|}}{S}}-O-H$$

H−Cl（H−Br，H−I，H−F）の H のみが，切れて H^+ となり外部に放出されます（だから“酸”）．単なる −O−H や −N−H，−C−H の H は簡単には切れません[5]．−O−H の H が H^+ として切れるためには，上記の酸分子の構造中の C=O，N=O，P=O，S=O の =O 二重結合が関与しています．（電気陰性度の大きい酸素原子が二重結合の π 電子（手が余ったから仕方なくつないだ 2 本目の結合をつくる動きやすい電子）を O に引き付けるために，O が結合している原子は電子不足になるのです．そこで，この原子が結合している −O−H 結合の電子を引き付けるために −O−H の H が H^+ として取れやすくなります（➡「有機化学 基礎の基礎 第 3 版」，p.124）．

5）有機反応では −O−H や −N−H の H が切れる場合がある → エステル，アミドの生成（p.98〜100 参照）

4・3　酸の解離反応(電離)と酸の価数　酸の解離反応と価数を理解しよう！

共有結合の一部が切れて H^+ を放出（解離）することができる分子を「酸」といいます（H^+ はす（酸）っぱいもと，酸性のもと）．また，1個の酸分子が出すことのできる H^+ の数（H^+ に解離できるHの数）のことを「酸の価数」といいます．

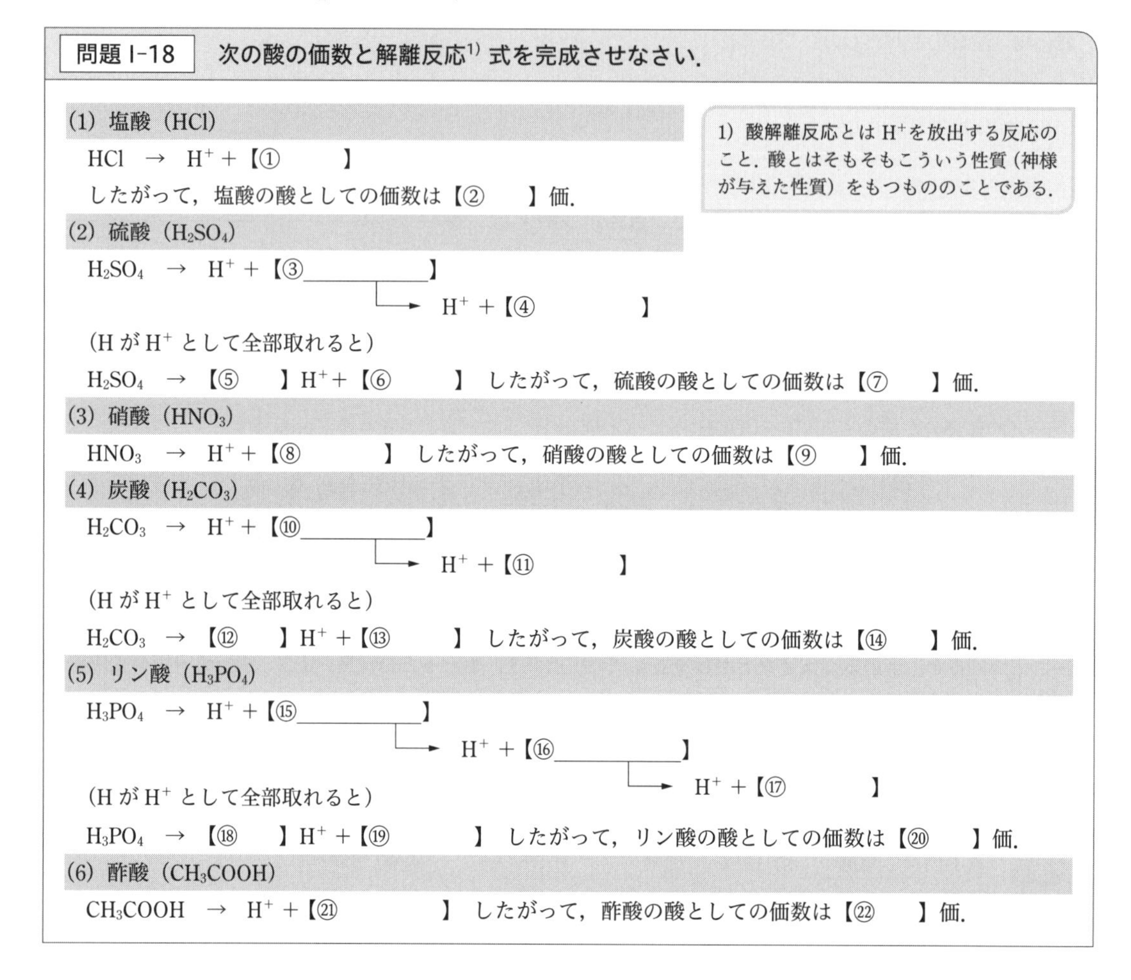

問題 I-18　次の酸の価数と解離反応[1]式を完成させなさい．

(1) 塩酸（HCl）

HCl → H^+ +【①　　　】

したがって，塩酸の酸としての価数は【②　　】価．

(2) 硫酸（H_2SO_4）

H_2SO_4 → H^+ +【③　　　】

　　　　　　└→ H^+ +【④　　　】

（H が H^+ として全部取れると）

H_2SO_4 → 【⑤　　】H^+ +【⑥　　　】　したがって，硫酸の酸としての価数は【⑦　　】価．

(3) 硝酸（HNO_3）

HNO_3 → H^+ +【⑧　　　】　したがって，硝酸の酸としての価数は【⑨　　】価．

(4) 炭酸（H_2CO_3）

H_2CO_3 → H^+ +【⑩　　　】

　　　　　　└→ H^+ +【⑪　　　】

（H が H^+ として全部取れると）

H_2CO_3 → 【⑫　　】H^+ +【⑬　　　】　したがって，炭酸の酸としての価数は【⑭　　】価．

(5) リン酸（H_3PO_4）

H_3PO_4 → H^+ +【⑮　　　】

　　　　　　└→ H^+ +【⑯　　　】

　　　　　　　　　　└→ H^+ +【⑰　　　】

（H が H^+ として全部取れると）

H_3PO_4 → 【⑱　　】H^+ +【⑲　　　】　したがって，リン酸の酸としての価数は【⑳　　】価．

(6) 酢酸（CH_3COOH）

CH_3COOH → H^+ +【㉑　　　】　したがって，酢酸の酸としての価数は【㉒　　】価．

1) 酸解離反応とは H^+ を放出する反応のこと．酸とはそもそもこういう性質（神様が与えた性質）をもつもののことである．

無機酸（塩酸，硫酸，硝酸，炭酸，リン酸）

無機酸（HCl，H_2SO_4，HNO_3，H_2CO_3，H_3PO_4）[2] のHはすべて，H^+ に解離することができます．したがって，HCl，H_2SO_4，HNO_3，H_2CO_3，H_3PO_4 の価数はそれぞれ，1，2，1，2，3価です（H^+がそれぞれ，1，2，1，2，3個取れる）．

2価，3価の酸の解離は，2段階，3段階で起こります．つまり，酸分子のHは，1個ずつ H^+に解離していきます．NaOHなどの塩基を加えれば，加えた OH^- の数だけ，酸のHが $H^+ + OH^- \rightarrow H_2O$ となり，酸分子から取れていくのです（p.29～31 中和反応）．

2) 強酸（p.16）：HCl, HNO_3, H_2SO_4（解離度 $\alpha \fallingdotseq 1$, p.21）　中くらいの強さの酸：H_3PO_4，シュウ酸 $(COOH)_2$・$H_2C_2O_4$
弱酸：H_2CO_3，酢酸など（解離度 $\alpha \sim 0.01 \ll 1$）
弱酸である炭酸とリン酸のイオン（H_2CO_3/HCO_3^-，$H_2PO_4^-/HPO_4^{2-}$，p.21）はからだの中のpHを一定に保つ緩衝液の成分として重要（拙著「からだの中の化学」などを参照のこと）．

有機酸（酢酸）

有機酸である酢酸は，カルボキシ基（$-COOH$）を1つもつので1価の酸です．酢酸 CH_3COOH の4個のHのうち，H^+ に解離できるのは $-COOH$ のHのみであり（$-COOH \rightarrow -COO^- + H^+$，p.19の Point）[2]，$CH_3$ のH（C−H）は H^+ とはなりません．C−H結合は極性が小さい（p.115参照）ので安定です（結合は切れにくい）．

カルボキシ基 −COOH はカルボン酸のもと！

2）必要なら，「有機化学 基礎の基礎 第3版」p.124〜125，「ゼロからはじめる化学」p.159も参照しよう．

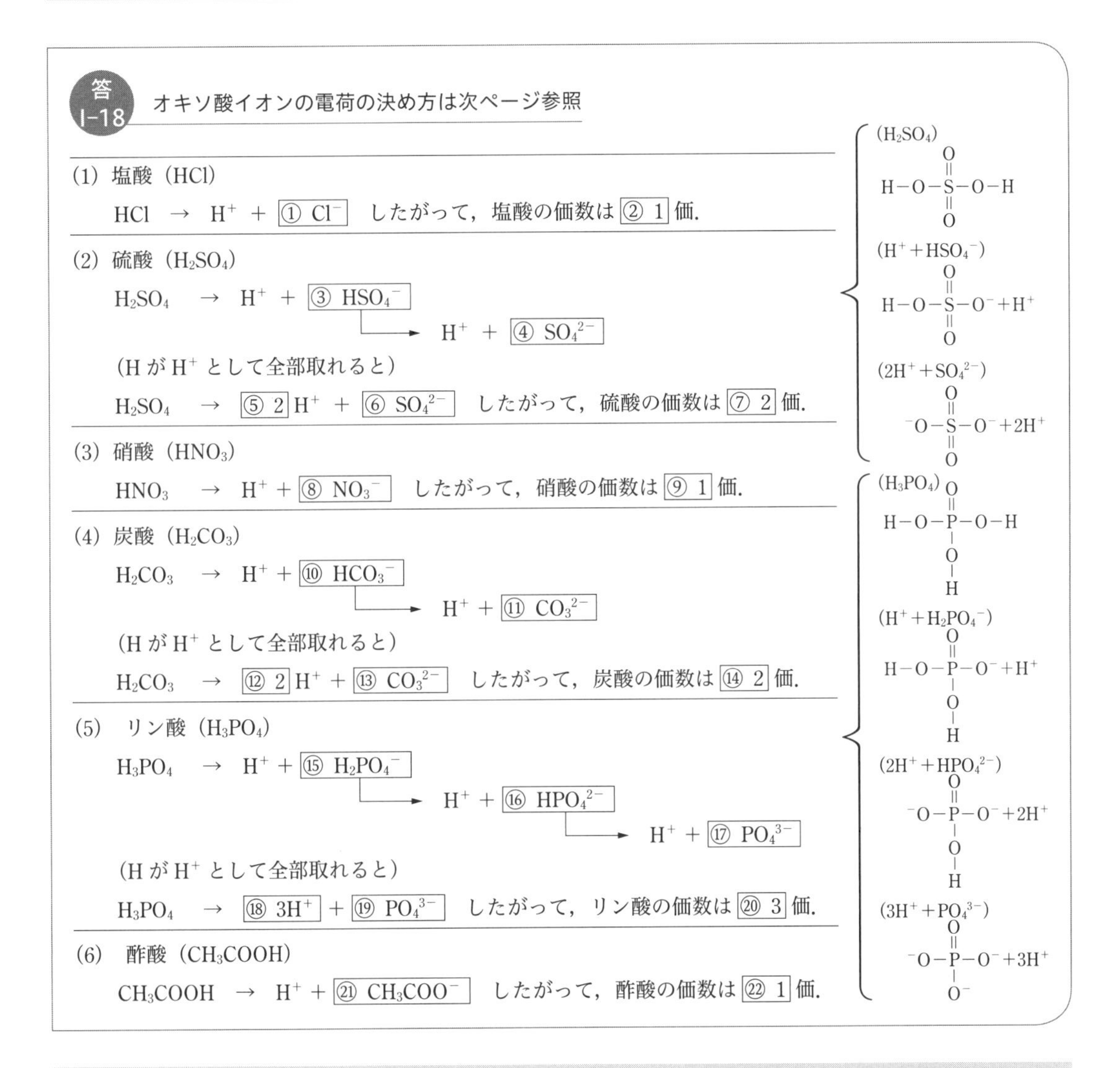

答 I-18　オキソ酸イオンの電荷の決め方は次ページ参照

(1) 塩酸（HCl）

$HCl \rightarrow H^+ +$ ① Cl^-　したがって，塩酸の価数は ② 1 価．

(2) 硫酸（H_2SO_4）

$H_2SO_4 \rightarrow H^+ +$ ③ HSO_4^-

③ $HSO_4^- \rightarrow H^+ +$ ④ SO_4^{2-}

（HがH⁺として全部取れると）

$H_2SO_4 \rightarrow$ ⑤ 2 $H^+ +$ ⑥ SO_4^{2-}　したがって，硫酸の価数は ⑦ 2 価．

(3) 硝酸（HNO_3）

$HNO_3 \rightarrow H^+ +$ ⑧ NO_3^-　したがって，硝酸の価数は ⑨ 1 価．

(4) 炭酸（H_2CO_3）

$H_2CO_3 \rightarrow H^+ +$ ⑩ HCO_3^-

⑩ $HCO_3^- \rightarrow H^+ +$ ⑪ CO_3^{2-}

（HがH⁺として全部取れると）

$H_2CO_3 \rightarrow$ ⑫ 2 $H^+ +$ ⑬ CO_3^{2-}　したがって，炭酸の価数は ⑭ 2 価．

(5) リン酸（H_3PO_4）

$H_3PO_4 \rightarrow H^+ +$ ⑮ $H_2PO_4^-$

⑮ $H_2PO_4^- \rightarrow H^+ +$ ⑯ HPO_4^{2-}

⑯ $HPO_4^{2-} \rightarrow H^+ +$ ⑰ PO_4^{3-}

（HがH⁺として全部取れると）

$H_3PO_4 \rightarrow$ ⑱ $3H^+ +$ ⑲ PO_4^{3-}　したがって，リン酸の価数は ⑳ 3 価．

(6) 酢酸（CH_3COOH）

$CH_3COOH \rightarrow H^+ +$ ㉑ CH_3COO^-　したがって，酢酸の価数は ㉒ 1 価．

補充3 電解質　強電解質と弱電解質，解離度（電離度）（➡「演習 誰にでもできる化学濃度計算」p.112, 159）

塩や酸・塩基のように，水に溶けると陽イオンと陰イオンに解離（電離）する物質を**電解質**といいます．**強電解質**は，解離度 α が1に近い NaCl や Na_2SO_4 などの塩類や HCl，HNO_3，H_2SO_4 などの強酸，NaOH，$Ca(OH)_2$ などの強塩基がこれに属します．**弱電解質**は，解離度 α が〜0.01と小さい CH_3COOH，NH_3 のような弱酸・弱塩基がこれに属します．

解離度 α =（イオンに解離したものの濃度）/（全体の濃度）（イオンに解離したものの全体に占める割合）

4・4　オキソ酸イオンの化学式　酸から生じたイオンの化学式が書けるようになろう！

問題 I-19　非金属元素（C, N, P, S）からできた，以下のオキソ酸イオンの化学式を答えなさい．　要記憶

① 炭酸水素イオン【　　　】　② 炭酸イオン【　　　】　③ 硝酸イオン【　　　】
④ リン酸二水素イオン【　　　】　⑤ リン酸水素イオン【　　　】　⑥ リン酸イオン【　　　】
⑦ 硫酸水素イオン【　　　】　⑧ 硫酸イオン【　　　】

①④⑤⑧はからだの中のイオンとして重要．　①は医療分野で重炭酸イオンともいう（Na 塩は重曹）．

オキソ酸イオンは多原子イオン（分子から生じたイオン）の一種です．まずはオキソ酸の名称と化学式を覚える必要があります．

このオキソ酸（○○酸）の分子式から，

- H をすべて取ったもの，1 つも残っていないものが「○○酸イオン」[1]．
- H が 1 つ残ったものが「○○酸水素イオン」[1]
（○○酸一水素イオンの一が省略されている）．
- H が 2 つ残ったものが「○○酸二水素イオン」[1]．

1）オキソ酸から H が取れて生じたオキソ酸イオンは，取れた H の数だけの負電荷をもつ（オキソ酸イオンの電荷は（オキソ）酸の化学式から H が H^+（水素イオン）として取れた数だけ⊖となる）．

「H」→「H^+ ＋ ⊖」となり，その「H^+」が取れ，電子⊖ を△△酸イオンに残していくため．

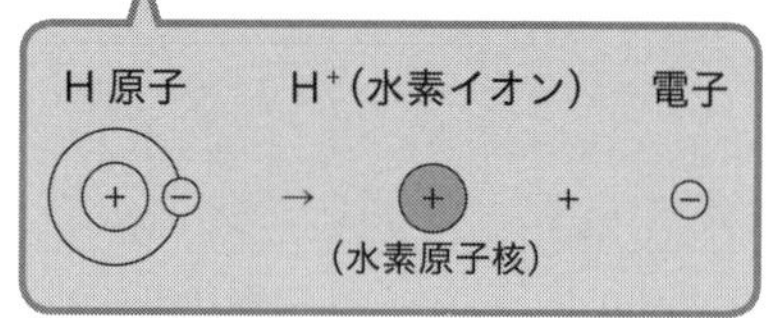

イオン側に残してもらえなかった H が H^+（水素イオン）となって離れていく．その，離れていった H^+ の数だけ，イオンの電荷は⊖となる．

- 「○○酸イオン」：「○○酸」（オキソ酸）の分子式から，H をすべて H^+ として取ったもの．

（例）　炭酸 H_2CO_3 → $2H^+$＋炭酸イオン CO_3^{2-}

（例）　硝酸 HNO_3 → H^+＋硝酸イオン NO_3^-

- 「○○酸水素イオン」：「○○酸」（オキソ酸）の分子式から H がいくつか取れたが（○○酸に）H がまだ 1 つ残っているもの．

（例）　炭酸 H_2CO_3 → H^+＋炭酸水素イオン HCO_3^-

- 「○○酸二水素イオン」：「○○酸」（オキソ酸）の分子式から H がいくつか取れたが（○○酸に）H がまだ 2 つ残っているもの．

（例）　リン酸 H_3PO_4 → H^+＋リン酸二水素イオン $H_2PO_4^-$（→ $2H^+$＋リン酸(一)水素イオン HPO_4^{2-}）

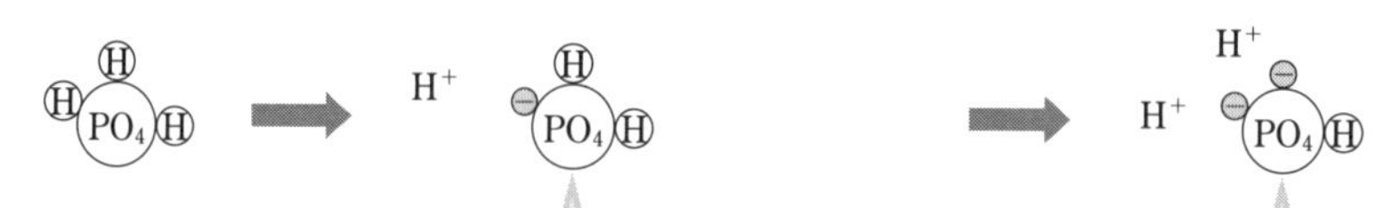

二水素 → H が 2 個残っているから「H_2PO_4」，その電荷は，H_3PO_4 の 3 個の H のうちの 1 個が H^+＋1⊖となったから，1⊖は残り，「$H_2PO_4^-$」

(一)水素 → H が 1 個残っているから「HPO_4」，その電荷は，H_3PO_4 の 3 個の H のうちの 2 個が $2H^+$＋2⊖となったから，2⊖は残り，「HPO_4^{2-}」

① 炭酸水素イオン	HCO_3^-	② 炭酸イオン	CO_3^{2-}
③ 硝酸イオン	NO_3^-	④ リン酸二水素イオン	$H_2PO_4^-$
⑤ リン酸水素イオン	HPO_4^{2-}	⑥ リン酸イオン	PO_4^{3-}
⑦ 硫酸水素イオン	HSO_4^-	⑧ 硫酸イオン	SO_4^{2-}

4・5 オキソ酸イオンの名称 複雑なイオンの化学式から名称がわかるようになろう！

問題 I-20 非金属元素（C, N, P, S）の原子からできたオキソ酸イオンの名称を答えなさい.

① HCO_3^-【　　　】 ② CO_3^{2-}【　　　】 ③ NO_3^-【　　　】
④ $H_2PO_4^-$【　　　】 ⑤ HPO_4^{2-}【　　　】 ⑥ PO_4^{3-}【　　　】
⑦ HSO_4^-【　　　】 ⑧ SO_4^{2-}【　　　】

まずはオキソ酸の化学式と名称を覚えます．このオキソ酸（○○酸）の分子式から，

- H をすべて取ったもの，1 つも残っていないものが「○○酸イオン」.
- H が 1 つ残ったものが「○○酸水素イオン」(○○酸一水素イオンの一が省略されている).
- H が 2 つ残ったものが「○○酸二水素イオン」.

Point オキソ酸イオン (○○イオン) 中に残っている H の数と，イオンの価数 (電荷の絶対値) を足した値は，オキソ酸（○○酸）の H の数と等しい.

(例) HCO_3^- の場合：H が 1 個，イオンの電荷が −1 (価数 1) → 和は 2 (もとのオキソ酸の H も 2 個) → もとのオキソ酸の化学式は H_2CO_3 (炭酸) → HCO_3^- は炭酸水素イオン

オキソ酸イオン	H の数と価数の和		オキソ酸 → オキソ酸イオン
HCO_3^-	H の数 1 個 電荷 −1・価数 1	2	炭酸 H_2CO_3 → $H^+ + HCO_3^-$ 炭酸水素イオン
CO_3^{2-}	H の数 0 個 電荷 −2・価数 2	2	炭酸 H_2CO_3 → $2H^+ + CO_3^{2-}$ 炭酸イオン
NO_3^-	H の数 0 個 電荷 −1・価数 1	1	硝酸 HNO_3 → $H^+ + NO_3^-$ 硝酸イオン
$H_2PO_4^-$	H の数 2 個 電荷 −1・価数 1	3	リン酸 H_3PO_4 → $H^+ + H_2PO_4^-$ リン酸二水素イオン
HPO_4^{2-}	H の数 1 個 電荷 −2・価数 2	3	リン酸 H_3PO_4 → $2H^+ + HPO_4^{2-}$ リン酸水素イオン
PO_4^{3-}	H の数 0 個 電荷 −3・価数 3	3	リン酸 H_3PO_4 → $3H^+ + PO_4^{3-}$ リン酸イオン
HSO_4^-	H の数 1 個 電荷 −1・価数 1	2	硫酸 H_2SO_4 → $H^+ + HSO_4^-$ 硫酸水素イオン
SO_4^{2-}	H の数 0 個 電荷 −2・価数 2	2	硫酸 H_2SO_4 → $2H^+ + SO_4^{2-}$ 硫酸イオン

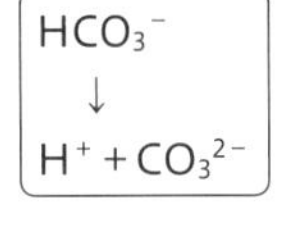

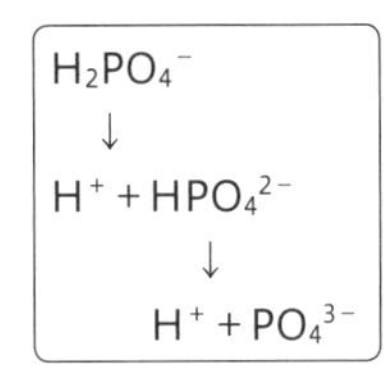

HSO_4^-
↓
$H^+ + SO_4^{2-}$

① HCO_3^-	炭酸水素イオン	② CO_3^{2-}	炭酸イオン
③ NO_3^-	硝酸イオン	④ $H_2PO_4^-$	リン酸二水素イオン
⑤ HPO_4^{2-}	リン酸水素イオン	⑥ PO_4^{3-}	リン酸イオン
⑦ HSO_4^-	硫酸水素イオン	⑧ SO_4^{2-}	硫酸イオン

オキソ酸塩の化学式と名称

──オキソ酸イオンの化学式と電荷の知識が必要．不安な人は，p.22，23 をもう一度学習しよう！

5・1 オキソ酸のナトリウム塩の化学式 複雑な塩の化学式が書けるようになろう！

基礎知識：食塩の塩化ナトリウムは「NaCl」，硫酸ナトリウムは「Na_2SO_4」である．

問題 I-21 非金属元素（C, N, P, S）などの原子からできた次のオキソ酸のナトリウム塩の化学式を答えなさい．

① 炭酸水素ナトリウム[1) 【　　　】　② 炭酸ナトリウム 【　　　】
③ 硝酸ナトリウム 【　　　】　④ リン酸二水素ナトリウム 【　　　】
⑤ リン酸水素二ナトリウム（リン酸水素ナトリウム）【　　　】　⑥ リン酸(三)ナトリウム 【　　　】
⑦ 硫酸水素ナトリウム 【　　　】　⑧ 硫酸ナトリウム 【　　　】

1) 重曹（重炭酸ソーダ）ともよばれる．重曹はふくらし粉の成分．リン酸塩は食品添加物などに用いられている．

Point 塩の一種である NaCl は（Na^+）（Cl^-）のことで，イオンの電荷＋－と（　）を除いて NaCl と書く約束でした．ほかの塩も同様に考えます．塩は全体としての電荷が 0 です．“イオン”という言葉がついていなければ，化学式に＋や－の電荷はありません（逆に，“イオン”という名称なら化学式に＋や－を忘れないこと）．

まず，オキソ酸イオンの化学式と電荷を考え，次に，そのオキソ酸イオンの電荷を中和する（全体で 0 とする）のに必要なナトリウムイオンの数を考えます．化学式中のイオンの数は Na_2 のように元素記号の右下に記入します．

炭酸水素ナトリウム	炭酸水素イオン HCO_3^- の電荷を中和するには，Na^+ が 1 個必要	$NaHCO_3$
炭酸ナトリウム	炭酸イオン CO_3^{2-} の電荷を中和するには，Na^+ が 2 個必要	Na_2CO_3
硝酸ナトリウム	硝酸イオン NO_3^- の電荷を中和するには，Na^+ が 1 個必要	$NaNO_3$
リン酸二水素ナトリウム	リン酸二水素イオン $H_2PO_4^-$ だから，Na^+ が 1 個必要	NaH_2PO_4
リン酸水素二ナトリウム（リン酸水素ナトリウム）	リン酸水素イオン HPO_4^{2-} の電荷を中和するには，Na^+ が 2 個必要	Na_2HPO_4
リン酸(三)ナトリウム	リン酸イオン PO_4^{3-} の電荷を中和するには，Na^+ が 3 個必要	Na_3PO_4
硫酸水素ナトリウム	硫酸水素イオン HSO_4^- だから，Na^+ が 1 個必要	$NaHSO_4$
硫酸ナトリウム	硫酸イオン SO_4^{2-} の電荷を中和するには，Na^+ が 2 個必要	Na_2SO_4

オキソ酸のナトリウム塩の H の数と Na（または K）の数を足した値はオキソ酸（もとの酸）の H の数と等しい．

（例）【オキソ酸のナトリウム塩】　　　　【オキソ酸】
【$NaHCO_3$】Na が 1 個，H が 1 個 → 和は 2（よって，オキソ酸の H は 2 個）→ H_2CO_3（炭酸）
【Na_2CO_3】 Na が 2 個，H は 0 個 → 和は 2（よって，オキソ酸の H は 2 個）→ H_2CO_3（炭酸）

① 炭酸水素ナトリウム $NaHCO_3$　② 炭酸ナトリウム Na_2CO_3
③ 硝酸ナトリウム $NaNO_3$　④ リン酸二水素ナトリウム NaH_2PO_4
⑤ リン酸水素二ナトリウム（リン酸水素ナトリウム） Na_2HPO_4　⑥ リン酸(三)ナトリウム Na_3PO_4
⑦ 硫酸水素ナトリウム $NaHSO_4$　⑧ 硫酸ナトリウム Na_2SO_4

5・2 オキソ酸のナトリウム塩の名称 複雑な塩の化学式から名称がわかるようになろう！

問題 I-22 NaCl 塩化ナトリウムを参考に，以下のオキソ酸のナトリウム塩の名称を答えなさい．

① $NaHCO_3$ 【　　】 ② Na_2CO_3 【　　】
③ $NaNO_3$ 【　　】 ④ NaH_2PO_4 【　　】
⑤ Na_2HPO_4 【　　】 ⑥ Na_3PO_4 【　　】
⑦ $NaHSO_4$ 【　　】 ⑧ Na_2SO_4 【　　】
⑨ ①～⑧の塩は水に溶けるとどうなるか，⑧の Na_2SO_4 を例に言葉と反応式で答えよ（強電解質）．

Point 考え方の基本は，NaCl → Na^+ + Cl^- → ナトリウムイオン＋塩化物イオン → 塩化ナトリウム 「Na」を除いた部分のイオンの名称（p.23）を考えてみよう．

①	$NaHCO_3$	$Na^+ + HCO_3^-$	ナトリウムイオン＋炭酸水素イオン	炭酸水素ナトリウム
②	Na_2CO_3	$2Na^+ + CO_3^{2-}$	ナトリウムイオン2個＋炭酸イオン	炭酸ナトリウム[a]
③	$NaNO_3$	$Na^+ + NO_3^-$	ナトリウムイオン＋硝酸イオン	硝酸ナトリウム
④	NaH_2PO_4	$Na^+ + H_2PO_4^-$	ナトリウムイオン＋リン酸二水素イオン	リン酸二水素ナトリウム
⑤	Na_2HPO_4	$2Na^+ + HPO_4^{2-}$	ナトリウムイオン2個＋リン酸水素イオン	リン酸水素二ナトリウム[b]
⑥	Na_3PO_4	$3Na^+ + PO_4^{3-}$	ナトリウムイオン3個＋リン酸イオン	リン酸(三)ナトリウム
⑦	$NaHSO_4$	$Na^+ + HSO_4^-$	ナトリウムイオン＋硫酸水素イオン	硫酸水素ナトリウム
⑧	Na_2SO_4	$2Na^+ + SO_4^{2-}$	ナトリウムイオン2個＋硫酸イオン	硫酸ナトリウム[a]

a) ○○酸ナトリウムといい，○○酸二ナトリウムとはいわない約束．b) リン酸水素ナトリウムともいう．

① $NaHCO_3$ 炭酸水素ナトリウム　② Na_2CO_3 炭酸ナトリウム
③ $NaNO_3$ 硝酸ナトリウム　④ NaH_2PO_4 リン酸二水素ナトリウム
⑤ Na_2HPO_4 リン酸水素二ナトリウム　⑥ Na_3PO_4 リン酸(三)ナトリウム
⑦ $NaHSO_4$ 硫酸水素ナトリウム　⑧ Na_2SO_4 硫酸ナトリウム
⑨ Na_2SO_4［$(Na^+)_2(SO_4^{2-})$］は水に溶けると2個の Na^+($2Na^+$) と多原子イオン SO_4^{2-} に分かれる（⑧の式）

5・3 オキソ酸のカルシウム塩，アルミニウム塩の化学式 塩の化学式の完成編！

前提として，① 金属イオン（Na，K，Ca，Mg，Al）の電荷についての知識が必要です（わからない人は p.10 の周期表の族番号とイオンの電荷との関係を学習しよう）．② オキソ酸イオンの電荷についての知識（p.22）も必要です．銀イオンは Ag^+

問題 I-23 塩の化学式を答えなさい．

ヒント：まず，塩を構成する陽イオン，陰イオンの名称を考えよう．
① 炭酸水素カルシウム 【　　】 ② 炭酸カルシウム 【　　】
③ リン酸カルシウム 【　　】 ④ リン酸水素カルシウム 【　　】
⑤ リン酸二水素カルシウム 【　　】 ⑥ リン酸アルミニウム 【　　】
⑦ 硫酸アルミニウム 【　　】 ⑧ 硝酸塩 【　　】

Point 塩は全体としての電荷が 0 です．正負の電荷の総和（全体の電荷）が 0 になるように陽イオンの数と陰イオンの数を合わせます．全体の電荷を 0 にするために，陽イオン・陰イオンはそれぞれいくつ必要かを考え，必要なら交差法を使いましょう．

①	炭酸水素カルシウム	Ca^{2+}[a] が1個に対し炭酸水素イオン HCO_3^- が2個必要	$Ca(HCO_3)_2$
②	炭酸カルシウム	Ca^{2+} が1個に対し炭酸イオン CO_3^{2-} が1個必要	$CaCO_3$
③	リン酸カルシウム[b]	Ca^{2+} が3個とリン酸イオン PO_4^{3-} が2個必要[b]	$Ca_3(PO_4)_2$[b]
④	リン酸水素カルシウム	Ca^{2+} が1個に対しリン酸水素イオン HPO_4^{2-} が1個必要	$CaHPO_4$
⑤	リン酸二水素カルシウム	Ca^{2+} が1個に対しリン酸二水素イオン $H_2PO_4^-$ が2個必要	$Ca(H_2PO_4)_2$
⑥	リン酸アルミニウム	Al^{3+}[a] が1個に対しリン酸イオン PO_4^{3-} が1個必要	$AlPO_4$
⑦	硫酸アルミニウム[b]	Al^{3+} が2個に対し硫酸イオン SO_4^{2-} が3個必要[b]	$Al_2(SO_4)_3$[b]

a) Ca^{2+}：カルシウムイオン，Al^{3+}：アルミニウムイオン．
b) $Ca_3(PO_4)_2$，$Al_2(SO_4)_3$ など，両方の数の調整が必要な場合は，数合わせに次の交差法を利用する．

［交差法］

名　称	交差法を用いた考え方		化学式
リン酸カルシウム	リン酸イオン PO_4^{3-}	Ca^{2+} ─ 交差法 ─ PO_4^{3-}	$Ca_3(PO_4)_2$
	カルシウムイオン Ca^{2+}	Ca_3 ← 交差法 → $(PO_4)_2$	

［化学式の書き方のルール］

- 多原子イオンが複数ある場合は，イオンを（　）でくくって，（　）の右下に個数を示す（$Ca(HCO_3)_2$ など）．
- 多原子イオンが1個の場合は，イオンを（　）でくくらない（$AlPO_4$ など）．

（例）$Ca(HCO_3)_2$ → カルシウムイオン Ca^{2+} が1個，炭酸水素イオン HCO_3^- が2個という意味．
Ca^{2+} と HCO_3^-，それぞれのイオンが1個ずつでは電荷が合わないので，HCO_3^- は2個必要．このとき，そのまま“$Ca2HCO_3$”ではなく，$Ca(HCO_3)_2$ と書くのがルール．これは，Hが2個とOが1個からなる水分子を「H_2O」と書くのと同じ．多原子イオンなので，それが2個あることがわかるように（　）でくくり，$(\ )_2$ とする．

① 炭酸水素カルシウム	$Ca(HCO_3)_2$	② 炭酸カルシウム	$CaCO_3$
③ リン酸カルシウム	$Ca_3(PO_4)_2$	④ リン酸水素カルシウム	$CaHPO_4$
⑤ リン酸二水素カルシウム	$Ca(H_2PO_4)_2$	⑥ リン酸アルミニウム	$AlPO_4$
⑦ 硫酸アルミニウム	$Al_2(SO_4)_3$	⑧ 硝酸銀	$AgNO_3$

5・4　オキソ酸のカルシウム塩，アルミニウム塩の名称　塩の名称の完成編！

問題 I-24　以下の塩の名称を答えなさい．

① $Ca(HCO_3)_2$【　　　】　② $CaCO_3$【　　　】
③ $Ca_3(PO_4)_2$【　　　】　④ $Al_2(SO_4)_3$【　　　】

①	$Ca(HCO_3)_2$	$Ca^{2+}+2HCO_3^-$	カルシウムイオン＋炭酸水素イオン2個	炭酸水素カルシウム[a]
②	$CaCO_3$	$Ca^{2+}+CO_3^{2-}$	カルシウムイオン＋炭酸イオン	炭酸カルシウム
③	$Ca_3(PO_4)_2$	$3Ca^{2+}+2PO_4^{3-}$	カルシウムイオン3個＋リン酸イオン2個	リン酸カルシウム[b]
④	$Al_2(SO_4)_3$	$2Al^{3+}+3SO_4^{2-}$	アルミニウムイオン2個＋硫酸イオン3個	硫酸アルミニウム[b]

a) ○○カルシウムといい，二○○カルシウムとはいわない約束．
b) 二リン酸三カルシウム，三硫酸二アルミニウムとはいわない約束．

① $Ca(HCO_3)_2$　炭酸水素カルシウム　② $CaCO_3$　炭酸カルシウム
③ $Ca_3(PO_4)_2$　リン酸カルシウム　④ $Al_2(SO_4)_3$　硫酸アルミニウム

補充 4 酸化還元 酸化還元に関する基礎知識を確認しよう！

補充問題 2 酸化還元の定義と酸化剤・還元剤について，具体例をあげて説明しなさい．

(1) 酸化還元のそもそもの意味（定義）

(2) 酸化還元の一般化された定義

(3) とくに生体系でよく見られる酸化還元に対応する定義

(4) 酸化剤，還元剤とは何か．$CuO+H_2 \rightarrow Cu+H_2O$ を例に示せ．

ヒント：酸化還元について，意味（下記答参照）を理解したうえで，表にまとめてみよう．

生きていること・代謝＝酸化還元反応である！

	酸素原子（O）を	電子（−）を	水素原子（H）を
酸化とは			
還元とは			

(1) 酸素原子 O のやり取り

・酸素原子が付加する（酸素原子を得る）のが酸化（酸化とは酸素化の意味である）

（例） $4\,Fe + 3\,O_2 \longrightarrow 2\,Fe_2O_3$ （金属鉄がさびて酸化鉄(Ⅲ)となる）

・酸素原子が取れる（酸素原子を失う）のが還元（還元とは元に戻(還)るという意味である）

（例） $Fe_2O_3 + 3\,CO \longrightarrow 2\,Fe + 3\,CO_2$ （酸化鉄(Ⅲ)が金属鉄に戻る）

(2) 電子のやり取り

・電子を失うのが酸化

（例） Fe（金属鉄）$\rightarrow Fe^{2+} \rightarrow Fe^{3+}$（p.9，付録 A・4 参照）．
$Fe \rightarrow FeO$ では O は O^{2-} だから（これは約束と考える[1]），FeO の Fe は Fe^{2+} となっている，Fe は酸素に電子を 2 個奪われていると考えられる．つまり，反応 $Fe \rightarrow FeO$ は，反応 $Fe \rightarrow Fe^{2+}$ と等価（実質同じ）である．

1) O の電気陰性度が F を除き最大であるので，O は O^{2-} となりやすい．

・電子を得るのが還元

（例） $Fe^{3+} + e^-$（電子） $\longrightarrow Fe^{2+}$ $Fe^{2+} + 2e^- \longrightarrow Fe$
（この式は上と同様の考え方で，FeO（Fe は Fe^{2+}）$\rightarrow$ Fe と等価）

(3) 水素原子 H のやり取り[2]

2) 水素イオン H^+ ではない．H の原子核 H^+ ごとの電子のやりとり．H 原子は H の原子核 H^+ と電子⊖からできている．

・水素原子を失うのが酸化

（例） $H_2S \longrightarrow S + 2H$,
CH_3CH_2OH（エタノール） $\longrightarrow$ CH_3CHO（アセトアルデヒド） $+ 2H$

・水素原子が付加する（H を得る）のが還元

（例） $S + 2H \longrightarrow H_2S$ $CH_3CHO + 2H \longrightarrow CH_3CH_2OH$

(4) 相手を酸化する物質が酸化剤，自身は還元される．還元剤はその逆．

（例） CuO（酸化剤） $+ H_2$（還元剤）$\rightarrow$ Cu（還元された） $+ H_2O$（酸化された）
酸化と還元は同時に起こる（酸素・電子・水素のやり取り，お金の貸し借りと同じ）

Point 水素原子 H は C，O，N と比べて電気陰性度（p.113）が小さいので，H 原子がこれらの原子と結合すると，結合した H の電子は相手の原子の方に移動した（H の電子は相手に奪われた，$H \rightarrow H^+ + e^-$，相手が電子をもらった・還元された）と考えます．H 原子が C−H，O−H，N−H から取れる際には H の電子ごと，H 原子として脱離するので，C，O，N 原子は H が取れることで（H の）電子を失ったと考えます．つまり，H 原子が取れると酸化された（電子を失った）ことになるのです．

6　I　化学のキソ

酸と塩基の中和反応

――からだの中でも中和反応が起こっている！

6・1　反応式の書き方　反応式が書けるようになろう！

問題 I-25　エタン C_2H_6 を燃やすと（酸素 O_2 と反応させると），二酸化炭素 CO_2 と水分子 H_2O を生じる．以下の反応式に係数を入れて，この燃焼反応の反応式を完成させなさい．

【①　　】C_2H_6 ＋【②　　】O_2 →【③　　】CO_2 ＋【④　　】H_2O

反応式の書き方：
反応式中の化合物で数が一番多い元素に着目し，その元素を含む化合物の係数を，いったん1に設定して各元素の原子数が，反応前（左辺）＝反応後（右辺）となるように，順次，係数[1]を決めていく（下記の手順1～4，反応の前後で原子の数は変わらない）．

1) 通常，反応式中の係数は，整数とする約束（例外あり：熱化学方程式）．反応式中に係数が小数となっている化合物がある場合は，最後で整数となるように整える（下記手順5）．

問題 I-25の反応式，【 ① 】C_2H_6 ＋【 ② 】O_2 →【 ③ 】CO_2 ＋【 ④ 】H_2O に登場する化合物は，C_2H_6，O_2，CO_2，H_2O．

手順1：このうち，数が一番多い元素は，C_2H_6 の H（6個）．したがって，C_2H_6 の係数を1とする．

（ 1 C_2H_6 ＋【 ？ 】O_2 →【 ？ 】CO_2 ＋【 ？ 】H_2O）

手順2：反応式の左右で C の数は同一なので（1 C_2H_6 は C が2個，よって右辺の CO_2（C が1個）は2個必要）

（1 C_2H_6 ＋【 ？ 】O_2 → 2 CO_2 ＋【 ？ 】H_2O）

手順3：同様に，反応式の左右で H の数は同一なので（1C_2H_6 は H が6個，よって右辺の H_2O（H が2個）は3個必要）

（1 C_2H_6 ＋【 ？ 】O_2 → 2 CO_2 ＋ 3 H_2O）

手順4：O 原子について，反応式の左右の数を合わせる．

（1 C_2H_6 ＋ 3.5 O_2 → 2 CO_2 ＋ 3 H_2O）

右辺は，$2CO_2+3H_2O$ なので（O_2 中の O は2個という意味だから，$2CO_2$ では O の数は $(2\times2)=4$ 個，H_2O 中の O は1個だから，$3H_2O$ では O の数は $(3\times1)=3$ 個．したがって，O の数は $(2\times2)+(3\times1)=7$ 個．つまり，左辺の O も7個（$3.5O_2$）が必要．

手順5：反応式中の係数は，通常，整数とするのが約束なので，すべての化合物の係数を2倍して，

（ 2 C_2H_6 ＋ 7 O_2 → 4 CO_2 ＋ 6 H_2O）

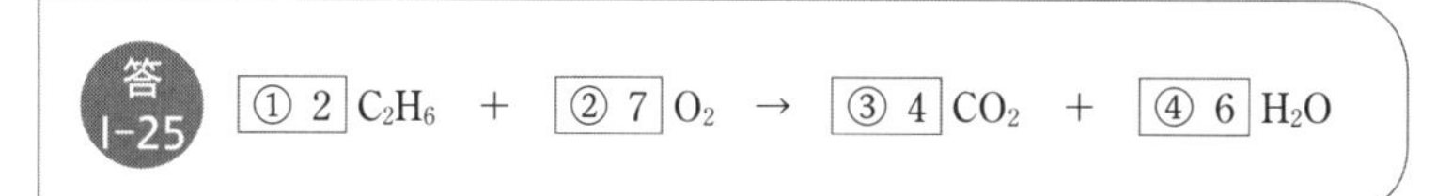

答 I-25　① 2 C_2H_6 ＋ ② 7 O_2 → ③ 4 CO_2 ＋ ④ 6 H_2O

練習問題　ブタン C_4H_{10} の燃焼反応の反応式を示しなさい（答は次ページ）．

6・2 酸と塩基の中和反応 中和反応の基本を理解しよう！

問題 I-26 酸と塩基の中和反応について，以下の空欄を埋めなさい．

(1) 酸と塩基の中和反応とは，酸が出す酸性のもと【①　　】の数と，塩基が出す塩基性のもと【②　　】の数とが等しくなり酸，塩基ともにおのおのの特性を失う反応．

(2) また，【③　　】分子と【④　　】を生じる反応．

(3) 酸と塩基の中和反応式の一般式は，【⑤　　】＋【⑥　　】→【⑦　　】

(4) 塩酸と水酸化ナトリウムとの中和反応式は，

【⑧　　】＋【⑨　　】→【⑩　　】＋【⑪　　】

中和とは

酸の水溶液に塩基を加えて，溶液中の酸由来の H^+（酸性のもと）の数と塩基由来の OH^-（塩基性のもと）の数を等しくすると，たとえば，溶液中の 100 個の H^+（酸性のもと）に 100 個の OH^-（塩基性のもと），1 mol（6×10^{23} 個）の H^+ に 1 mol（6×10^{23} 個）の OH^- を加えて，H^+ の数（物質量 mol）＝OH^- の数（物質量 mol）とすると，この H^+ と OH^-のすべてが，$H^+ + OH^- \rightarrow H_2O$ のように反応して，100 個，1 mol（6×10^{23} 個）の水分子 H_2O となり，結果として，酸は酸の性質（すっぱい，酸性）を，塩基は塩基の性質（ぬるぬる，アルカリ性）をそれぞれ失うことになります．酸と塩基が反応し，酸の性質も塩基の性質も示さなくなります．これと同時に，水溶液中に残された酸と塩基の対イオン（酸由来の陰イオン，たとえば HCl の Cl^- と，塩基由来の陽イオン，たとえば NaOH の Na^+）は合体して塩（えん）（この例では（Na^+Cl^-）つまり NaCl）を生じます．

HCl[2] ＋ NaOH → $\boxed{H^+ + Cl^-}$ ＋ $\boxed{Na^+ + OH^-}$（⬅ HCl，NaOH は水に溶かすとイオンに分かれる）

→ $H^+ + OH^- + Na^+ + Cl^-$（⬅ イオンの順序を並べ替えたもの）

→ $H_2O + Na^+ + Cl^-$（⬅ H_2O の中に Na^+ と Cl^- が同じ数ずつ溶けている状態）

→ H_2O ＋ NaCl（＝$(Na^+)(Cl^-)$ のこと，p.31 下図）

$H^+ + {}^-O{-}H \rightarrow H{-}O{-}H$
$H^+ + OH^-$ が配位共有結合して H_2O 分子となる反応である．

この溶液（$H_2O + Na^+ + Cl^-$）を煮詰めて水を蒸発させれば，最終的には，固体の NaCl（塩化ナトリウム）が得られるので，$H_2O + Na^+ + Cl^-$ のままではなく，H_2O＋NaCl と書く約束．

2) 胃液（pH 1.5～2.0）の塩酸（HCl）は，十二指腸・小腸上部（腔腸）で，膵液・腸液中の炭酸水素ナトリウム $NaHCO_3$ によって中和されている：$HCl + NaHCO_3 \rightarrow (NaCl + H_2CO_3) \rightarrow NaCl + H_2O + CO_2$
腸液により，小腸下部（回腸）ではだんだんアルカリ性になり，大腸では pH 8 以上になっている．

(1) 酸と塩基の中和反応とは，酸が出す酸性のもと【① H^+】の数と，塩基が出す塩基性のもと【② OH^-】の数とが等しくなり酸，塩基ともにおのおのの特性を失う反応．

(2) また，【③ 水(H_2O)】分子と【④ 塩】を生じる反応．

(3) 酸と塩基の中和反応式の一般式は，【⑤ H^+】＋【⑥ OH^-】→【⑦ H_2O】

(4) 塩酸と水酸化ナトリウムとの中和反応式は，【⑧ HCl】＋【⑨ NaOH】→【⑩ H_2O】＋【⑪ NaCl】

練習問題の答 $2\,C_4H_{10} + 13\,O_2 \rightarrow 8\,CO_2 + 10\,H_2O$

6・3 中和反応式 p.1〜29までの総決算，さまざまな中和反応式が書けるようになろう！

問題 I-27　以下の中和反応式を完成させなさい．

(1) 硫酸を水酸化ナトリウムで完全に中和[1]した．
　H_2SO_4 ＋ 【①　】NaOH → 【②　】＋【③　】
(2) 硫酸と水酸化ナトリウムを 1：1 で反応させた．
　H_2SO_4 ＋ NaOH → 【④　】＋【⑤　】
(3) 炭酸と水酸化ナトリウムを 1：1 で反応させた．
　H_2CO_3 ＋ NaOH → 【⑥　】＋【⑦　】
(4) リン酸を水酸化ナトリウムで完全に中和[1]した．
　H_3PO_4 ＋ 【⑧　】NaOH → 【⑨　】＋【⑩　】
(5) リン酸と水酸化ナトリウムを 1：2 で反応させた．
　H_3PO_4 ＋ 2NaOH → 【⑪　】＋【⑫　】

1) 完全に中和するとは，酸分子中の H^+ になることができるすべての H を，塩基由来の OH^- と反応させて H_2O にしてしまうこと．

(1) 硫酸を水酸化ナトリウムで完全に中和した．
《完全中和》 $H_2SO_4 + 2NaOH \rightarrow Na_2SO_4$(硫酸ナトリウム) ＋ $2H_2O$

もとの「H_2SO_4」と中和後の「Na_2SO_4」をよく比べてみると，H_2（2個のH）が Na_2（2個のNa）に置き換わっている．

```
        O                    O
        ‖                    ‖
H－O－S－O－H    →    ⊖O－S－O⊖＋2H⊕
        ‖                    ‖
        O                    O
```

H_2SO_4（2価の酸）には，H^+ となることができる H が2個ある（$H_2SO_4 \rightarrow 2H^+ + SO_4^{2-}$ (p.21)）．そこで，この $2H^+$ を完全に中和する（すべて水にする）には，OH^- も2個（つまり，NaOH も2個）必要．よって，

$H_2SO_4 + 2NaOH \rightarrow (2H^+ + SO_4^{2-}) + 2(Na^+ + OH^-)$
　$\rightarrow 2(H^+ + OH^-) + 2Na^+ + SO_4^{2-}$（⬅イオンの順序を並べ替えたもの）
　$\rightarrow 2H_2O + 2Na^+ + SO_4^{2-}$（⬅$H_2O$ の中に，2個の Na^+ と SO_4^{2-} が溶けている状態）
　$\rightarrow 2H_2O + Na_2SO_4\ (Na^+)_2(SO_4^{2-})$

「2個の Na^+」→「$(Na^+)_2$」と書くのが約束．「H_2O」を「2HO」と書かないのと同じ（水分子は，H原子2個とO原子1個からできているという意味なので H_2O）．

この溶液（$2H_2O+2Na^++SO_4^{2-}$）を煮詰めて水を蒸発させれば，最終的には，固体の $(Na^+)_2(SO_4^{2-})$ が得られるので（電荷と（　）を省略して），「$2H_2O+Na_2SO_4$（硫酸ナトリウム）」と書く．

(2) 硫酸と水酸化ナトリウムを 1：1 で反応させた．
《1：1で部分中和》 $H_2SO_4 + NaOH \rightarrow NaHSO_4$(硫酸水素ナトリウム) ＋ H_2O
H_2SO_4 の H_2 の1個の H のみ中和，H の1個は化合物中に残る（$H_2SO_4 \rightarrow H^+ + HSO_4^-$；p.21）
$(H^+ + HSO_4^-) + (Na^+ + OH^-) \rightarrow H_2O + NaHSO_4$

この溶液を煮詰めて水を蒸発させれば，最終的には，固体の $(Na^+)(HSO_4^-)$ が得られるので「$H_2O+NaHSO_4$」と書く．

(3) 炭酸と水酸化ナトリウムを 1：1 で反応させた．
《1：1で部分中和》 $H_2CO_3 + NaOH \rightarrow NaHCO_3 + H_2O$
H_2CO_3 の H_2 の1個の H のみ中和，H の1個は化合物中に残る（$H_2CO_3 \rightarrow H^+ + HCO_3^-$；p.21）．
$(H^+ + HCO_3^-) + (Na^+ + OH^-) \rightarrow H_2O + NaHCO_3$（炭酸水素ナトリウム）

(1) 硫酸を NaOH で完全に中和する. H_2SO_4 + ① 2 NaOH → ② Na_2SO_4 + ③ $2H_2O$
(2) 硫酸と NaOH を 1：1 で反応させる. H_2SO_4 + NaOH → ④ $NaHSO_4$ + ⑤ H_2O
(3) 炭酸と NaOH を 1：1 で反応させる. H_2CO_3 + NaOH → ⑥ $NaHCO_3$ + ⑦ H_2O
(4) リン酸を NaOH で完全に中和する. H_3PO_4 + ⑧ 3 NaOH → ⑨ Na_3PO_4 + ⑩ $3H_2O$
(5) リン酸と NaOH を 1：2 で反応させる. H_3PO_4 + 2NaOH → ⑪ Na_2HPO_4 + ⑫ $2H_2O$

(4) リン酸を水酸化ナトリウムで完全に中和した.

《完全中和》 $H_3PO_4 + 3NaOH \rightarrow Na_3PO_4$（リン酸(三)ナトリウム）$+ 3H_2O$

H_3PO_4 には，H^+ となることができる H が 3 個ある（$H_3PO_4 \rightarrow 3H^+ + PO_4^{3-}$；p.21）．そこで，この $3H^+$ を完全に中和する（すべて水にする）には，OH^- も 3 個（つまり，NaOH も 3 個）必要．よって，

$H_3PO_4 + 3NaOH \rightarrow (3H^+ + PO_4^{3-}) + (3Na^+ + 3OH^-)$

$\rightarrow 3(H^+ + OH^-) + 3Na^+ + PO_4^{3-}$（⬅ イオンの順序を並べ替えたもの）

$\rightarrow 3H_2O + 3Na^+ + PO_4^{3-}$（⬅ H_2O の中に，3 個の Na^+ と PO_4^{3-} が溶けている状態）

$\rightarrow 3H_2O + Na_3PO_4$ $(Na^+)_3(PO_4^{3-})$

$(PO_4^{3-} + 3H^+)$

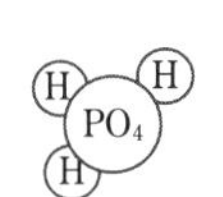

→
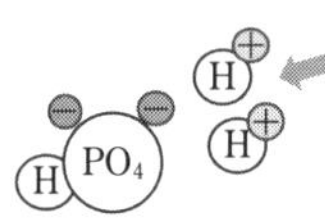

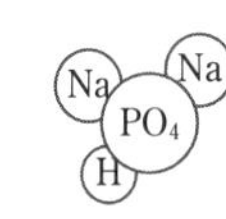

この溶液（$3H_2O+3Na^++PO_4^{3-}$）を煮詰めて水を蒸発させれば，最終的には，固体の（$(Na^+)_3(PO_4^{3-})$）が得られるので（電荷と（ ）を省略して），「$3H_2O+Na_3PO_4$（リン酸(三)ナトリウム）」と書く．

(5) リン酸と水酸化ナトリウムを 1：2 で反応させた.

《1：2 で部分中和》 $H_3PO_4 + 2NaOH \rightarrow Na_2HPO_4$（リン酸水素二ナトリウム）$+ 2H_2O$

1 個の H_3PO_4（3 個の H^+）に対して，2 個の NaOH（2 個の OH^-）を加えるので，H_3PO_4 の 2 個の H のみが中和され，H の 1 個は化合物中に残る（$H_3PO_4 \rightarrow 2H^+ + HPO_4^{2-}$；p. 21）

この $2H^+$ が中和される

$(H_3PO_4) + 2NaOH \rightarrow (HPO_4^{2-} + 2H^+) + 2NaOH \rightarrow Na_2HPO_4 + 2H_2O$

H_3PO_4 が 1 個と NaOH が 2 個なので，H_3PO_4（H^+ 3 個）のうち OH^- と同数の 2 個 H^+ が取れ，中和される

$H_3PO_4 + 2NaOH \rightarrow (2H^+ + HPO_4^{2-}) + (2Na^+ + 2OH^-)$

$\rightarrow 2(H^+ + OH^-) + 2Na^+ + HPO_4^{2-}$（⬅ イオンの順序を並べ替えたもの）

$\rightarrow 2H_2O + 2Na^+ + HPO_4^{2-}$（⬅ H_2O の中に，2 個の Na^+ と HPO_4^{2-} が溶けている状態）

$\rightarrow 2H_2O + Na_2HPO_4$ $(Na^+)_2(HPO_4^{2-})$ リン酸水素二ナトリウム

イオン性化合物・塩の化学式をイメージするために

塩化ナトリウム（NaCl）〜Ⓝⓐ と Ⓒⓛ の会話〜

Ⓝⓐ ：「わたし，電子が 1 個足りないわ」（$=Na^+$ の状態）

Ⓒⓛ ：「おれ，たまたま電子が 1 個余っているよ」（$=Cl^-$ の状態）

ⓃⓐⒸⓛ：「それなら，互いに一緒になれば，ちょうどいいね」

めでたしめでたしということで，式で書くと $(Na^+)(Cl^-)$．

この式から（ ）と＋−を取って「NaCl」[1] と書く．

NaCl $[(Na^+)(Cl^-)]$

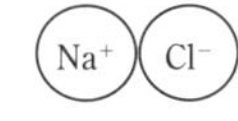

1) 塩（NaCl）などのイオン性化合物は，H_2O のような分子とは異なり，実際には化学式 NaCl で示されるような 1 個のものとしては存在していない．多数の陽イオン（Na^+）と陰イオン（Cl^-）が，3 次元に集合した“イオン結晶”$(Na^+Cl^-)_\infty$ として存在している（右図）．したがって，NaCl のような化学式を，組成式（物質の元素組成を示した式）という．

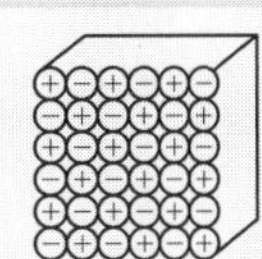

1 II 計算のキソ

単位と計算

――「演習 誰でもできる濃度計算」でさらに学習してみよう！

私たちは誰からも教わらずに日本語やその他を身につけました．これらは，周りを素直にまねることで身につけたのです．同様に，化学計算も，この教科書のやり方を素直にまねれば，容易にできるようになります．理解する努力をすればなおさらです．

まずは，四則計算の復習からはじめます．昔から，読み・書き・そろばん（計算）は社会人として必要な基礎能力です[1)]．文章・問題文をしっかり読んで，数字の写し間違いをしないように気をつけて，丸暗記で済まそうとせず，やり方を理解することが肝心です．

1・1 整数，小数，分数の四則計算

［整数・小数の計算］

1）とくに栄養系は，2年間は完全な理系と心得よ．理系のさまざまな講義や実験・実習のみならず（理工系の化学より多い），調理実習や栄養学ですら，計算力は必須です！

問題 II-1　以下の数式を計算しなさい．（電卓使用不可）

(1) $0.301-2$　(2) $9-(-5)$　(3) $-9+(-5)$　(4) $-9-(-5)$

(5) $-(-2+0.301)$　(6) $-9\times(-5)$　(7) $2+3\times4$　(8) $6+(-2)\times4$

(9) $12.34-5.678$（まず概算せよ）　(10) $12.34+5.678$（まず概算せよ）

(11) 3.6×8.4（まず概算せよ）　(12) $12.345\div6.7$（まず概算せよ）

● 概算値と暗算計算値（暗算法あり）

(13) 25×25　(14) 25×35　(15) 65×65　(16) 75×85

● 概算値と暗算近似値

(17) $32\div98$　(18) $32\div102$　(19) $25\div110$　(20) $25\div90$

概算するくせをつけよう

［数値に 10 の冪乗（べきじょう）を掛ける］

問題 II-2　以下の数式を計算しなさい．

(1) $0.000\,67\times1000$　($0.000\,67\times10^3$)

(2) $0.089\times10\,000$　(0.089×10^4)

(3) $0.000\,78\times100$　($0.000\,78\times10^2$)

濃度計算では 10 の冪乗表示は一般的です．
冪乗（べき乗，累乗）計算では位取りを間違えないようにしましょう．

［数値を 10 の冪乗で割る］

問題 II-3　以下の分数を小数表示しなさい．

(1) $\dfrac{0.345}{1000}$　($=0.345\div1000$，$0.345\div10^3$，0.345×10^{-3})

(2) $\dfrac{0.000\,67}{100}$　($=0.000\,67\div100$，$0.000\,67\div10^2$，$0.000\,67\times10^{-2}$)

(3) $\dfrac{89}{10\,000}$　($=89\div10\,000$，$89\div10^4$，89×10^{-4})

できなかった問題は印を付けておいて，繰り返し解いてみよう

A+(−B)=A−B, A−(−B)=A+B, A×(−B)=−AB, −A×(−B)=AB
計算順序は乗除(×÷)が加減(+−)に優先. 小数の計算は小数点の位置をそろえて計算する.

(1) 0.301−2=−(2−0.301)=−1.699 (2) 9−(−5)=9+5=14 (3) −9+(−5)=−9−5=−14
(4) −9−(−5)=−9+5=−4 (5) −(−2+0.301)=2−0.301=1.699
(6) −9×(−5)=45 (7) 2+3×4=2+12=14 (8) 6+(−2)×4=6+(−8)=6−8=−2
(9) 12.34−5.678=6.66_2(概算 12−6=6) (10) 12.34+5.678=18.01_8(概算 12+6=18)
(11)[2] 3.6×8.4=30.2_4(概算 4×8=32) (12)[3] 123.45÷6.7=18.4_3(概算 130÷7≒20)
(13) 概算 20×30=600, 暗算 25×25=[4]2×(2+1)×100+5^2=2×3×100+25=625
(14) 概算 30×30=900, 暗算 ((30−5)(30+5)=[5]30^2-5^2=900−25=875
(15) 概算 60×70=4200, 暗算 65×65=[4]6×(6+1)×100+5^2=6×7×100+25=4225
(16) 概算 80×80=6400, 暗算 ((80−5)(80+5)=[5]80^2-5^2=6400−25=6375
(17) 概算 0.32, 暗算近似値 0.32+0.32×0.02[6]=0.326_4(厳密解は 0.3265…, 電卓で計算)
(18) 概算 0.32, 暗算近似値 0.32−0.32×0.02[6]=0.313_6(厳密解は 0.3137…)
(19) 概算 0.25, 暗算近似値 0.25−0.25×0.10[6]=0.225(厳密解は 0.2272…)
(20) 概算 0.25, 暗算近似値 0.25+0.25×0.10[6]=0.275(厳密解は 0.2777…)

2)
```
   3.6
  ×8.4
   144
  288
 30.24
```

3)
```
        18.4…
6.7)123.45
     67
     564
     536
      285
      268
      170
       …
```

2) 筆算してみよう. 掛ける数と掛けられる数の小数点以下の数字を数え, 答えに小数点を打つ.
3) 筆算してみよう. 割る数が小数なので, 割る数も割られる数も小数点を1つ右にずらす.
4) 次式で $n=2$ なら, 25×25=2×3×100+25=625 : $n=3$ なら, 35×35=3×4×100+25=1200+25=1225
$(n\times10+5)^2=n^2\times10^2+2\times n\times10\times5+5^2=n^2\times10^2+n\times10^2+5^2=n(n+1)\times100+25$
5) $(a+b)(a-b)=a^2-b^2$
6) 2%小さい値で割れば答は約2%大となり, 2%大きい値で割れば答は約2%小となる. 10%小さい値では約10%大, 10%大きい値では約10%小. ただし, この近似計算の誤差はしだいに大きくなる. 2%の場合は厳密計算値の0.04%の誤差, 20%では4%の誤差となる. この近似計算は次の代数関数の級数展開式の二次の項までの計算に対応する.
2%大の場合は, $1/(a+x)=1/a-x/a^2+x^2/a^3-\cdots$ より, $32/102=32/(100+2)=32(1/100-2/(100)^2+\cdots)$
$=0.32-0.32\times0.02+\cdots≒0.3136$(厳密解は 0.31372 と 0.04%の誤差で一致).
2%小の場合は, $1/(a-x)=1/a+x/a^2+x^2/a^3+\cdots$ より, $32/98=32/(100-2)=32(1/100+2/(100)^2+\cdots)$
$=0.32+0.32\times0.02+\cdots≒0.3264$(厳密解は 0.32653 と 0.04%の誤差で一致).
20%大の場合は, 32/120=0.32−0.32×0.2=0.32−0.064=0.256(厳密解 0.267, 誤差−4%),
20%小の場合は, 32/80=0.32+0.32×0.2=0.32+0.064=0.384(厳密解 0.400, 誤差−4%).

(1) 0.67 : 0.000 67×1000(×10^3) → 0.000 67 の小数点を右へ3桁ずらす=0.67
(2) 890 : 0.089×10 000(×10^4) → 0.089 000 の小数点を右へ4桁ずらす=890.=890
(3) 0.078 : 0.000 78×100(×10^2) → 0.000 78 の小数点を右側に2桁ずらす=0.078
[解き方] 数値に10の累乗を掛ける場合は, より大きくなるので, 小数点を0の数だけ右へずらせばよい.

(1) 0.000 345 : 0.345/1000=00 000.345 の小数点を左側へ3桁ずらす

$$0.345/1000=\frac{0.345}{1000}=\frac{0000.345}{1000}=\frac{0.000\,345}{1}=0.000\,345$$

(2) 0.000 006 7 : 0.000 67/100=000.000 67 の小数点を左側へ2桁ずらす

$$0.000\,67/100=\frac{0.000\,67}{100}=\frac{0000.000\,67}{100}=\frac{0000.000\,67}{100}=0.000\,006\,7$$

(3) 0.0089 : 89/10 000=000 089. の小数点を左側へ4桁ずらす

$$89/10\,000=\frac{89}{10\,000}=\frac{89.}{10\,000}=\frac{000\,089.}{10\,000}=0.0089$$

[解き方] 分母が10の累乗である分数を小数に変換するには, 数値はより小さくなるので, 分子の小数点を分母中の0の数だけ左側へずらせばよい. 数値を10の累乗で割る場合も, 小数点を0の数だけ左側へずらせばよい.

割り算/分数の意味 : 割られる数(分子)の中に割る数(分母)が何個あるか. または, 分子の数を分母の個数に分けたら1個分の大きさはどれくらいになるか. 割り算や10^{-n}の計算は, 分数形にして計算すると間違えない.

[分数の計算]

問題 II-4　以下の小数を分数にしなさい(ここでは約分は不要).

(1) 0.0001　(2) 0.345
(3) 0.67　(4) 0.000 008

濃度計算，調理実習の調味%計算には分数計算は必須です．また，p.43 の換算係数法は分数形と，その約分がポイント！分数を気楽に使えることが鍵になります．

問題 II-5　以下の分数を計算しなさい.

ヒント：分数の割り算 $\frac{a}{b} \div \frac{c}{d}$ の計算方法は？

(1) $\frac{6}{-3}$　(2) $\frac{-3}{-6}$　(3) $\frac{1}{2} \div \frac{1}{3}$　(4) $\frac{1}{2} \times 6$　(5) $\frac{1}{2} \div 6$

(6) $6 \div \frac{1}{2}$　(7) $\frac{4}{5} \times \frac{7}{8}$　(8) $\frac{3}{5} \times 10$　(9) $12 \div \frac{2}{3}$　(10) $\frac{3}{5} + \frac{1}{3}$

(11) $-\frac{2}{3} + \left(-\frac{1}{2}\right) - \frac{1}{6} + \frac{3}{4}$　(12) $\frac{1}{6} + \frac{5}{6} \div \frac{2}{3}$

(13) $\frac{1}{12} \times (-3) - 6 \div \left(-\frac{2}{3}\right)$　(14) $\frac{1}{3} - \left(-\frac{1}{2}\right)^2 \div \left(-\frac{3}{8}\right)$

問題 II-6　以下の数式の x を求めなさい. 重要

$$\frac{2}{3} = \frac{x}{4}$$

問題 II-7　以下の数式の x を求めなさい.

$$\frac{x}{3} = 2$$

Point　何かの計算で，比例式 $a : b = c : d$ を考えたい場合には，この比例式の代わりに $\frac{b}{a} = \frac{d}{c}$ または $\frac{a}{b} = \frac{c}{d}$ を考えて，この分数式をたすき掛けするやり方の癖をつけるようにしよう！

問題 II-8　以下の数式を簡単にしてみよう.

$$\frac{\left(\frac{1}{2}\right)}{\left(\frac{3}{4}\right)}$$

大切なことは，テキストやノートの欄外に書き込もう

(1) $\frac{1}{10\,000}$ (2) $\frac{345}{1000}$ (3) $\frac{67}{100}$ (4) $\frac{8}{1\,000\,000}$

まず分子と分母の数値を約分する．分数の割算は分子と分母を逆さにして掛ける．

$\frac{a}{b}\div\frac{c}{d}=\frac{a}{b}\times\frac{d}{c}$ $\left(\frac{a}{b}\div\frac{c}{d}=\left(\frac{a}{b}\right)/\left(\frac{c}{d}\right)=\left(\frac{a}{b}\right)\times\frac{d}{c}/\left(\frac{c}{d}\right)\times\frac{d}{c}=\left(\frac{a}{b}\right)\times\frac{d}{c}/1=\frac{a}{b}\times\frac{d}{c}\right)$

(1) $\frac{6}{-3}=-2$ (2) $\frac{-3}{-6}=\frac{1}{2}$ (3) $\frac{1}{2}\div\frac{1}{3}=\frac{1}{2}\times\frac{3}{1}=\frac{3}{2}$ (4) $\frac{1}{2}\times 6=3$

(5) $\frac{1}{2}\div 6=\frac{1}{2}\div\frac{6}{1}=\frac{1}{2}\times\frac{1}{6}=\frac{1}{12}$ (6) $6\div\frac{1}{2}=6\times\frac{2}{1}=12$

(7) $\frac{4}{5}\times\frac{7}{8}=\frac{1}{5}\times\frac{7}{2}=\frac{7}{10}$ (8) $\frac{3}{5}\times 10=3\times 2=6$ (9) $12\div\frac{2}{3}=12\times\frac{3}{2}=6\times 3=18$

(10) $\frac{3}{5}+\frac{1}{3}=\frac{9+5}{15}=\frac{14}{15}$ (11) $-\frac{2}{3}+\left(-\frac{1}{2}\right)-\frac{1}{6}+\frac{3}{4}=\frac{-8-6-2+9}{12}=-\frac{7}{12}$

(12)～(14) は乗除優先．四則混合の計算における優先順位を忘れないこと．

(12) $\frac{1}{6}+\frac{5}{6}\div\frac{2}{3}=\frac{1}{6}+\frac{5}{6}\times\frac{3}{2}=\frac{1}{6}+\frac{5}{2}\times\frac{1}{2}=\frac{1}{6}+\frac{5}{4}=\frac{2+15}{12}=\frac{17}{12}=\left(1\frac{5}{12}\right)$

(13) $\frac{1}{12}\times(-3)-6\div\left(-\frac{2}{3}\right)=-\frac{3}{12}-6\times\left(-\frac{3}{2}\right)=-\frac{3}{12}+3\times 3=-\frac{1}{4}+9=8\frac{3}{4}$

(14) $\frac{1}{3}-\left(-\frac{1}{2}\right)^2\div\left(-\frac{3}{8}\right)=\frac{1}{3}-\left(\frac{1}{4}\right)\times\left(-\frac{8}{3}\right)=\frac{1}{3}+\left(\frac{1}{1}\right)\times\left(\frac{2}{3}\right)=\frac{1}{3}+\frac{2}{3}=1$

$\frac{8}{3}$： $\frac{2}{3}=\frac{x}{4}$ を，$\frac{2}{3}$ ⤫ $\frac{x}{4}$ とたすき掛けして（$3\times x=2\times 4$），$3x=8$．

よって，$x=\frac{8}{3}$（または，両辺に 4 を掛けると $x=\frac{8}{3}$）．

$\frac{a}{b}=\frac{c}{d}$ のとき（両辺に bd を掛けて約分すると），$ad=bc$（たすき掛け）となる．

「たすき掛け」は必ず身につけること

6： $\frac{x}{3}=\frac{2}{1}$ のように，整数の 2 を $\frac{2}{1}$ の分数形に変形して，たすき掛けする．

$x\times 1=3\times 2=6$．よって，$x=6$（または，両辺に 3 を掛けると，$\frac{x}{3}\times 3=2\times 3$．よって，$x=6$）

$\frac{2}{3}$： 外項の積/内項の積として計算，または，割り算の形にして計算する（逆さにして掛ける）．

$\frac{\left(\frac{1}{2}\right)}{\left(\frac{3}{4}\right)}=\frac{1\times 4}{2\times 3}=\frac{2}{3}$ または $\frac{\left(\frac{1}{2}\right)}{\left(\frac{3}{4}\right)}=\frac{1}{2}\div\frac{3}{4}=\frac{1}{2}\times\frac{4}{3}=\frac{2}{3}$

まず分子と分母の数値を約分する．分数の割算は分子と分母を逆さにして掛ける．

$\frac{\left(\frac{a}{b}\right)}{\left(\frac{c}{d}\right)}=\frac{ad}{bc}=\left(=\frac{\text{外項の積}}{\text{内項の積}}\right)$．$\frac{\left(\frac{a}{b}\right)}{\left(\frac{c}{d}\right)}=\frac{a}{b}\div\frac{c}{d}=\frac{a}{b}\times\frac{d}{c}=\frac{ad}{bc}$ とも計算できる．

（または，分子と分母に $\left(\frac{d}{c}\right)$ を掛けると，$\frac{\left(\frac{a}{b}\right)}{\left(\frac{c}{d}\right)}=\frac{\left(\frac{a}{b}\right)\times\left(\frac{d}{c}\right)}{\left(\frac{c}{d}\right)\times\left(\frac{d}{c}\right)}=\frac{\left(\frac{a}{b}\right)\times\left(\frac{d}{c}\right)}{1}=\frac{a}{b}\times\frac{d}{c}=\frac{ad}{bc}$ となる．）

問題 II-9　以下の分数と分数式を計算しなさい（結果は分数のままでよい）.

(1) $\frac{4}{3}=\frac{x}{5}$ $(x=?)$　(2) $\frac{4}{3}=\frac{5}{x}$ $(x=?)$

(3) $\frac{\left(\frac{3}{4}\right)}{\left(\frac{5}{7}\right)}$　(4) $\frac{\left(\frac{1}{2}\right)}{5}$　(5) $\frac{3}{\left(\frac{3}{4}\right)}$

(6) $\frac{\left(\frac{4}{3}\right)}{\left(\frac{x}{2}\right)}=3$ $(x=?)$　(7) $\frac{\left(\frac{1}{3}\right)}{x}=2$ $(x=?)$　(8) $\frac{\left(\frac{x}{a}\right)}{\left(\frac{c}{b}\right)}=d$ $(x=?)$

分子または分母の整数値を分数の形にするには，
整数値$=\frac{整数値}{1}$

［小数の掛け算，割り算］　小数計算に注意しよう．とくに分母に小数の割り算は間違いやすい！

問題 II-10　以下の数式を計算しなさい．（電卓使用不可）

(1) 0.010×0.022　(2) 4.1×0.02　(3) $0.001\div50$　(4) $0.0001\div0.02$

［小数を分母とする分数の計算］

問題 II-11　以下の数式を計算しなさい（小数表示すること．ただし，指数表示はしない，電卓使用不可）.

(1) $0.1\div0.01$　$\left(ヒント：\frac{0.1}{0.01}\ として計算しよう\right)$

(2) $0.0135\div0.42$　$\left(ヒント：\frac{0.0135}{0.42}\ として計算しよう\right)$

(3) $0.007\,68\div0.035$　$\left(ヒント：\frac{0.007\,68}{0.035}\ として計算しよう\right)$

小数の割り算は，分数の形にして分母を整数位 1 桁の数に変えて計算する

(1) $\underset{\sim}{\frac{20}{3}}$：　たすき掛けして，$3\times x=4\times5$，$3x=20$，$x=\frac{20}{3}$

別法：x の分母 5 を消すために，両辺×5，として計算する．

(2) $\frac{15}{4}$：　たすき掛けして，$4\times x=3\times5$，$4x=15$，$x=\frac{15}{4}$

別法：両辺$\times x$，さらに，$\times\frac{3}{4}$

(3) $\frac{21}{20}$：　$\frac{3\times7}{4\times5}$[1] $=\frac{21}{20}$，<u>または</u>，分数を割り算の形にして，$\frac{3}{4}\div\frac{5}{7}=$[2]$\frac{3}{4}\times\frac{7}{5}=\frac{21}{20}$

1) 分数 $(a/b)/(c/d)$ は外項の積/内項の積 (ad/bc) として計算する（答II-8）.
2) 分数で割る場合は $(\div a/b)$ その逆数を掛ける $(\times b/a)$（答II-5）.

(4) $\frac{1}{10}$：　$\frac{\left(\frac{1}{2}\right)}{5}=$[3]$\frac{\left(\frac{1}{2}\right)}{\left(\frac{5}{1}\right)}=\frac{1\times1}{2\times5}=\frac{1}{10}$　<u>または</u>　$=$[4]$\frac{1}{2}\div5=\frac{1}{2}\div\frac{5}{1}=\frac{1}{2}\times\frac{1}{5}=\frac{1}{10}$

(5) 4：　$\frac{3}{\left(\frac{3}{4}\right)}=\frac{\left(\frac{3}{1}\right)}{\left(\frac{3}{4}\right)}=\frac{3\times4}{1\times3}=4$，<u>または</u>，$3\div\frac{3}{4}=3\times\frac{4}{3}=4$

3) 数値 a を分数として表すには $(a/1)$ とする（答II-7）.
4) 分数を割り算の形 $(a/b=a\div b)$ にして計算する（答II-8）.

（つづく）

(6) $\frac{8}{9}$： $\frac{4\times2}{3\times x}=\frac{8}{3x}=\frac{3}{1}$, [5]$3x\times3=8\times1$, $9x=8$, $x=\frac{8}{9}$ または $\frac{\left(\frac{4}{3}\right)}{\left(\frac{x}{2}\right)}=\frac{3}{1}$,

5) 分数 $a/b=c/d$ の計算はたすき掛けする（$ad=bc$）（答II-6）.

$\frac{4}{3}\times1=\frac{x}{2}\times3$ $\frac{4}{3}=\frac{3x}{2}$, $4\times2=3\times3x$, $8=9x$, $x=\frac{8}{9}$

別法：$\frac{4}{3}\div\frac{x}{2}=\frac{4}{3}\times\frac{2}{x}=\cdots$

(7) $\frac{1}{6}$： $\frac{\left(\frac{1}{3}\right)}{\left(\frac{x}{1}\right)}=\frac{1\times1}{3\times x}=\frac{1}{3x}=\frac{2}{1}$, $3x\times2=1\times1$, $6x=1$, $x=\frac{1}{6}$ または $\frac{\left(\frac{1}{3}\right)}{x}=\frac{2}{1}$, $\frac{1}{3}\times1=x\times2$,

$x=\frac{1}{6}$, または, $\frac{1}{3}\div x=\frac{1}{3}\div\frac{x}{1}=\frac{1}{3}\times\frac{1}{x}=\frac{1}{3x}=\frac{2}{1}$, $3x\times2=1\times1$, $6x=1$, $x=\frac{1}{6}$

別法：まず，両辺×xとする.

(8) $\frac{acd}{b}$： $\frac{\left(\frac{x}{a}\right)}{\left(\frac{c}{b}\right)}=\frac{x\times b}{a\times c}=\frac{bx}{ac}=\frac{d}{1}$, $bx\times1=ac\times d$, $bx=acd$, $x=\frac{acd}{b}$, または,

$\frac{\left(\frac{x}{a}\right)}{\left(\frac{c}{b}\right)}=\frac{x}{a}\div\frac{c}{b}=\frac{x}{a}\times\frac{b}{c}=\frac{bx}{ac}=\frac{d}{1}$, この先は同上.

別法：まず, 両辺×$\frac{c}{b}$とする.

(1) は $(1.0\times10^{-2})\times(2.2\times10^{-2})$ か, $\frac{1.0}{100}\times\frac{2.2}{100}$ として計算すると位取りを間違えない.

(2) も (1) と同様に計算，(3) (4) は分数の形にして分母を整数位 1 桁の数に変えて計算する.

(1) 0.000 22 (2.2×10^{-4})　(2) 0.082 (8.2×10^{-2})　(3) $\frac{0.001}{50}=\frac{0.000\,10}{5.0}=0.000\,02$ (2×10^{-5})

(4) $\frac{0.0001}{0.02}=\frac{0.0001\times100}{0.02\times100}=\frac{0.01}{2}=\frac{0.010}{2}=0.005$ (5×10^{-3})

(1) 10： （分子と分母に 100 を掛けて分母を 1 にする）$\frac{0.1}{0.01}=\frac{0.1\times100}{0.01\times100}=\frac{10}{1}=10$,

または，0.01 で割る＝100 を掛ける ➡ 分子と分母の小数点を 2 つ右に動かす，

$\frac{0.1}{0.01}=\frac{0.1000}{0.01}\left(\frac{0.1000\times100}{0.01\times100}=\frac{10}{1}\right)=10$. または，$\frac{0.1}{0.01}=0.1\div0.01=0.1\div\frac{1}{100}=0.1\times\frac{100}{1}=10$

(2) 0.032： $\frac{0.0135}{0.42}=\frac{0.0135\times10}{0.42\times10}=\frac{0.135}{4.2}=0.0321\cdots$（四捨五入）≒0.032

分母の整数部分が 1 桁になるように分子・分母に 10 を掛けると（この場合，0.42 → 4.2），暗算で，おおよその分子の数字を分母で割ることができる（0.13 ÷ 4 ≒ 0.03，と概算できる）．あとは，きちんと（電卓）計算する．

(3) 0.22： $\frac{0.007\,68}{0.035}=\frac{0.007\,68\times100}{0.035\times100}=\frac{0.768}{3.5}=0.219\cdots$ ≒ 0.22（1 つ下の桁を四捨五入）

1・2 指数表記と指数計算

[指数(科学)表記]

数値の指数表記は，環境汚染の話題に出てくるダイオキシンや内分泌かく乱物質などの濃度表示に用いられる ppm($1/10^6$)，ppb($1/10^9$)，mg，μg，ng，pg（ピコ p，$1/10^{12}$）や，pH の水素イオン濃度（水素イオン濃度 $[H^+]=10^{-pH}$，第 I 編 p.16）など，さまざまな講義・実験・実習[1]で登場するのでしっかり身につけておきましょう．

1) 生理学，生化学，栄養学，食品学，衛生学など（mg や μg は微量必須元素，ビタミンの推奨摂取量にも用いられる）．

問題 II-12　以下の問題に答えなさい．

(1) 2 300 000 は何万か，0.000 002 3 は何万分の 23 か．
(2) 2.3×10^6，2.3×10^{-6} はそれぞれいくつくらいの数値か．

指数表記は科学表記ともいわれ，たとえば，3.45×10^3 のように表示します．3.45 の部分を仮数といい，1 ≦ 仮数 < 10 の数字で表す約束です[2]．また，$\times10^3$ の右肩付きの数値 3 を指数といいます[2]．指数の値が正数の場合，その仮数に 10 を何回掛けるか（10 を何乗するか）ということを示しています．たとえば，

$$10^3\equiv1\times10^3\equiv1\times10\times10\times10=1000$$

$$2.3\times10^6\equiv2.3\times10\times10\times10\times10\times10\times10=2\,300\,000$$

「≡」は，定義を意味する記号（このようにおきます，このように約束します，という意味）．

指数の値が負の場合には仮数を 10 で何回割るかということを意味します．たとえば，

$$10^{-3}\equiv1\times10^{-3}\equiv\frac{1}{10^3}=\frac{1}{10\times10\times10}=\frac{1}{1000}=0.001,$$

$$2.3\times10^{-6}\equiv\frac{2.3}{10^6}=\frac{2.3}{10\times10\times10\times10\times10\times10}=\frac{2.3}{1\,000\,000}=0.000\,002\,3$$

仮数の整数位は 1 桁！
$a\times10^b$ のとき，仮数 a は整数部分を 1 桁の数値で表す．

2) 3.45×10^3
↑仮数　↑指数
（整数部分は 1 桁）

問題 II-13　(1) 以下の数値を指数表記にしなさい．[小数点表示 → 指数(科学)表記]

① 5234≡5234.　② 0.000 678　③ 278 000　④ 0.001

(2) 以下の数値を正しい指数表記に変えなさい．[10 の冪乗の掛け算・割り算]

① 35×10^3　② 20×10^{-3}　③ 0.020×10^{-3}

問題 II-14　以下の指数表記された数値を整数，または小数表示しなさい．

(1) ① 4.21×10^5　② 9.87×10^{-5}　(2) ① 7.2×10^3　② 1.8×10^{-6}

[指数表記の数の掛け算，割り算：指数計算のルール]

問題 II-15　以下の x は何か，指数計算の公式を示しなさい．

(1) $10^{-a}\equiv1/x$　(2) $10^a\times10^b=x$　(3) $10^a\times10^{-b}=x$

(4) $10^a/10^b=\dfrac{10^a}{10^b}=10^a\div10^b=x$　(5) $(a\times10^b)\times(c\times10^d)=x$

指数計算の５つのルールを身につけよう

(1) 230万，1000万分の23．このように極端に大きな数や小さな数では，数字を見ても，桁を数えないと，いくつくらいの数字かはすぐには判断できない．

(2) (1) と同じ数値を指数で表示したものである．この場合，数値が 10^6 と 10^{-6} の桁，つまり100万の桁と100万分の1の桁の数字，230万と100万分の2.3（1000万分の23）であること，どれくらいの大きさの数値か見ればすぐにわかるので，2.3×10^6 は2 300 000より便利．

(1) ① 5.234×10^3：5234 ≡ 5234.＝小数点を左へ3桁移動
$=5.234\times10^3$

② 6.78×10^{-4}：0.000 678＝小数点を右へ4桁移動
$=6.78\times\dfrac{1}{10\,000}\equiv6.78\times10^{-4}$

③ 2.78×10^5：278 000＝2.78×10^5（左へ5桁移動）

④ 1×10^{-3}：$0.001=\dfrac{1}{1000}=\dfrac{1}{10^3}\equiv1\times10^{-3}(10^{-3})$

(2) 有効数字との関連．指数表記では，仮数は整数位1桁で表す約束．
10.0なら 1.00×10^1　10. なら 1.0×10^1

① 3.5×10^4：$35\times10^3=(3.5\times10)\times10^3=3.5\times(10^1\times10^3)$
$=3.5\times10^{1+3}=3.5\times10^4$

② 2.0×10^{-2}：$20\times10^{-3}=(2.0\times10)\times10^{-3}=2.0\times(10^1\times10^{-3})$
$=2.0\times10^{1-3}=2.0\times10^{-2}$

③ 2.0×10^{-5}：$0.020\times10^{-3}=(2.0\times10^{-2})\times10^{-3}$
$=2.0\times(10^{-2}\times10^{-3})=2.0\times10^{-2-3}=2.0\times10^{-5}$

小数表示（10進法）の数字を指数表記に変換：
① 数字(仮数)が1.00…から9.99…の間の値になるように小数点を動かす(整数位を1桁とする).
② 指数部分の数値は小数点を動かした桁数に等しい.
・数値が1より大きい値なら指数の符号は＋，1より小さい値なら－.
・整数で末端から連続している0は有効数字にならない.

この問題は上記の10のべき乗を掛ける，10のべき乗で割る場合と同じ．よって，

(1) ① 421 000：　$4.210\,000\,0\times10^5$＝小数点を右へ5桁移動＝421 000

② 0.000 098 7：　$9.87\times10^{-5}=0\,000\,009.87\times10^{-5}$ 左へ5桁移動＝0.000 098 7

(2) ① 7200：　$7.2\times10^3=7.2000\times10^3$ 右へ3桁移動する＝7200

② 0.000 001 8：　$1.8\times10^{-6}=00\,000\,001.8\times10^{-6}$ 左へ6桁移動＝0.000 001 8

指数計算の公式

(1) $10^{-a}\equiv\dfrac{1}{10^a}$，$\dfrac{1}{10^a}\equiv10^{-a}$　(2) $10^a\times10^b=10^{a+b}$

(3) $10^a\times10^{-b}=10^{a-b}$　(4) $\dfrac{10^a}{10^b}=10^a\div10^b=10^a\times10^{-b}=10^{a-b}$ [3)]

(5) $(a\times10^b)\times(c\times10^d)$ の計算は $(a\times c)\times(10^b\times10^d)=ac\times10^{b+d}$ とする．

まずは仮数どうし，指数どうしを計算する．その後，仮数を整数位1桁とする

3) いま一つの指数計算の公式 $(10^a)^b=10^{ab}$，$(x^a)^b=x^{ab}$ は，通常の濃度計算，化学計算では出てこないので，気にしなくてよい．

問題 II-16　以下の計算をしなさい．（電卓使用不可）

(1) $10^3 \times 10^5$　(2) $10^3 \times 10^{-5}$　(3) $\dfrac{10^3}{10^{-5}}$

(4) $\dfrac{10^{-14}}{10^{-9}}$　(5) $\dfrac{10^4}{10^9}$　(6) $\dfrac{10^{-3}}{10^{-2}}$

指数計算ができるようになるには，5つのルールを何も見ないで書けるようになること

問題 II-17　次の計算をしなさい．（電卓使用不可）

(1) $(2\times10^2)\times(3\times10^5)$　(2) $(4\times10^2)\times(6\times10^5)$

(3) $(2\times10^4)\times(3\times10^{-6})$　(4) $(10^2)\times(10^{-6})\times(10^4)$

問題 II-18　次の計算を行い，結果を指数表記しなさい．（電卓使用不可）

(1) $\dfrac{8\times10^7}{2\times10^5}$　(2) $\dfrac{8\times10^4}{3\times10^{-2}}$　(3) $\dfrac{4\times10^{-3}}{8\times10^2}$

(4) $\dfrac{3}{1.5\times10^6}$　(5) $\dfrac{10^{-14}}{2\times10^{-2}}$　(6) $\dfrac{0.023}{1.15\times10^{-3}}$

指数計算：
- 仮数同士，指数同士で計算する．
- 約分を忘れない．
- 整数位は1桁表示．

問題 II-19　次の計算をしなさい．（電卓使用不可）

(1) $\dfrac{(3\times10^3)(8\times10^{10})}{(6\times10^4)(1\times10^6)}$　(2) $\dfrac{(1.5\times10^2)(4.0\times10^6)}{(5.0\times10^{10})(2.5\times10^5)}$

(3) $\dfrac{(7.5\times10^{-3})(9.0\times10^6)}{(1.5\times10^2)(2.5\times10^{-8})}$　(4) $\dfrac{(2.0\times10^{-6})(4.2\times10^{-2})}{(1.4\times10^{-11})(1.0\times10^5)}$

答 II-16

(1) 10^8：　$10^3\times10^5(=(10\times10\times10)\times(10\times10\times10\times10\times10))=10^{3+5}=10^8$

(2) 10^{-2}：　$10^3\times10^{-5}\left(=(10\times10\times10)\times\dfrac{1}{10\times10\times10\times10\times10}=\dfrac{10\times10\times10}{10\times10\times10\times10\times10}\right)$

$=10^{3+(-5)}=10^{3-5}=10^{-2}$

(3) 10^8：　$\dfrac{10^3}{10^{-5}}=10^{3-(-5)}=10^{3+5}=10^8$　または　$\dfrac{10^3}{10^{-5}}=10^3\div10^{-5}=10^3\div\dfrac{1}{10^5}=10^3\times10^5=10^{3+5}=10^8$

(4) 10^{-5}：　$\dfrac{10^{-14}}{10^{-9}}=10^{-14-(-9)}=10^{-14+9}=10^{-5}$　(5) 10^{-5}：$\dfrac{10^4}{10^9}=10^{4-9}=10^{-5}$

(6) 10^{-1}(0.1)：　$\dfrac{10^{-3}}{10^{-2}}=10^{-3-(-2)}=10^{-3+2}=10^{-1}$　$(=0.1)$

答 II-17　計算法を暗記するのではなく，公式を再確認しよう．

(1) 6×10^7：　$(=(2\times10\times10)\times(3\times10\times10\times10\times10\times10)$

$=(2\times3)\times(10\times10)\times(10\times10\times10\times10\times10))$

$=(2\times3)\times10^{(2+5)}=6\times10^7$

（つづく）

答 II-17

(2) 2.4×10^8：$(4\times10^2)\times(6\times10^5)=(4\times6)\times(10^2\times10^5)=24\times10^{2+5}$
$=24\times10^7=(2.4\times10)\times10^7=2.4\times10^8$

(3) 6×10^{-2}：$\left(=(2\times10\times10\times10\times10)\times\dfrac{3}{10\times10\times10\times10\times10\times10}\right.$
$\left.=\dfrac{2\times10\times10\times10\times10\times3}{10\times10\times10\times10\times10\times10}\right)$
$=(2\times3)\times10^{4+(-6)}=6\times10^{-2}$

(4) 1：$(10^2)\times(10^{-6})\times(10^4)=10^{2+(-6)+4}=1\times10^0=10^0=1$

Point 指数(科学)表記の数の掛け算・割り算：
・2 つの仮数の掛け算を行う（分子・分母間で約分した後に計算する）．
・掛け算では 2 つの指数同士を足し算，割り算では分子の指数から分母の指数を引き算する（p.39 の公式）．
・指数表示で仮数が 10 以上になるときは，この仮数を 1〜10 の数字×10 の何乗という形に書き換える．

答 II-18 計算法を暗記するのではなく，公式を再確認しよう．

(1) 4×10^2：$\dfrac{8\times10^7}{2\times10^5}=\dfrac{8\times10\times10\times10\times10\times10\times10\times10}{2\times10\times10\times10\times10\times10}$
$=\dfrac{8\times100}{2}=4\times10^2$，または，$\dfrac{8\times10^7}{2\times10^5}=\dfrac{8}{2}\times10^{(7-5)}=4\times10^2$

(2) 2.7×10^6：$\dfrac{8\times10^4}{3\times10^{-2}}=\dfrac{8}{3}\times10^{(4-(-2))}=2.66\cdots\times10^6\fallingdotseq2.7\times10^6$

または，割り算は逆さにして掛ければよいから，
$\dfrac{8\times10^4}{3\times10^{-2}}=(8\times10^4)\times\left(\dfrac{1}{3}\times10^2\right)=\dfrac{8}{3}\times10^{(4+2)}\fallingdotseq2.7\times10^6$

(3) 5×10^{-6}：$\dfrac{4\times10^{-3}}{8\times10^2}=\dfrac{4}{8}\times10^{(-3-2)}=\dfrac{1}{2}\times10^{-5}=0.5\times10^{-5}$
$=(5\times10^{-1})\times10^{-5}=5\times(10^{-1}\times10^{-5})=5\times10^{-1+(-5)}=5\times10^{-6}$

(4) 2×10^{-6}：$\dfrac{3}{1.5\times10^6}=\dfrac{3}{1.5}\times\dfrac{1}{10^6}=2\times10^{-6}$

(5) 5×10^{-13}：$\dfrac{1\times10^{-14}}{2\times10^{-2}}=\dfrac{1}{2}\times10^{-14-(-2)}=0.5\times10^{-12}=(5\times10^{-1})\times10^{-12}$
$=5\times(10^{-1}\times10^{-12})=5\times10^{-13}$

(6) 2.0×10^1：$\dfrac{0.023}{1.15\times10^{-3}}=\dfrac{0.023}{1.15}\times\dfrac{1}{10^{-3}}=2.0\times10^{-2}\times10^3=2.0\times10^{-2+3}$
$=2.0\times10^1$

答 II-19

(1) 4×10^3：$\left(\dfrac{(3\times8)}{(6\times1)}\right)\times\left(\dfrac{(10^3\times10^{10})}{(10^4\times10^6)}\right)=\dfrac{(1\times8)}{(2\times1)}\times\dfrac{(10^{10+3})}{(10^{4+6})}=4\times\dfrac{(10^{13})}{(10^{10})}$
$=4\times10^{13-10}=4\times10^3$

(2) 4.8×10^{-8}：$\dfrac{(1.5\times10^2)(4.0\times10^6)}{(5.0\times10^{10})(2.5\times10^5)}=\dfrac{(3\times4.0)}{(5.0\times5)}\times\dfrac{(10^2\times10^6)}{(10^{10}\times10^5)}=\dfrac{(12)}{(25)}\times\dfrac{10^{2+6}}{10^{10+5}}$
$=0.48\times\dfrac{10^8}{10^{15}}=0.48\times10^{-7}=(4.8\times0.1)\times10^{-7}=4.8\times10^{-1}\times10^{-7}=4.8\times10^{-8}$

(3) 1.8×10^{10}：$\dfrac{(7.5\times10^{-3})(9.0\times10^6)}{(1.5\times10^2)(2.5\times10^{-8})}=\dfrac{(3\times9.0)}{(1.5\times1)}\times\dfrac{10^{-3+6}}{10^{2-8}}=\dfrac{(2\times9.0)}{(1\times1)}\times\dfrac{10^3}{10^{-6}}$
$=18\times10^{3-(-6)}=18\times10^9=(1.8\times10)\times10^9=1.8\times10^{10}$

(4) 6.0×10^{-2}：$\dfrac{(2.0\times10^{-6})(4.2\times10^{-2})}{(1.4\times10^{-11})(1.0\times10^5)}=\dfrac{(2.0\times3.0)}{(1.0\times1.0)}\times\dfrac{10^{-6-2}}{10^{-11+5}}=6.0\times\dfrac{10^{-8}}{10^{-6}}$
$=6.0\times10^{-8-(-6)}=6.0\times10^{-2}$

2 換算係数法を学ぶ

——分数計算と約分を行う操作が，この方法の基本！

2・1 測定値の表示法と単位の計算

問題 II-20 以下の計算をしなさい．（分数表示法と分数計算の基礎の確認問題）

(1) $4.75 \div 0.50$　(2) $4.75/0.50$　(3) $\dfrac{4.75}{0.50}$　(4) $4.75 \times \dfrac{1}{0.50}$

(5) $\dfrac{2}{3} \times \dfrac{3}{4}$　(6) $\dfrac{2}{7} \div \dfrac{3}{4}$　(7) $\dfrac{2}{3} \times \dfrac{5}{4} \times \dfrac{7}{10} \times \dfrac{11}{21}$　(8) $\dfrac{8}{9} \div 4$

［測定値の表示法］(p.58 も参照)

重さ，長さ，体積などの測定値は，10 g，5 km，20 mL といったように，数値と g，m，L などの単位を組み合わせて表す．ここで，k（キロ）とは $1000 = 10^3$ のことなので，5 km とは 5×10^3 m $= 5 \times 10^3 \times$ m のこと．つまり 5 km とは，1 m を 5000 倍したもの，5×k×1 m．同様に 20 mL の m（ミリ）とは $\dfrac{1}{1000} = 10^{-3}$ のことだから，20 mL とは $(20 \times 10^{-3}) \times$ L のこと．つまり 20 mL とは，1 L を $20 \times \dfrac{1}{1000}$，$\dfrac{20}{1000}$ 倍したもの，20×m(ミリ)×1 L である．このように，測定値（物理量）はつねに（数値×単位）で表される．

Study skills　先輩学生の意見と感想：その 1

［濃度計算と有機化学の授業を受けた学生の感想とアドバイス］

● 予習の大切さ
- 事前に予習すると授業の理解度が上がり，定着する．宿題は大変だが，とても良かった．

● 教科書を読むことの大切さ
- はじめは教科書の字が多すぎてやる気が出なかったが，真面目にやっていくとほとんど理解できるし，重要なことばかりだったので，すごく良かった．はじめからきちんとやっておけば良かった．
- 小さい文字のところがとてもわかりやすかった．小さいから，読まない人が多いと思うが，教科書の端の小さい文字にとても重要なことが書いてある．
- 教科書をすみからすみまで読んで理解することが大切．課題に出されたときにはあまり理解できなかったことが，試験のために総復習したときに意外とすんなりと解けた．さらに考える力がついたからだと思う．
- 化学は高校からずっとやっているが，苦手意識をもっていたので，大学に入ってからも「どうせわからない」という気持ちが少しあった．しかし，テスト前に気合を入れて教科書を読み，問題を解いたら，すごく理解できた．もっと早く，きちんと始めたかった．
- テストのための勉強で，いままで飛ばしてきた教科書の補足や豆知識欄も細かく読んだら，ほかのことも理解しやすくなり，もっと早く読めばよかったと思った．
- 日々の宿題のときは，教科書をすべては読まずに問題だけやっていたが，期末テスト前に教科書のすべてを読んだら，とてもわかりやすかった．

(p.46, 51 につづく)

[単位の計算：単位同士の掛け算，割り算] 単位も数字と同様に計算できる！

「/」の記号は問題II-20（2）に限らず，つねに割り算・分数を意味します．たとえば，自動車が走る速さを時速 40 km，または 40 km/h などと表しますが，h とは時間 hour の略であり，「/」は「パー per，またはオーバー over」，「毎」と読み，1 時間「あたり」という意味です．そもそも 40 km/h とは，たとえば 120 km の距離を 3 時間で走ったとき，1 時間あたり何 km 走ったかを求めるのに，$120\ \mathrm{km} \div 3\ \mathrm{h} = 120\ \mathrm{km} \times \frac{1}{3\ \mathrm{h}} = \frac{120\ \mathrm{km}}{3\ \mathrm{h}} = \frac{40\ \mathrm{km}}{1\ \mathrm{h}} = \frac{40\ \mathrm{km}}{\mathrm{h}} = 40\ \mathrm{km/h}$（平均時速）として求めたものです．速さの単位 km/h が割り算・分数であることが納得できるでしょう．このように，測定値は，$40\ \mathrm{km/h} = \frac{40\ \mathrm{km}}{\mathrm{h}} = \frac{40 \times \mathrm{k} \times \mathrm{m}}{\mathrm{h}} = \frac{40 \times \mathrm{k} \times 1\ \mathrm{m}}{1\ \mathrm{h}}$ のように，数値×単位の掛け算・割り算としても表されます．「/」は 1/3，2/3 のように分数に用いるだけでなく，単位の表現においても分数・割り算を意味するものとして用いられており，単位同士であっても掛け算，割り算を行うことができるのです．

問題 II-21　以下の問いに答えなさい．

（1）東京一名古屋，360 km を 2 時間で走る新幹線の時速は何キロか？
（2）180 km/h で 5 時間走ると何 km 走ったことになるか？

（1）～（4）[1] はすべて同じ意味．答えはすべて 9.5

（5）$\frac{\not{2}}{\not{3}} \times \frac{\not{3}}{\not{4}} = \frac{1}{2}$　　（6）$\frac{2}{7} \div \frac{3}{4} = \frac{2}{7} \times \frac{4}{3} = \frac{8}{21}$

（7）$\frac{\not{2}}{3} \times \frac{\not{5}}{\not{4}} \times \frac{\not{7}}{\not{10}} \times \frac{11}{\not{21}} = \frac{11}{3 \times 2 \times 2 \times 3} = \frac{11}{36}$　　（8）$\frac{8}{9} \div 4 \left(= \frac{9}{8} \div \frac{4}{1} = \frac{\not{8}}{9} \times \frac{1}{\not{4}} \right) = \frac{2}{9}$

[解き方] 分数の計算をするときは，まずは分子と分母の数字の約分をする．分数を含む割り算では，ある数で割る代わりに割る数の逆数を掛ける．

1) 問題（2）4.75/0.50 と（3）$\frac{4.75}{0.50}$ は同じことを意味する．4.75/0.50 の / は分数の横線――のこと．

（1）180 km/h：　速さの定義どおりに，

$$\text{速さ(時速)} = \text{距離} \div \text{時間} = \frac{\text{距離}}{\text{時間}} = \frac{360\ \mathrm{km}}{2\ \text{時間}} = \frac{180\ \mathrm{km}}{1\ \text{時間}} = \frac{180\ \mathrm{km}}{\mathrm{h}} = 180\ \mathrm{km/h}\ (\text{時間：hour})$$

（2）900 km：　時速の式，$180\ \mathrm{km/h} = \frac{180\ \mathrm{km}}{1\ \mathrm{h}}$ から，距離 km を残すには，×h(時間)とすればよい．つまり，$180\ \mathrm{km/h} \times 5\ \mathrm{h} = \frac{180\ \mathrm{km}}{1\ \mathrm{h}} \times 5\ \mathrm{h} = \frac{180\ \mathrm{km} \times 5\ \not{\mathrm{h}}}{1\ \not{\mathrm{h}}} = \frac{180\ \mathrm{km} \times 5}{1} = 180\ \mathrm{km} \times 5 = 900\ \mathrm{km}$

このように，単位を含めて計算すると，求めるべき値を単位付きで正しく得ることができる．

2・2 換算係数法　単位の換算と，換算係数を用いた計算

換算係数法（unit conversion, factor label method, dimensional analysis）とよばれる，単位に着目した米国式の計算法があります[2]．この方法は変数 x を使いません．したがって式の変形もしません．直感でわかりにくい割り算は使わず，直感でわかる掛け算だけを使うやり方です．数学・化学の不得意な人でもやり方を身につければ，さまざまな計算を間違えずに容易に行えるたいへん強力な方法ですので，身につけると一生役に立つ計算法です．文章題でも換算計数を考えることが問題を解く道標になります．

（前ページ）2）換算係数法は単位換算法，因子・要素ラベル化法，単位分析法・解析法，次元分析法・解析法とも呼称される．この単位（次元, dimension）を合わせる計算法は物理学の基本的な方法である．

これまで教えてきた学生たちのお墨付き！「換算係数法」を身につけよう．

巻頭の「学習法」でも述べたように，本書を初めて用いるときは，すべての問題は例題とみなして，解けない問題では問題の解き方，考え方を学ぶこと．そのために答に詳しく説明をしているので，1回目は解説書として学習し，2回目以降の学習では，全問題を演習問題として活用しよう．

問題 II-22　以下の計算式を示しなさい（電卓使用可）．

10年は何秒か．（答を見て換算係数法を学習したら，自分で換算係数法を用いて解いてみよう．）

315 360 000秒：この計算を行うには，1年＝365日，1日＝24時間，1時間＝60分，1分＝60秒を順に考えていけばよい．10年＝10×365日＝3650日，3560日×24時間＝87 600時間，87 600時間＝87 600×60分＝5 256 000分，5 256 000分＝5 256 000×60秒＝315 360 000秒，まとめて考えれば，10×365×24×60×60＝315 360 000（秒）［注 意：このやり方は計算間違いしやすい．］

● 換算係数法による計算

［間違いをしにくい方法］ 単位をつけて計算，分数式の掛け算で表し，単位，数値を約分する．

年 → 日 → 時間 → 分 → 秒への換算は，次の方法でも行うことができます．以下は，なんとなく屁理屈っぽいですが，一読して，こんな発想をするのだと思ってください．

1年＝365日の両辺を1年で割ると，$\frac{1\text{年}}{1\text{年}}=\frac{365\text{日}}{1\text{年}}$，365日で割ると，$\frac{1\text{年}}{365\text{日}}=\frac{365\text{日}}{365\text{日}}=1$．同様に，$\left(\frac{24\text{時間}}{1\text{日}}\text{と}\frac{1\text{日}}{24\text{時間}}\right)\left(\frac{60\text{分}}{1\text{時間}}\text{と}\frac{1\text{時間}}{60\text{分}}\right)\left(\frac{1\text{分}}{60\text{秒}}\text{と}\frac{60\text{秒}}{1\text{分}}\right)$のように，各単位の間に値が1となる2つの分数が得られます．これらは値が1なので，ある数字にこれらの分数を掛けても値は変化しません．よって，$1\text{年}=1\text{年}\times\frac{365\text{日}}{1\text{年}}=1\text{年}\times\frac{365\text{日}}{1\text{年}}\times\frac{24\text{時間}}{1\text{日}}=\cdots$ が成立します．$\frac{365\text{日}}{1\text{年}}$は年を日に，$\frac{1\text{年}}{365\text{日}}$は日を年に変換する分数であり，これら分数を（単位の）換算係数といいます．

Point 換算係数とは，ある種の分数とその逆数．同じもの・こと・内容を別の単位・表現で表したものを分数形式で表示したものとその逆数のことです．

［換算係数の例］ 1年＝365日の「＝」の左（1年）右（365日）は同じ内容を別の単位表現で表したものです．これを分数形式で表示した$\frac{365\text{日}}{1\text{年}}$と$\frac{1\text{年}}{365\text{日}}$が換算係数です．

これらの係数を用いて，年 → 日 → 時間 → 分 → 秒の換算を行うと，次のように単位がつぎつぎに約分，消去されます．

$$10\text{年}=10\,\cancel{\text{年}}\times\frac{365\,\cancel{\text{日}}}{1\,\cancel{\text{年}}}\times\frac{24\,\cancel{\text{時間}}}{1\,\cancel{\text{日}}}\times\frac{60\,\cancel{\text{分}}}{1\,\cancel{\text{時間}}}\times\frac{60\text{秒}}{1\,\cancel{\text{分}}}$$
$$=10\times365\times24\times60\times60\text{秒}$$
$$=315\,360\,000\text{秒}$$

計算式と答の数値すべてに必ず単位と内容（何の数値か）を記載する（数値のみならず，その単位，内容どうしも計算，約分する．分数式の掛け算で表す方法なので約分しやすく，約分する習慣がつく）．計算式だけではなく計算式の答にも必ず単位をつける．式中の単位だけを計算し，答の単位が正しいことを確認できることが本法の最大のメリット．

このように，扱う数値を単位込みで計算するくせをつけておくと，複雑な計算でも間違えないで行うことができます．また，計算法がわからない場合でも，計算で求めるべき値の単位に一致するように計算する（組み合わせる）．2 種類の換算係数を使い分ければ，正しい値を得ることができます．

問題 II-23　以下の問題を換算係数法で計算しなさい．（電卓使用可）

315 360 000 秒は何年か．

問題 II-24　以下の問題を換算係数法で計算しなさい．

光の速さ 3.0×10^{10} cm/秒を km/秒で表せ．

10 年：　**換算係数法**　この換算には上と逆の換算係数を用いる．すなわち，秒 → 分 → 時間 → 日 → 年の順に変換していく[1]．

$$315\,360\,000\text{ 秒}=315\,360\,000\text{ 秒}\times\frac{1\text{ 分}}{60\text{ 秒}}\times\frac{1\text{ 時間}}{60\text{ 分}}\times\frac{1\text{ 日}}{24\text{ 時間}}\times\frac{1\text{ 年}}{365\text{ 日}}=10\text{ 年}$$

［分数比例式法：比例関係を分数で表す］

60 秒：1 分＝315 360 000 秒：x 分，または 60 秒：315 360 000 秒＝1 分：x 分を分数で表すと，$\dfrac{60\text{ 秒}}{1\text{ 分}}=\dfrac{315\,360\,000\text{ 秒}}{x\text{ 分}}$ または $\dfrac{315\,360\,000\text{ 秒}}{60\text{ 秒}}=\dfrac{x\text{ 分}}{1\text{ 分}}$ より，x＝315 360 000 秒÷60 秒/1 分＝5 256 000 分 → 時間 → 日 → 年とつぎつぎに分数比例式で解く．5 256 000 分÷60 分/時間＝87 600 時間．87 600 時間÷24 時間/日＝3650 日．3650 日÷365 日/年＝10 年（桁数を間違いやすい）．

1）換算係数法では，消したい単位を分母とした数を掛ける．まず，315 360 000 秒の秒を消すために分母に秒のある $\times\dfrac{1\text{ 分}}{60\text{ 秒}}$ とする．次に，分を消すために $\times\dfrac{1\text{ 時間}}{60\text{ 分}}$ とする．以下，同様に計算する．

3.0×10^{5} km・秒[2]：　**換算係数法**　cm → m → km と，cm，m が消去され km となるよう単位を換算する．cm と m との換算係数は，$\dfrac{100\text{ cm}}{1\text{ m}}$ と $\dfrac{1\text{ m}}{100\text{ cm}}$．そこで cm を m にするには $\text{cm}\times\dfrac{1\text{ m}}{100\text{ cm}}$，m と km との換算係数は $\dfrac{1000\text{ m}}{1\text{ km}}$ と $\dfrac{1\text{ km}}{1000\text{ m}}$．m を km にするには $\text{m}\times\dfrac{1\text{ km}}{1000\text{ m}}$ とすればよい（換算係数は消すべき単位を分母，残すべき単位を分子におく）．よって，

$$3.0\times10^{10}\text{ cm/秒}=3.0\times10^{10}\frac{\text{cm}}{\text{秒}}\times\frac{1\text{ m}}{100\text{ cm}}\times\frac{1\text{ km}}{1000\text{ m}}=\frac{3.0\times10^{10}}{10^{5}}\cdot\frac{\text{km}}{\text{秒}}=3.0\times10^{5}\text{ km/秒}$$

［代入法］1 m＝100 cm より 1 cm＝$\left(\dfrac{1}{100}\right)$m．$3.0\times10^{10}$ cm/秒＝$3.0\times10^{10}\times\left(\dfrac{1}{100}\right)$m/秒＝$3.0\times10^{8}$ m/秒．

（または，3.0×10^{10} cm/秒÷$\dfrac{100\text{ cm}}{1\text{ m}}$＝$3.0\times10^{10}$ cm/秒$\times\left(\dfrac{1\text{ m}}{100\text{ cm}}\right)$＝$3.0\times10^{8}$ m/秒）．1 km＝1000 m より 1 m＝$\left(\dfrac{1}{1000}\right)$km．$3.0\times10^{8}$ m/秒＝$3.0\times10^{8}\times\left(\dfrac{1}{1000}\right)$km/秒＝$3.0\times10^{5}$ km/秒．

2）3.0×10^{10} cm/秒＝3.0×10^{5} km/秒＝30 万 km/秒＝地球 7.5 周/秒（地球 1 周 4 万 km＝4000 万 m）（1 m＝北極～赤道の距離の 1/1000 万として定義．）

［換算係数法によるさまざまな問題の計算］　比例式の代わりに用いて計算しよう！

化学の計算問題は掛けるか割るかだけであり，解き方は，換算係数法，直感法，分数比例式法の 3 通りがあります．ここでは，まず換算係数法で解けるようになりましょう．この方法がいかに便利でさまざまな場面や計算で応用できるか，II-4 章で実感できるはずです．今まで身につけたやり方で解ければよいわけではありません．私たちは「学ぶ」（自らの能力を伸ばす）ために学習しているのです．新しいことを身につけるのが「学ぶ」ということです．ぜひ換算係数法に慣れ親しんでください．

［換算係数法を学んだ先輩学生の感想とアドバイス　（評価（栄養系1年生前期）：（大変）役に立った 92%）］

・換算係数法を行ってから濃度計算が少しわかるようになった．単位ミスがなくなった．
・比を用いる方法がやりやすいと思っていたが，やり方を理解できたら比よりはるかにわかりやすかった．
・換算係数法に中学・高校のときに出会えていればよかった，と強く感じた．

（p.51 につづく）

問題 II-25　以下の問題を換算係数法で解いてみよう．（何が換算係数かを考える，電卓使用可）

（1）平均時速 48 km/h で走る自動車は 3 時間半後には何 km 進むか．
（2）48 km/h の自動車で東京から名古屋（360 km）に向かうと何時間後に到着するか．

問題 II-26　以下の問題を換算係数法で解いてみよう．（何が換算係数かを考える，電卓使用可）

（1）100 ドルは何円か．（2）1 万円は何ドルか．ただし，1 ドル 112.0 円とする．

問題 II-27　以下の問題を換算係数法で解いてみよう．（何が換算係数かを考える，電卓使用可）

（1）1 人が 1 回の食事で食べる米が 90. g のとき，米 2.0 kg は何食分か．
（2）白米のタンパク質含有量は 6.2% である．ヒトのタンパク質所要量 1 日 60. g をタンパク質を白米だけから取る場合，1 日何 g の白米を食べればよいか．

問題 II-28　以下の問題を換算係数法で解いてみよう．（電卓使用可）

（1）鉄欠乏性貧血の患者に 0.2 g の鉄剤（クエン酸第一鉄；クエン酸の Fe^{2+} 塩（クエン酸鉄(II)））を投与する．1 錠あたり 50 mg の鉄剤を含む．患者には何錠投与すればよいか．（1 g＝1000 mg）
（2）入院患者に 5% のブドウ糖液 2500 mL を 24 時間で点滴投与する．20 滴が 1 mL に対応する．点滴速度は 1 分間に何滴とすればよいか．

（1）168 km：　**換算係数法**　3.5 h を km に変換．何が換算係数か，何が同じものか考える．

$48\ \mathrm{km/h} = \dfrac{48\ \mathrm{km}}{1\ \mathrm{h}} = \dfrac{48\ \mathrm{km}}{1\ 時間}$，1 時間に走る距離，48 km 走るのにかかる時間　1 時間＝48 km，

よって換算係数は ① $\dfrac{48\ \mathrm{km}}{1\ \mathrm{h}}$ と ② $\dfrac{1\ \mathrm{h}}{48\ \mathrm{km}}$：すると，$3.5\ \mathrm{h} = 3.5\ \cancel{\mathrm{h}} \times \left(\dfrac{48\ \mathrm{km}}{1\ \cancel{\mathrm{h}}}\right)^{1)} = 168\ \mathrm{km}$

1）時間 h を km に変換するには分母に h がある換算係数①を掛けて約分すればよい．

［直感法］1 h で 48 km なら 3.5 h では 3.5 倍の移動距離．$48\ \mathrm{km/h} \times 3.5\ \mathrm{h} = \dfrac{48\ \mathrm{km}}{1\ \cancel{\mathrm{h}}} \times 3.5\ \cancel{\mathrm{h}} = 168\ \mathrm{km}$

［分数比例式法］1 h：48 km＝3.5 h：x km などとはしない．必ず分数比例式として，たすき掛け計算する．

$\dfrac{48\ \mathrm{km}}{1\ \mathrm{h}} = \dfrac{x\ \mathrm{km}}{3.5\ \mathrm{h}}$，たすき掛け，$x = \dfrac{48\ \mathrm{km} \times 3.5\ \cancel{\mathrm{h}}}{1\ \cancel{\mathrm{h}}} = 168\ \mathrm{km}$

（2）7.5 h：　**換算係数法**　360 km を h に変換．換算係数は（1）の①，②と同一．$360\ \mathrm{km} = 360\ \cancel{\mathrm{km}} \times \left(\dfrac{1\ \mathrm{h}}{48\ \cancel{\mathrm{km}}}\right)^{2)} = 7.5\ \mathrm{h}$（7.5 時間）

2）km を時間 h に変換するには分母に km がある換算係数②を掛けて約分すればよい．

［直感法］移動距離を 1 時間に進む距離で割る．$360\ \mathrm{km} \div 48\ \mathrm{km/h} = 360\ \cancel{\mathrm{km}} \times \dfrac{1\ \mathrm{h}}{48\ \cancel{\mathrm{km}}} = 7.5\ \mathrm{h}$

［分数比例式法］$\dfrac{48\ \mathrm{km}}{1\ \mathrm{h}} = \dfrac{360\ \mathrm{km}}{x\ \mathrm{h}}$，たすき掛け，$x = \dfrac{360\ \cancel{\mathrm{km}} \times 1\ \mathrm{h}}{48\ \cancel{\mathrm{km}}} = 7.5\ \mathrm{h}$

(1) 11 200 円： **換算係数法** 同じもの，つまりドルと円の交換レート (rate) が換算係数．1 ドル＝112.0 円．換算係数は $\frac{112.0\text{ 円}}{1\text{ ドル}}$ と $\frac{1\text{ ドル}}{112.0\text{ 円}}$．ドルを円に変換するために，分母にドルがある換算係数を掛ける．ドル$\times\frac{?}{?}$＝円 → $\frac{?}{?}=\frac{\text{円}}{\text{ドル}}$，100 ドル＝100 ドル$\times\frac{112.0\text{ 円}}{1\text{ ドル}}$＝11 200 円

［直感法］1 ドルの 100 倍なので 100 倍する．$\frac{112.0\text{ 円}}{1\text{ ドル}}\times100$ ドル＝11 200 円．

［分数比例式法］$\frac{112.0\text{ 円}}{1\text{ ドル}}=\frac{x\text{ 円}}{100\text{ ドル}}$，たすき掛け，$x$ 円＝$\frac{112.0\text{ 円}\times100\text{ ドル}}{1\text{ ドル}}$＝11 200 円

1 ドル：112 円＝100 ドル：x 円，または，1 ドル：100 ドル＝112 円：x 円という意．

(2) 89.29 ドル： **換算係数法** 円$\times\frac{?}{?}$＝ドル．円をドルに変換するために，分母に円がある換算係数を掛ける．10 000 円＝10 000 円$\times\frac{1\text{ ドル}}{112.0\text{ 円}}$＝89.286≒89.29 ドル（89 ドル 29 セント）

［直感法］100.0 円は何ドルか．112.0 円が 1 ドルなので 100.0 円は 1 ドルより少ない → 100 円を 112.0 円で割ればよい．同様に，10,000 円＝$\left(\frac{10\,000\text{ 円}}{112.0\text{ 円}}\right)$ドル＝89.29 ドル

［分数比例式法］$\frac{112.0\text{ 円}}{1\text{ ドル}}=\frac{10\,000\text{ 円}}{x\text{ ドル}}$，たすき掛け，$x$ ドル＝$\frac{10\,000\text{ 円}\times1\text{ ドル}}{112.0\text{ 円}}$＝89.29 ドル

答 II-27

(1) 22 食分： **換算係数法** 2.0 kg → 何食分か．換算係数は $\frac{1\text{ 食}}{90.\text{ g}}$ と $\frac{90.\text{ g}}{1\text{ 食}}$

2.0 kg＝2.0 kg$\times\frac{1000.\text{ g}}{1\text{ kg}}\times\frac{1\text{ 食}}{90.\text{ g}}$＝22.2 食≒22 食分 $\left(\text{g}\times\frac{?}{?}=\text{食}\to\frac{?}{?}=\frac{\text{食}}{\text{g}}\right)$

［直感法］ 2 kg を 1 食分で割ればよい．2000. g/(90. g/1 食)＝22.2 食≒22 食分．

［分数比例式法］$\frac{90.\text{ g}}{1\text{ 食}}=\frac{2000.\text{ g}}{x\text{ 食}}\left(\frac{1\text{ 食}}{90.\text{ g}}=\frac{x\text{ 食}}{2000.\text{ g}}\right)$，$x=\frac{1\text{ 食}\times2000.\text{ g}}{90.\text{ g}}$＝22.2≒22 食

(2) 970 g： **換算係数法** タンパク質 g → 白米 g．換算係数は $\frac{\text{タンパク質 }6.2.\text{ g}}{\text{白米 }100.\text{ g}}$ と $\frac{\text{白米 }100.\text{ g}}{\text{タンパク質 }6.2\text{ g}}$

タンパク質 60. g＝タンパク質 60. g$\times\frac{\text{白米 }100.\text{ g}}{\text{タンパク質 }6.2\text{ g}}\left(\text{タンパク質}\times\frac{?}{?}=\text{白米}\to\frac{?}{?}=\frac{\text{白米}}{\text{タンパク質}}\right)$

＝白米 967.7 g≒白米 970 g ［直感法］直感で，60./0.062＝968≒970 g.

［分数比例式法］$\frac{\text{タンパク質 }6.2.\text{ g}}{\text{白米 }100.\text{ g}}=\frac{\text{タンパク質 }60.\text{ g}}{\text{白米 }x\text{ g}}$，たすき掛け，$x=\frac{60.\text{ g}\times100.\text{ g}}{6.2.\text{ g}}$＝967.7≒970 g

(1) 4 錠： **換算係数法** 鉄剤 0.2 g$\times\frac{\text{鉄剤 }1000\text{ mg}}{\text{鉄剤 }1\text{ g}}\times\frac{1\text{ 錠}}{\text{鉄剤 }50\text{ mg}}$＝4 錠

［直感法］0.2 g＝200 mg，200 mg÷(50 mg/1 錠)＝4 錠

［分数比例式法］$\frac{1\text{ 錠}}{50\text{ mg}}=\frac{x\text{ 錠}}{200\text{ mg}}$，$x$＝4 錠

(2) 35 滴/分： **換算係数法** $\frac{20\text{ 滴}}{1\text{ mL}},\frac{1\text{ mL}}{20\text{ 滴}}$；$\frac{24\text{ 時間}}{2500\text{ mL}},\frac{2500\text{ mL}}{24\text{ 時間}}$；$\frac{1\text{ 時間}}{60\text{ 分}},\frac{60\text{ 分}}{1\text{ 時間}}$から$\frac{\text{滴数}}{1\text{ 分間}}$を求める．

分子に滴数がある換算係数から始めて，順次，分母と次の換算係数の分子を約分し，分母が分となるように並べると，$\frac{20\text{ 滴}}{1\text{ mL}}\times\frac{2500\text{ mL}}{24\text{ 時間}}\times\frac{1\text{ 時間}}{60\text{ 分}}=\frac{34.7_2\text{ 滴}}{1\text{ 分間}}\fallingdotseq\frac{35\text{ 滴}}{\text{分}}$.

別解 1：2500 mL が何滴かを考える．2500 mL×20 滴/mL＝50 000 滴．50 000 滴÷(24 時間×60 分/時間)＝34.7 滴≒35 滴/分．

別解 2：1 分間に何 mL 滴下する必要があるかを考える．2500 mL÷(24 時間×60 分/1 時間)＝1.736 mL/分．1.736 mL/分×20 滴/1 mL=34.7 滴≒35 滴/分．

2・3 パーセントと換算係数法　さまざまな場面で出てくる%をマスターしよう！

［%の定義］

換算係数法は就職試験時の総合適正検査（SPI）にも役立つよ

問題 II-29　以下の問題に答えなさい．

(1) パーセント(%)とは何か，どういう意味か．その定義式も示せ．
(2) 5%とはどういう意味か，説明せよ．
(3) 5%，0.5%を小数で表せ．

%の定義はしっかり頭に入れよう！

問題 II-30　以下の%を分数，小数で表せ．　ここは大切！

① 7%　② 78%　③ 0.7%　④ 0.2%　⑤ 21%　⑥ 2.1%

問題 II-31　以下の問題に答えなさい．

A クラス 40 人のうちで 6 人が欠席したときと B クラス 30 人のうち 4 人欠席したときとでは，欠席率（%）はどちらが高いか（百分率（%）とは，40 を 100 とみなしたら，6 はいくつになるかという意味）．

［%と換算係数法］

問題 II-32　以下の問題に答えなさい．

(1) 学生 2300 人のうちの 20%が関東以外出身の学生である．関東以外の学生は何人か．換算係数法で解け．
ヒント：換算係数は何かを考える（換算係数とは同じものに関する異なった単位表現の関係を示した分数式）．最終的に消したい単位を分母，得たい単位を分子とする．
(2) 関東以外の学生数 460 人が全体の 20%なら，全体の人数は何人か．換算係数法で解け．

答 II-29

(1) 百分率のこと．全体を 100 に分けたときの割合（比率）．つまり，全体を 100 としたとき，その部分がいくつにあたるかが%である．%とは，そもそも「百分のいくつ」という分数の意味である．つまり，per とは「/」，cent とはラテン語で「100」という意味（1 世紀：century）．

○○/100＝$\dfrac{○○}{100}$ が○○%のこと．$\boxed{\dfrac{部分}{全体}=\dfrac{x\%}{100}}$，これをたすき掛けして，$\boxed{x\%=\dfrac{部分}{全体}\times 100\%}$，

部分＝全体×$\dfrac{x\%}{100}$＝全体×(小数で表した x%，つまり歩合)

(2) 5%とは，5/(per)100(cent)＝5/100＝$\dfrac{5}{100}$ という分数のことである．→ 100 分の 5 個．5 個/100．
（部分/全体，全体を 100 とみなしたとき，部分はいくつかが%）

(3) %とは 100 で割った値なので，%の値を小数に変えるには，小数点を左に 2 桁移動すればよい．

5%＝$\dfrac{5}{100}=\dfrac{0005.}{100}$＝0.05；　0.5%＝$\dfrac{0.5}{100}=\dfrac{000.5}{100}$＝0.005

答 II-30

① 百分の 7，7 パーセント＝7「/」（パー）・「100」（セント，小数点を左へ 2 桁移動）
＝7/100＝$\dfrac{7}{100}=\dfrac{007.}{100}$＝0.07　　② 78/100＝$\dfrac{078.}{100}$＝0.78

（つづく）

③ $0.7/100=\frac{0.7}{100}=\frac{000.7}{100}=0.007$　④ $0.2/100=\frac{0.2}{100}=\frac{000.2}{100}=0.002$

⑤ $\frac{21}{100}=\frac{0021.}{100}=0.21$　⑥ $\frac{2.1}{100}=\frac{002.1}{100}=0.021$

Aクラスが高い：%の定義より，Aクラスの40人中6人は $\frac{6}{40}\times 100\%=15\%$ の欠席率．

一方，Bクラスは $\frac{4}{30}\times 100\% \fallingdotseq 13\%$

換算係数法 $\frac{100\%}{40人}$，$\frac{40人}{100\%}$，$6人\times\frac{?}{?}=\%$，$\frac{?}{?}=\frac{\%}{人}$，よって，$6\cancel{人}\times\frac{100\%}{40\cancel{人}}=15\%$

［分数比例式］ $\frac{6人}{40人}=\frac{x\%}{100\%}$，たすき掛けして，$x=\frac{6人}{40人}\times 100\%=15\%$．Bクラスも同様にして計算．

40人：6人＝100%：x%に対応する．

(1) 460人： **換算係数法** 全体100%[1]＝2300人，換算係数は，① $\frac{全体2300人}{全体100\%}$ と② $\frac{全体100\%}{全体2300人}$ 関東以外の学生数は何人かを求めるには，20% → 人数と変換する．①を用いて，関東以外 $20\cancel{\%}\times\frac{全体2300人}{\cancel{全体100\%}}$＝関東以外の学生数460人．

1) %の問題では，全体＝100% これは結構重要！

［直感法］ 20%とは $\frac{20}{100}=0.20$ のこと．…の20%とは「部分」を示しているので，求める値が2300より小さいことがわかる．つまり，0.2を掛ければよい[2]．

2)「…の」20%，の「の」は「掛ける，×」という意味．

$2300人\times 20\%=23\cancel{00}人\times\frac{20}{1\cancel{00}}=23\times 20=460人$

$\left(\cancel{全体}\,23\cancel{00}人\times\frac{部分20}{\cancel{全体}\,1\cancel{00}}=部分460人\right)$．

または，$2300人\times 0.20=2300\times(0.1\times 2)=(2300\times 0.1)\times 2=230\times 2=460人$

［分数比例式法］ 比例式は使わないで，分数式・分数表示を用いる．

全体が2300人，$\frac{20\%}{100\%}=\frac{x人}{2300人}$，たすき掛けして，$x=460人$

100%：20%＝2300人：x人，または，100%：2300人＝20%：x人に対応する．

(2) 2300人： **換算係数法** 460人＝20%．換算係数は，$\frac{460人}{20\%}$ と $\frac{20\%}{460人}$．全体は100%なので，

$全体100\cancel{\%}\times\frac{\cancel{関東以外}\,460人}{\cancel{関東以外}\,20\cancel{\%}}=全体2300人$

［直感法］ 460人が全体の20%（部分）なので，全体は460人より多い．
20%＝0.20を使って460より大きい値にするには0.20で割ればよさそうである[3]．

$460\div 0.20=\frac{460}{0.20}=\frac{460\times 10}{0.20\times 10}=\frac{4600}{2.0}=2300人$（試し算：$2300\times 0.20=460$ でOK）

3) 0.20で割る＝460/0.20，これを計算して＝○○≡○○/1. この分母=1とは100%の値を求めるという意味である．

または，全体 $x\times 0.20=460$ なので，全体 $x=460\div 0.20=(460\div 0.10)\div 2=4600\div 2=2300$
（または，$460\div 0.20=(460\div 2)\div 0.10=230\times(1/0.1)=2300$）

［分数比例式法］ 部分が460人なので，$\frac{20\%}{100\%}=\frac{460人}{x人}$，たすき掛けして，$x=2300人$

100%：20%＝x人：460人，または，100%：x人＝20%：460人に対応している．

問題 II-33　以下の問題に答えなさい.

(1) 120 の 35%はいくつか.
(2) 全体の 20%が 500 人なら，全体は何人か.
(3) 35%が 42 なら，もとの数はいくつか.

問題 II-34　以下の問題に答えなさい.

(1) ある小学校では児童 450 人のうち 81 人が朝食を欠食していた．この小学校における欠食児は全児童の何%か.
(2) ある 36 人のクラスでは 17%が欠食児であった．クラスの中の欠食児は何人か.
(3) ある中学校では 15 人の生徒が欠席しており，この時の欠席率は 3.0%だった．この中学校の全体の生徒数は何人か.

(1) 42：　**換算係数法**　全体 100%＝120 なので,

換算係数は，$\frac{\text{全体 }120}{\text{全体 }100\%}$ と $\frac{\text{全体 }100\%}{\text{全体 }120}$．よって，部分 35% × $\frac{\text{全体 }120}{\text{全体 }100\%}$ ＝部分 42

[直感法]　求める数が 120 より大きいか，小さいかをまず考える．120(全体) の 35%なので，120×$\frac{35}{100}$＝42（120 より小さいから，小さい数 35%＝0.35 を掛けると，120×0.35＝42）または，「の」は「×」の意味なので，120 の 35%＝120×0.35＝42

[分数比例式法]　全体 120，その 35%，$\frac{\text{全体 }x}{\text{全体 }120}=\frac{35\%}{100\%}$，たすき掛けして，$x=42$

(2) 2500 人：　**換算係数法**　20%＝500 人なので，換算係数は,

$\frac{\text{部分 }20\%}{\text{部分 }500\text{ 人}}$ と $\frac{\text{部分 }500\text{ 人}}{\text{部分 }20\%}$．よって，全体 100% × $\frac{\text{部分 }500\text{ 人}}{\text{部分 }20\%}$ ＝全体 2500 人

[直感法]　全体が 500 人より多いか，少ないか，を考える．全体は部分より大きい．部分が 500 人なら，全体はこれより多い．20%＝0.20 を掛けるか，割るかして，500 より大きい値を得るには割ればよい．つまり，500÷0.20．500÷0.20＝500÷(0.10×2)＝(500÷0.10)÷2＝5000÷2＝2500 人.

　または，全体 x「の」20%なので，x「×」0.20＝500，x＝500/0.2＝2500

[分数比例式法]　$\frac{\text{部分 }20\%}{\text{全体 }100\%}=\frac{\text{部分 }500\text{ 人}}{\text{全体 }x\text{ 人}}$(%の定義に対応する)，全体 x 人＝$\frac{500\text{ 人}\times 100\%}{20\%}$＝2500 人

（または，全体×$\frac{20}{100}$＝500 人，全体＝500 人÷$\frac{20}{100}$＝500 人×$\frac{100}{20}$＝2500 人）

(3) 120：　**換算係数法**　35%＝42．よって，換算係数は $\frac{\text{部分 }35\%}{\text{部分 }42}$，$\frac{\text{部分 }42}{\text{部分 }35\%}$

もとの数＝全体 100%．よって，全体 100% × $\frac{\text{部分 }42}{\text{部分 }35\%}$ ＝全体 120

[直感法]　もとの数が 42 より大か，小かをまず考える．42 は部分．全体はこれより大きいから，小さい数 0.35 で割ればよい．42÷0.35＝120（または，もとの数を x とすると，x×0.35＝42，x＝42÷0.35＝120）

[分数比例式法]　$\frac{35}{100}=\frac{\text{部分 }42}{\text{全体 }x}$(%の定義に対応する)，$x$＝120(または，全体 x×0.35＝42，x＝42/0.35)

(1) 18%： **換算係数法** 換算係数は $\frac{450人}{100\%}$ と $\frac{100\%}{450人}$. 81 人 $\times\frac{?}{?}=\%$, 81 人 $\times\frac{100\%}{450人}=$ 18% ［%の定義に従う方法］%の定義どおりに，$\%=\frac{部分81人}{全体450人}\times100=0.18\times100=18\%$

（または，%の定義式は $\frac{部分81人}{全体450人}=\frac{x}{100}$，たすき掛けすると，$x=\frac{部分81人}{全体450人}\times100=18\%$）

この式は比例式 450 人：100%＝81 人：x%，または，450 人：81 人＝100%：x%に対応する.

［直感法］部分は 100%より小さいから，部分 81 人/全体 450 人×100＝18%

(2) 6 人： **換算係数法** 換算係数は，$\frac{全体36人}{全体100\%}$ と $\frac{全体100\%}{全体36人}$. 部分（欠食児）17%を人数にしたいので，$\%\times\frac{?}{?}=人数\left(\rightarrow\frac{?}{?}=\frac{人数}{\%}\right)$，（欠食児）$17\%\times\frac{全体36人}{全体100\%}$＝（欠食児）6 人.

［直感法］ まず，多いか少ないかを考える．17%＝0.17 を用いて（掛けるか，割るかで）○より大きい数字を得るには○÷0.17，小さい数字を得るには○×0.17．部分は全体 36 人より少ないので 17%＝0.17 を掛けるとよい．36×0.17＝6 人（または，36 人「の」17%なので，36 人「×」0.17＝6 人）．

［分数比例式法］ $\frac{部分}{全体}=\frac{x人}{36人}=\frac{17\%}{100\%}$（%の定義に対応する），たすき掛け，欠食児数 $x=36人\times\frac{17}{100}=6.1$ ＝6 人

(3) 500 人： **換算係数法** 人数と%の換算係数は，$\frac{欠席15人}{欠席3.0\%}=\frac{15人}{3.0\%}$ と $\frac{3.0\%}{15人}$．全体の人数を知る・全体 100%を人数に変換するには，全体 $100\%\times\frac{15人}{3.0\%}$＝全体 500 人

［直感法］ 15 人は全体の 0.030．全体は 15 人より多い．1 より小さい数字 3.0%＝0.030 で割ればよい．全体の人数＝15 人÷0.030＝500 人（試し算 500×0.030＝15）．（または，全体「の」3.0%が 15 人なので，全体 x「×」0.030＝15，全体 x＝15/0.030＝500 人）

［分数比例式法］ $\frac{部分}{全体}=\frac{15人}{x人}=\frac{3.0\%}{100\%}$（%の定義に対応），たすき掛けして，全体 $x=15人\times\frac{100}{3.0}=500人$

Study skills 先輩学生の意見と感想：その 2

● 暗記ではなく理解が大切

・高校まで丸暗記ですませていた化学が，理解する勉強法を心がけたことで，たった 3 カ月で理解できるようになった．

・13 種類の有機化合物群（後見返し：テスト）を，最初はただ覚えようとしたら，全然頭に入ってこなかったが，教科書を読み，理屈や成り立ちを考えると，自然と覚えられた．（丸暗記ではないので）表をばらばらにしてテストに出されても，埋められる．

● 理解できると楽しい

・高校での化学は丸暗記ばかりで，テスト前に一夜漬けで乗り切っていたので，まったく面白くなかった．大学での化学は，化合物の名前をつけられるようになり，構造式が読めるようになり，イメージがわくようになり，面白かった．化学を履修してよかった．

・(研究室に質問に行って以来）化学がわかるとすごく嬉しくて，わかる努力をしようと思えた．毎回の宿題でも，わかる努力をしようとすることができた．

・4 月は嫌いで仕方なかったが問題が解けるようになっていくと好きになっていった．

（つづく）

● 予習の大切さ

・予習にちゃんと取り組めば，化学の苦手な人でも楽しくなるはず．わからないところを予習で明確にしておくと，授業を受けやすい．

● 繰り返すことの大切さ

・教科書を１回読んでわからなくても，何回か読めばわかるようになった．正しい勉強の仕方を身につけられたと思う．
・課題を一番初めに解いたとき，まったくわからず困ったが，２回目，３回目と解いていくうちに，説明文をじっくり読み，確認しながら解いていくうちに，理解できるようになった．
・わからない問題には印をつけ，何も見ずに何度も解くことが大切だと思う．

● 人に聞くことの大切さ

・(私は寮なので) わからないところは友達に聞き，理解し，何度も解いた．
・恥ずかしがらずにとことん聞いて取り組んだら，本当にできるようになった．

問題 II-35　以下の問題に答えなさい．

(1) 大豆 5.0 g は 1.75 g のタンパク質を含む．大豆中のタンパク質の含有率（大豆 100 g 中の含有量）を求めよ．
ヒント：含有率%とは 100 g 中の含有量 g，質量%のことである．

(2) 豆腐のタンパク質含有率は 5.0% である（豆腐 100 g あたりの含有量＝5.0 g）．
① 豆腐 250. g 中にはタンパク質は何 g 含まれているか．
② 何丁かの豆腐を合わせてタンパク質が総計 60. g 含まれていたとすると，この豆腐全体は何グラムか．

> 有効数字：
> 本書では，250. のように整数値の１桁の数字に 0. と小数点がある場合は，整数１位までが有効数字であるとする．豆腐 100 g の有効数字は定義で与えられる数に対応するので有効数字の対象にはしない，つまり有効数字は ∞．

(1) 35%：　**換算係数法**　“同じもの”は大豆 5.0 g と 1.75 g のタンパク質なので，換算係数は，$\dfrac{\text{タンパク質 } 1.75\,\text{g}}{\text{大豆 } 5.0\,\text{g}}$ と $\dfrac{\text{大豆 } 5.0\,\text{g}}{\text{タンパク質 } 1.75\,\text{g}}$．大豆＝大豆×$\dfrac{?}{?}$＝タンパク質（大豆 100 g をタンパク質 g に変換する），$\cancel{\text{大豆}}\ 100\,\cancel{\text{g}}\times\dfrac{\text{タンパク質 } 1.75\,\text{g}}{\cancel{\text{大豆}}\ 5.0\,\cancel{\text{g}}}$＝タンパク質 35 g (35%)

［直感法］ %の定義どおり，$\dfrac{\text{タンパク質 } 1.75\,\text{g(部分)}}{\text{大豆 } 5.0\,\text{g(全体)}}\times 100\%\text{(全体)}=35\%\text{(部分)}$

［分数比例式法］ $\dfrac{\text{タンパク質 } 1.75\,\text{g}}{\text{大豆 } 5.0\,\text{g}}=\dfrac{\text{タンパク質 } x\,\text{g}}{\text{大豆 } 100\,\text{g}}$ （%の定義に対応する），$x=\dfrac{175}{5.0}\,\text{g}=35\,\text{g}\,(35\%)$

> 大豆 5 g：タンパク質 1.75 g＝大豆 100 g：タンパク質 x g，または，大豆 5 g：大豆 100 g＝タンパク質 1.75 g：タンパク質 x g に対応する．

(2) ① 12.5 g：　**換算係数法**　換算係数は $\dfrac{\text{タンパク質 } 5.0\,\text{g(部分)}}{\text{豆腐 } 100\,\text{g(全体)}}$ と $\dfrac{\text{豆腐 } 100\,\text{g(全体)}}{\text{タンパク質 } 5.0\,\text{g(部分)}}$．

$\left(\text{豆腐}\times\dfrac{?}{?}=\text{タンパク質}\right)\cancel{\text{豆腐}}\ 250.\,\cancel{\text{g}}\times\dfrac{\text{タンパク質 } 5.0\,\text{g}}{\cancel{\text{豆腐}}\ 100\,\cancel{\text{g}}}$＝タンパク質 12.5 g (部分)

［直感法］ $250.\,\text{g}\times\dfrac{5.0}{100}=12.5\,\text{g}$　大きいか小さいか．→ 小さいから 5.0%＝0.050 を掛ける．

（または，豆腐全体 250. g「の」5.0%だから，250. g「×」0.050＝12.5 g）

［分数比例式法］ $\dfrac{\text{タンパク質 } 5.0\,\text{g}}{\text{豆腐 } 100\,\text{g}}=\dfrac{\text{タンパク質 } x\,\text{g}}{\text{豆腐 } 250.\,\text{g}}$ （%の定義に対応），たすき掛けして，$x=12.5$ g

（つづく）

② 1200 g： **換算係数法** タンパク質 60. g$\times\frac{?}{?}$＝豆腐 g,

~~タンパク質~~ 60. ~~g~~(部分)$\times\frac{\text{豆腐 100 g(全体)}}{\text{タンパク質 5.0 g(部分)}}$＝豆腐 1200 g(全体)

［直感法］ 豆腐の重さは 60. g より重いか軽いか．重いので，1 より小さい数 5%＝0.05 で割ればよさそう．60. g÷0.050＝1200 g（試し算：1200×0.050＝60. となり，正しい．または，全体 x「の」5.0%が 60. g なので，全体 x「×」0.050＝60. g，全体 x＝60. g/0.050＝1200 g）

［分数比例式法］ 1200 g：$\frac{\text{タンパク質 5.0 g}}{\text{豆腐 100 g}}=\frac{\text{タンパク質 60 g}}{\text{豆腐 }x\text{ g}}$（%の定義に対応）．たすき掛け，$x$＝1200 g

補充 等式の変形（一次方程式）

補充問題 x の値を求めよ．

(1) $4x+8=36$　(2) $5x-2x-6=27$　(3) $y=ax$（x＝の形に式を変形せよ）
(4) $0.1000x=0.001\,200$　(5) $0.024x=0.001\,24$　(6) $x\times0.01=1\times(0.1\times0.9)\times(0.006)$

補充答

(1) 7： $4x=36-8=28$　$x=\frac{28}{4}=7$　(2) 11： $3x=27+6=33$，$x=\frac{33}{3}=11$

(3) $\frac{y}{a}$： $y=ax\rightarrow x=\frac{y}{a}$　（両辺を a で割ると，$\frac{y}{a}=\frac{ax}{a}=x$）

(4) 0.012 00： $0.1000x=0.001\,200$　$x=0.001\,200\div0.1000=0.012\,00$[1]

または，左右を 0.1000 で割ると，$\frac{0.1000x}{0.1000}=x=\frac{0.001\,200}{0.1000}=0.012\,00$

または，左右に 10 を掛けると，$x=0.001\,200\times10=0.012\,00$

小数点を右に 1 つ移動．

1) 1 より小さい数字で割ればより大きくなる．

(5) 0.052： $x=\frac{0.001\,24}{0.024}=\frac{0.124}{2.4}=0.051\,66\cdots\fallingdotseq0.052$．（小数の桁を間違えないこと）

(6) 0.054： $x\times0.01=1\times(0.1\times0.9)\times(0.006)$，$x=1\times(0.1\times0.9)\times(0.006)\div0.01=0.054$[1]

または，両辺に 100 を掛けて，$x=1\times(0.1\times0.9)\times(0.006)\times100=0.054$

［%濃度と換算係数法］ 中学校の食塩水の問題の復習（SPI[2] 非言語能力テスト）

%とは： $\%=\frac{\text{部分}}{\text{全体}}\times100$ （$\frac{\text{部分}}{\text{全体}}=\frac{\text{○○}}{100}$，5%とは5「/(パー)，100(セント)」$\frac{5}{100}$，のことです．つまり，$\frac{\text{部分}}{\text{全体}}=\frac{5}{100}$，全体を 100 とみなしたときに部分が 5 に対応するという意味です．この式をたすき掛けすれば，%の公式，(5) $\%=\frac{\text{部分}}{\text{全体}}\times100$，となります．）

2) SPI（synthetic personality inventory，総合適性検査）とは就職活動の際に受験する機会がある企業が実施する適性テスト．性格検査，能力テスト（言語能力，非言語能力，英語力，構造的把握力）の 5 科目がある．このうち非言語能力のテストは中学生レベルの数学の試験．どれだけ短時間で多くの問題を確実に解けるかがポイント．食塩水の問題はその代表例である．

$$\text{質量パーセント濃度 }\%(\text{w/w})^{3)}=\frac{\text{部分 g}}{\text{全体 g}}\times100=\frac{\text{媒質 g}}{(\text{溶質}+\text{溶媒})\text{g}}\times100$$

（溶質・溶媒・溶液とは：食塩水なら，食塩が溶質，水が溶媒，食塩水が溶液）

$$質量/体積パーセント濃度\ \%(w/v)^{1)} = \frac{部分\ g}{全体\ mL} \times 100 = \frac{溶質\ g}{溶液\ mL} \times 100$$

（前ページ）3）w/w とは重さ(weight)／重さ(weight)，部分 g/全体 g；w/v とは重さ(weight)／体積(volume)，部分 g/全体 mL のこと．

1）前ページ注 3）も参照．%(w/v)は今は学習しない．大学・短大の実験・実習で使用する．進学後に別書で学習すること（「演習 誰でもできる化学濃度計算」など）．

問題 II-36　以下の質量パーセント濃度 %(w/w) に関する問いに答えなさい．

ヒント：溶質（食塩，グルコース（ぶどう糖））の重さ（不変）を求める．

(1) 麺のスープ 450 g に 8.0 g の食塩が含まれている．食塩の％濃度を求めよ．

(2) 食塩 10.0 g を 100. g の水に溶かした．食塩水の％濃度を求めよ．

(3) グルコース 7.0%水溶液をつくったところ，溶液（全体）は 250. g となった．何 g の水に何 g のグルコースを溶かしたか．

(4) グルコース 5.0g を溶かして 7.0%水溶液をつくった．溶液は何 g できたか．

(5) グルコース 6%水溶液 200 g と 10%水溶液 120 g を混合した液の％濃度を求めよ．

(6) グルコース 6%水溶液 200 g に水を 50 g 加えた溶液の％濃度を求めよ．

(7) グルコース 6%水溶液 200 g から水を 50 g 蒸発させた溶液の％濃度を求めよ．

(8) グルコース 6%水溶液 200 g を 8%溶液とするには水を何 g 蒸発させたらよいか．

(9) グルコース 6%水溶液 200 g にグルコースを 10 g 加えた溶液の％濃度を求めよ．

(10) グルコース 6%水溶液と 12%水溶液を混ぜて 10%の水溶液 200 g をつくるにはそれぞれ何 g ずつ混ぜればよいか．

(11) グルコース 6%水溶液と水を混ぜて 5%の水溶液 100 g をつくるにはグルコース 6%溶液と水を何 g ずつ混ぜればよいか．（希釈の問題）

(12) グルコース 6%水溶液 100 g とある濃度の水溶液を混ぜて 10%溶液 150 g をつくった．この溶液の濃度と重さを求めよ．

(13) 5%の食塩水 180 g を 10%の食塩水にするには，何 g の食塩を加えればよいか．

(14) 8%の食塩水 100 g に 20%の食塩水を混ぜて 10%食塩水をつくる．20%食塩水は何 g か．

(15) 殺菌剤の次亜塩素酸ナトリウム NaClO（家庭の台所の塩素系殺菌・漂白剤）の 4%溶液を用いて 0.1%消毒液を 2000 g 調製するには何 g の原液をとり，全体を 2000 g とすればよいか（4%水溶液と水を混ぜて 0.1%の水溶液 2000 g をつくる）．（上問(11)の類題，希釈の問題）

溶質（グルコース，食塩）の重さ（不変）を求めるのが，これらの問題の解き方．

(1) 1.8%：　%の定義どおりに，$\% = \frac{部分}{全体} \times 100 = \frac{食塩\ 8.0\ g}{スープ\ 450\ g} \times 100 = 1.77\cdots \fallingdotseq 1.8\%$

(2) 9.1%：　%の定義どおりに，$\% = \frac{部分}{全体} \times 100 = \frac{溶質\ g}{(溶質+溶媒)\ g} \times 100 = \frac{食塩\ 10.0\ g}{食塩\ 10.0\ g + 水\ 100\ g} \times 100$
$= 9.09\cdots\%$(四捨五入)$\fallingdotseq 9.1\%$

(3) 232.5 g：　**換算係数法**　$溶液\ 250\ \cancel{g} \times \frac{グルコース\ 7.0\ g}{\cancel{水溶液}\ 100\ \cancel{g}} = グルコース\ 17.5\ g$，水＝溶液 250 g－グルコース 17.5 g＝水 232.5 g

別解 1［直感法］：溶液 100 g に 7 g のグルコース（糖）が溶けているから，溶液 250 g 中には糖 $7\ g \times \frac{溶液\ 250\ g}{溶液\ 100\ g}$ の糖が溶けている．

別解 2［分数比例式法］：溶液 250 g 中の糖の量を x g とすると，$\frac{糖\ 7\ g}{溶液\ 100\ g} = \frac{糖\ x\ g}{溶液\ 250\ g}$（これは，比例式，糖 7 g：糖 x g＝溶液 100 g：溶液 250 g の分数形）．たすき掛けで解く．

（つづく）

答 II-36

(4) 71 g： グルコース 5.0 g × $\frac{\text{水溶液 } 100\text{ g}}{\text{グルコース } 7.0\text{ g}}$ = 71.42…(四捨五入) ≒ 水溶液 71 g

別解：溶液の量を x g とすると，$\frac{\text{糖 } 7\text{ g}}{\text{溶液 } 100\text{ g}} = \frac{\text{糖 } 5\text{ g}}{\text{溶液 } x\text{ g}}$（比例式の分数形．たすき掛けで解く．）

(5) 7.5%： まず，2 つの糖溶液中の糖の量を求める．求め方は答(3)と別解 1, 2 の 3 つの解き方のどれでもよい．求めた糖の全量 12＋12＝24 g を溶液の全量 200＋120＝320 g で割る．

$\frac{\text{グルコース } 6\text{ g}}{\text{水溶液 } 100\text{ g}}$ × 水溶液 200 g ＝ グルコース 12 g，$\frac{\text{グルコース } 10\text{ g}}{\text{水溶液 } 100\text{ g}}$ × 水溶液 120 g ＝ グルコース 12 g，

%濃度 ＝ $\frac{\text{グルコース}(12\text{ g} + 12\text{ g})}{\text{水溶液}(200\text{ g} + 120\text{ g})}$ × 100 ＝ 7.5%

(6) 4.8%： $\frac{\text{グルコース } 6\text{ g}}{\text{水溶液 } 100\text{ g}}$ × 水溶液 200 g ＝ グルコース 12 g，%濃度 ＝ $\frac{\text{グルコース } 12\text{ g}}{\text{水溶液}(200\text{ g} + 50\text{ g})}$ × 100 ＝ 4.8%

(7) 8.0%： (6)と同様にして解く．グルコース 12 g，%濃度 ＝ $\frac{\text{グルコース } 12\text{ g}}{\text{水溶液}(200\text{ g} - 50\text{ g})}$ × 100 ＝ 8.0%

(8) $\frac{\text{グルコース } 6\text{ g}}{\text{水溶液 } 100\text{ g}}$ × 水溶液 200 g ＝ グルコース 12 g，グルコース 12 g × $\frac{\text{水溶液 } 100\text{ g}}{\text{グルコース } 8.0\text{ g}}$ ＝ 水溶液 150 g，

蒸発量 ＝ 200 − 150 ＝ 50 g　または，蒸発量を x g とすると，$\frac{\text{グルコース } 12\text{ g}}{\text{水溶液}(200\text{ g} - x\text{ g})}$ ＝ 0.08 ＝ $\frac{0.08}{1}$，たすき掛け，12 g ＝ (200 g − x g) × 0.08，0.08x ＝ 16 − 12 ＝ 4 g，x ＝ 50 g

別解：糖 12g ＝ $\frac{\text{糖 } 8\text{ g}}{\text{溶液 } 100\text{ g}}$ × 水溶液 y g として水容溶の重さ y を求める．

(9) $\frac{\text{グルコース } 6\text{ g}}{\text{水溶液 } 100\text{ g}}$ × 水溶液 200 g ＝ グルコース 12 g，%濃度 ＝ $\frac{\text{グルコース}(12 + 10)\text{ g}}{\text{水溶液}(200\text{ g} + 10\text{ g})}$ × 100 ≒ 10.5%

(10) 67 g，133 g： 糖の量は一定，をもとに解く．$\frac{\text{グルコース } 10\text{ g}}{\text{水溶液 } 100\text{ g}}$ × 水溶液 200 g ＝ グルコース 20 g，

$\frac{\text{グルコース } 6\text{ g}}{\text{水溶液 } 100\text{ g}}$ × 水溶液 x g ＋ $\frac{\text{グルコース } 12\text{ g}}{\text{水溶液 } 100\text{ g}}$ × 水溶液 $(200 - x)$ g ＝ グルコース 20 g，両辺 × 100：

$6x + 12(200 - x) = 20 \times 100$，$6x = 400$，$x$ ＝ 6%溶液 ＝ $\frac{400}{6}$ ≒ 67 g，12%溶液 ＝ 200 − 67 ＝ 133 g

(11) $\frac{\text{グルコース } 5\text{ g}}{\text{水溶液 } 100\text{ g}}$ × 水溶液 100 g ＝ グルコース 5 g，グルコース 5 g × $\frac{6\%\text{水溶液 } 100\text{ g}}{\text{グルコース } 6\text{ g}}$ ≒ 6%水溶液 83 g，

水 ＝ 100 − 83 ＝ 17 g．または，5/6 倍に希釈されるから 6%水容液 100 × 5/6 ≒ 83 g，水 17 g

別解（希釈問題の解き方の代表例）：5 g の糖を得るためには 6%溶液が何 g 必要かを考える．
糖の量は一定だから，$\frac{\text{糖 } 5\text{ g}}{\text{溶液 } 100\text{ g}}$ × 溶液 100 g ＝ $\frac{\text{糖 } 6\text{ g}}{\text{溶液 } 100\text{ g}}$ × 溶液 x g を解く．

(12) 18%： 順序立てて，加える糖の量，液の量を求める．$\frac{\text{グルコース } 10\text{ g}}{\text{水溶液 } 100\text{ g}}$ × 水溶液 150 g ＝ グルコース 15 g，$\frac{\text{グルコース } 6\text{ g}}{\text{水溶液 } 100\text{ g}}$ × 水溶液 100 g ＝ グルコース 6 g，加えるグルコース量 ＝ 15 − 6 ＝ 9 g，加える水溶液量 ＝ 150 − 100 ＝ 50 g，加えるグルコース溶液の濃度 ＝ $\frac{\text{グルコース } 9\text{ g}}{\text{水溶液 } 50\text{ g}}$ × 100 ＝ 18%

(13) 加える食塩を x g とする．(食塩$(9 + x)$g) / (食塩水(180 g ＋ x g)) × 100 ＝ 10%，x ＝ 9/0.9 ＝ 10 g

(14) 20%食塩水を x g とする．(食塩$(8 + 0.2x)$g) / (食塩水(100 g ＋ x g)) × 100 ＝ 10%，x ＝ 2/0.1 ＝ 20 g

(15) 50 g： (11)と同様に解く．$\frac{\text{NaClO } 0.1\text{ g}}{\text{水溶液 } 100\text{ g}}$ × 水溶液 2000 g ＝ NaClO 2 g，NaClO 2 g × $\frac{4\%\text{水溶液 } 100\text{ g}}{\text{NaClO } 4\text{ g}}$ ＝ 4%水溶液 50 g（または 40 倍に薄めるので 2000/40 ＝ 50 g）

2・4　調理・調味%と換算係数

塩味（塩分）の調味料には，塩，醤油，みそ，ソース，その他があり，甘味（糖分）の調味料には砂糖，みりんがあります．これらの調味料は，塩や砂糖の含有率がわかっていれば，計算（換算）によって，塩や砂糖の分量に置き換えることができます．醤油，みそ，みりんは，塩分や糖分（塩，砂糖の含有率，質量%）がほぼ一定なので，調理では，これらの調味料と塩や砂糖との換算係数を覚えておいて，調味の際の調味料換算に利用しています．

問題 II-37　ある食材の全重量（廃棄重量込み）は 150. g で，廃棄重量は 20. g だった．

(1) 正味の重量（可食部重量）は何 g か．
(2) この食材の廃棄率は何%か．
(3) 廃棄率 13%の食材の可食部重量が 500. g ならば，この食材の全重量（廃棄重量込み）は何 g か．

問題 II-38　以下の問題に答えなさい．

調味%とは何か．定義を述べよ．

問題 II-39　以下の問題に答えなさい．

調味料の重さは，食材の重さ，調味%を用いるとどのように表されるか．

問題 II-40　以下の問題に答えなさい．

(1) 濃い口醤油の塩分は 15%である．塩 1 g を含む醤油の量は何 g か．
(2) 信州みその塩分は 12%である．塩 1 g を含む信州みその量は何 g か．
(3) 300 mL の水に塩分含有率 46%のコンソメの素を 5 g 溶かしたら調味%で何%の塩分濃度になるか．
(4) 500 mL の水を調味%で 0.8%の塩分濃度にするには何 g の食塩が必要か．
(5) 米重量の 1.5%塩分濃度になるように調味料を加えて炊飯したら米の 2.2 倍量の白飯ができた．白飯の塩分濃度は調味%で何%か．

問題 II-41　以下の問題に答えなさい．（電卓使用可）

(1) スープ 600 g 中に 3.4 g の塩分が含まれている．調味%を求めよ．
(2) だし 500 mL（500 g）の 0.6%（調味%）の塩分を塩分 12%（質量%）のみそで調味する場合，みそは何 g 必要か．これは大さじで何杯分か（みその大さじ 1 杯は 18 g）．

(1) 130 g：　正味の重量(可食部重量)＝全重量 150. g－廃棄重量 20. g＝130. g

(2) 13%：　$\boxed{\text{廃棄率}=\dfrac{\text{廃棄重量}}{\text{全重量}}\times 100}=\dfrac{20.\text{ g}}{150.\text{ g}}\times 100 \fallingdotseq 13\%$

(3) 570 g：　可食部率＝100－13＝87%．**換算係数法**　全体 $100\% \times \dfrac{\text{可食部 }500.\text{ g}}{\text{可食部 }87\%}$＝全体 574.7 g≒570 g

［直感法］　全重量は可食部重量より大きい．$\dfrac{\text{可食部重量 }500.\text{ g}}{0.87}$＝574.7 g≒全重量 570 g

［分数比例式法］　$\dfrac{\text{可食部 }500.\text{ g}}{87\%}=\dfrac{\text{全体 g}}{100\%}$（%定義に対応），全体 g＝可食部 500. g×$\dfrac{100}{87}$＝574.7 g≒570 g

（別法）全重量を x とすると，x g＝廃棄重量＋可食部重量＝全重量 x g×0.13＋500 g，x＝574.7≒570 g．

$$調味\% = \frac{調味料の重さ\ g}{食材だけの重さ\ g} \times 100\%$$

$$調味料の重さ\ g = 食材だけの重さ(g) \times \frac{調味\%}{食材\ 100\%}$$

(1) 6.7 g： 塩分 15% とは醤油 100 g 中に塩 15 g が溶けているということ．質量%．

$$塩\ 1\ g \times \frac{醤油\ 100\ g}{塩\ 15\ g} = 醤油\ 6.66\cdots$$

≒醤油 6.7 g

別解：全体は部分より大きいので醤油量を求めるには 0.15 で割ればよい．

(2) 8.3 g： (1)と同様にして求める．

(3) 0.8%： 調味%なので，{塩の量(5 g×0.46) / 水 300 g[1)]}×100＝0.77 ≒0.8%

1) 水の密度＝1 g/mL なので，水 300 mL＝300 g.

(4) 4 g： 0.8% とは 0.8 g/100 g．よって，水 500 g×(塩 0.8 g/水 100 g)＝4 g(水 500 mL＝500 g)

(5) 米の重さが2.2倍となったので濃度は $\frac{1}{22}$ となる．よって $\frac{1.5\%}{2.2}$ ＝0.68% ≒0.7%，または，1.5%塩分濃度とは 100 g の米に 1.5 g の塩，炊飯米(めし)の重量は 220 g なので塩分濃度＝$\frac{1.5\ g}{220\ g}$ ×100≒0.7%.

Point 有効数字は，調理実習では 1 桁(2 桁)，計量スプーンに換算することが前提，一方，ほかの実験・実習では 3～4 桁 (0.1%の精度，1000 の数字を扱う（II-4 章参照)）．その理由はホールピペット，メスフラスコなどの測容器を用いた精度の高い実験を前提としているためである．

通常の%と調味%：
溶質 g■ 溶媒 g□
質量%(w/w＝g/g)

$$\frac{部分\ g}{全体\ g} \times 100\%$$
$$= \frac{溶質\ g■}{溶液\ g■} \times 100\%$$

全体＝溶液 g
＝溶質 g＋溶媒 g
(＝調味料 g＋食材 g)
溶液 g＝(溶質 g＋溶媒 g)
部分＝溶質(調味料 g)
調味%(w/w＝g/g)

$$= \frac{調味料\ g■}{食材\ g□} \times 100\%$$
$$\neq \frac{部分\ g}{全体\ g} \times 100\%$$

有効数字の違いに留意しよう！
・調理の分野（1～2 桁）
・他分野（3～4 桁）

できなかった問題は印をつけておき，あとでもう一度挑戦しよう．繰り返し問題を解くことが上達のコツ！

(1) 0.6%： 調味%の定義，$\frac{調味料\ g}{食材\ g} \times 100 = \frac{3.4}{600-3.4} \times 100 = 0.569\cdots ≒ 0.6\%$

(2) 25 g，1.4 杯： **換算係数法** 塩分 0.6%＝~~だし~~ 500 ~~g~~ × $\frac{塩\ 0.6\ g}{だし\ 100\ g}$ ＝塩 3.0 g → みそ：~~塩 3.0 g~~ × $\frac{みそ\ 100\ g}{塩\ 12\ g}$ ＝みそ 25 g．~~みそ~~ 25 ~~g~~ × $\frac{大さじ\ 1\ 杯}{みそ\ 18\ g}$ ＝大さじ 1.38…杯≒みそ大さじ 1.4 杯

0.12 で割ることと同じ．全体×0.12＝塩 3.0 g だから，全体＝塩 3.0 g÷0.12

[直感法] $\frac{塩\ 0.6\ g}{100\ g} \times 500\ g$ ＝塩 3 g (または，500 g「の」0.6%，500 g×$\frac{塩\ 0.6\ g}{100\ g}$＝3 g)．みそは塩 3.0 g より大きい．12%＝$\frac{12}{100}$＝0.12 を用いて 3.0 より大きい数を導き出す．$\frac{塩\ 3.0\ g}{0.12}$＝みそ 25 g，

$\frac{みそ\ 25\ g}{みそ\ 18\ g/\ 大さじ\ 1\ 杯}$ ≒大さじ 1.4 杯（または，みそ x g×0.12＝塩 3 g，みそ x＝25 g)．

[分数比例式法] $\frac{塩\ x\ g}{500\ g} = \frac{塩\ 0.6\ g}{100\ g}$，塩 x＝3 g．$\frac{塩\ 3.0\ g}{みそ\ x\ g} = \frac{塩\ 12\ g}{みそ\ 100\ g}$（たすき掛け，式の変形）

みそ x＝25g，$\frac{みそ\ 25\ g}{みそ\ 18\ g} = \frac{みそ大さじ\ y\ 杯}{みそ大さじ\ 1\ 杯}$，$y$＝1.38…≒大さじ 1.4 杯

3 大きさ・倍率・桁数を表す接頭語

――さまざまな分野に出てくる基本知識．しっかり習得しよう！

3・1 測定値の表示法と単位，接頭語の意味

G，M，k，h，da，d，c，m，μ，n，p の接頭語はさまざまな分野で用いられています．必須栄養素のビタミン・ミネラルの推奨量の単位は mg，μg，衛生学で学ぶ有毒元素 As，Cd，Pb 量の ppm は μg/g（mg/kg）です．mm，cm，km，dL（デシリットル），hPa（ヘクトパスカル），MHz（メガヘルツ）は社会でふつうに用いられています．

> 測定値：
> 数値と単位（数値と大きさを表す接頭語と単位）で表す約束．
> 測定値＝数値×単位＝数値×接頭語×単位（k, m, μ…は数値である！）
> 20 mL＝20×mL＝20×m×L；　5 μg＝5×μg＝5×μ×g

［接頭語 m, μ などの読み方と意味］

問題 II-42　以下の問題に答えなさい．

(1) 長さの基本単位はメートル m である．km，cm，mm のキロ k，センチ c，ミリ m の意味を述べよ．
(2) 体積の単位デシリットル dL は何 mL か．デシ d の意味を述べよ．
(3) 天気予報の気圧単位・ヘクトパスカルのヘクト h の意味を述べよ．
　ヒント：ヘクトは土地の広さの単位ヘクタール（ヘクト・アール）ha の h と同じ意味．
(4) 生物の細胞の大きさなどを表すときの単位マイクロ（ミクロン）μ の意味を述べよ．
(5) 最近ハイテク関連でよく聞くナノテクノロジー，ナノワールドのナノ［＝nm（ナノメートル）］のナノ n の意味を述べよ．

> G, M, k, (h, da, d, c), m, μ, n…単位の前の接頭語：　すべて大きさ・倍率を表したものである．
> thouthand(千)，million(百万)，billion(10 億)，trillion(1 兆)など，西洋では 10^3 がひと単位．
> 10,000,000,000,000 の「,」の位置は 3 桁表示！．ちなみに，東洋式（中国式）は 10^4 がひと単位である［10,0000,0000,0000(10^4＝万，10^8＝億，10^{12}＝兆)］．

問題 II-43　以下の倍率を表す接頭語の読み方を答えなさい．　要記憶　基礎知識

(T)，G，M，k，h，da，d，c，m，μ，n，p，(f)

問題 II-44　倍率を表す接頭辞の覚え方を述べなさい．　要記憶

T, G, M, k, h, da, d, c, m, μ, n, p の読み方と意味を覚えよう．
10^3 が基本！

［k, d, c, m, μ, n の相互変換］　指数計算できることが前提！

問題 II-45　以下の関係式を示しなさい．　要記憶　基礎の基礎

(1) mg と g，g と mg　　(2) μg と g，g と μg　　(3) μg と mg，mg と μg

答 II-42

	記号	読み	意味（数値）	使用例
	T	テラ	10^{12}	パソコンメモリー 1 T バイト
	G	ギガ	10^{9}	パソコンメモリー 1 G バイト
	M	メガ	10^{6}	パソコンメモリー 1 M バイト
(1)	k	キロ	$10^3=1\times10^3=1000$	1 km＝1000 m
(3)	h	ヘクト	100	1 ha（ヘクタール）＝100 a（アール）（1 a＝100 m^2）
	da	デカ	10	
(2)	d	デシ	$\frac{1}{10}=\frac{1}{10^1}\equiv10^{-1}=0.1$	1 dL（デシリットル）＝0.1 L＝100 mL
(1)	c	センチ	$\frac{1}{100}=\frac{1}{10^2}\equiv10^{-2}=0.01$	$1\ \mathrm{cm}=\frac{1}{100}\ \mathrm{m}=0.01\ \mathrm{m}$
(1)	m	ミリ	$\frac{1}{1000}=\frac{1}{10^3}\equiv10^{-3}=0.001$	$1\ \mathrm{mm}=\frac{1}{1000}\ \mathrm{m}=0.001\ \mathrm{m}$
(4)	μ	マイクロ	$\frac{1}{1\,000\,000}=\frac{1}{10^6}\equiv10^{-6}=0.000\,001$	1 μm（マイクロメートル）＝100 万分の 1 m
(5)	n	ナノ	$\frac{1}{10^9}\equiv10^{-9}$	1 nm（ナノメートル）＝10 億分の 1m
	p	ピコ	10^{-12}	1 pm（ピコメートル）＝1 兆分の 1 m
	f	フェムト	10^{-15}	1 f（フェムト）秒＝1000 兆分の 1 秒

（テラ），ギガ，メガ，キロ，ヘクト，デカ，デシ，センチ，ミリ，マイクロ，ナノ，ピコ，（フェムト）

遠山 啓先生伝を著者が補足した語呂合せ．「（ギガ メガへ）キロキロとヘクト デカけたメートルが，デシに見られてセンチ ミリミリ，さらに落ち込みマイクロ ナノよ，ピコっ！」

［（訳）（T G M）k h da d c m μ n p → きょろきょろと周りを見まわしながら同僚の「へく」さんと出かけた「めーとる」さんが，へくさんの弟子と思われてセンチメンタルになり，めそめそしている？ さらに落ち込んで「私の気持ちはまっ黒」なのですよと言っていると，警報音がピコッと鳴った．］

(1) m（ミリ）とは $1/1000=10^{-3}=0.001$ のことなので，$1\ \mathrm{mg}=1\times(1/1000)\ \mathrm{g}=1\times10^{-3}\ \mathrm{g}$，
これを 1000（10^3）倍して，1000 mg＝1 g，$1\ \mathrm{g}=1000\,(1\times10^3)\ \mathrm{mg}$.

> **別解（目視比較法，p.62）**：　1 mg＝（　）g　　1 g＝（　）mg
> $\mathrm{m}=10^{-3}$ を代入 → 1×10^{-3} g＝（　）g　　1 g＝（　）$\times10^{-3}$ g
> 式の左右を目視比較 → （10^{-3}）　　（10^3）（$10^3\times10^{-3}=1$）

(2) μ（マイクロ）とは $1/10^6=10^{-6}$ のことなので，$1\ \mu\mathrm{g}=(1/10^6)\ \mathrm{g}=1\times10^{-6}\ \mathrm{g}$，
これを 10^6 倍して，$10^6\ \mu\mathrm{g}=1\ \mathrm{g}$，$1\ \mathrm{g}=1\times10^6\ \mu\mathrm{g}$（m, μ, n は 10^3 ずつ異なる）.

> **別解（目視比較法，p.62）**：　1 μg＝（　）g　　1 g＝（　）μg
> $\mu=10^{-6}$ を代入 → 1×10^{-6} g＝（　）g　　1 g＝（　）$\times10^{-6}$ g
> 式の左右を目視比較 → （10^{-6}）　　（10^6）（$10^6\times10^{-6}=1$）

(3) m と μ のどちらが大きいか考えれば，1000 倍なのか，1/1000 倍なのかが判断できる.

$1\ \mu\mathrm{g}=1\ \mu\mathrm{g}\times\frac{1\ \mathrm{g}}{10^6\ \mu\mathrm{g}}\times\frac{10^3\ \mathrm{mg}}{1\ \mathrm{g}}=1\times10^{-3}\ \mathrm{mg}$，$1\ \mathrm{mg}=1\ \mathrm{mg}\times\frac{1\ \mathrm{g}}{10^3\ \mathrm{mg}}\times\frac{10^6\ \mu\mathrm{g}}{1\ \mathrm{g}}=10^3\ \mu\mathrm{g}$

> **別解（目視比較法，p.62）**：　1 μg＝（　）mg　　1 mg＝（　）μg
> $\mathrm{m}=10^{-3}$，$\mu=10^{-6}$ を代入 → 1×10^{-6} g＝（　）$\times10^{-3}$ g　　1×10^{-3} g＝（　）$\times10^{-6}$ g
> 式の左右を目視比較 → （10^{-3}）　　（10^3）

問題 II-46　下表の空欄を埋めなさい．

	kg	g	mg	μg	ng
1 kg＝	1 kg	(　g)	(　mg)	(　μg)	(　ng)
1 g＝[a]	(　kg)	1 g	(　mg)[a]	(　μg)	(　ng)
1 mg＝	(　kg)	(　g)	1 mg	(　μg)	(　ng)
1 μg＝	(　kg)	(　g)	(　mg)	1 μg	(　ng)
1 ng＝	(　kg)	(　g)	(　mg)	(　μg)	1 ng

a）ヒント：1 g＝(　)mg＝(　)$\times10^{-3}$ g：　直感で（　）の中の値を求める．または，（　）を x とおいて，x＝1 g/10^{-3} g＝10^3＝1000（式の変形で求める）．k, m, μ, n の意味・定義を覚えよう！

問題 II-47　以下の問題に答えなさい．

(1)　1 mg，1 μg，1 ng，1 kg は何 g か．1 g は何 mg，何 μg，何 ng，何 kg か．

(2)　1 L の定義を述べよ．

(3)　1 mL は何 cm^3 か．1 cm^3 は何 cc か．1 cc は何 mL か．

(4)　1 dL は何 L，何 mL か．1 mL，1 μL は何 L か．1 L は何 dL，何 mL，何 μL か．

(5)　1 m^3 は何 cm^3 か，何 mL か，何 L か．

(6)　$\dfrac{0.10\ \text{g}}{\text{L}}=\dfrac{x\ \text{mg}}{\text{L}}$ である．x の値はいくつか．

(7)　$\dfrac{0.10\ \text{mg}}{\text{mL}}=\dfrac{x\ \mu\text{g}}{\text{mL}}$ である．x の値はいくつか．

	kg	g	mg	μg	ng
1 kg	1　kg	10^3　g	10^6　mg	10^9　μg	10^{12} ng
1 g	10^{-3} kg	1　g	10^3　mg	10^6　μg	10^9　ng
1 mg	10^{-6} kg	10^{-3} g	1　mg	10^3　μg	10^6　ng
1 μg	10^{-9} kg	10^{-6} g	10^{-3} mg	1　μg	10^3　ng
1 ng	10^{-12} kg	10^{-9} g	10^{-6} mg	10^{-3} μg	1　ng

この表を，丸暗記ではなく，考えて，正しく埋められるようにすること．1 g は何 k, m, μ, ng かができるようになること

(1)　m, μ, n, k の定義より，$1\ \text{mg}=\left(\dfrac{1}{1000}\right)\text{g}=0.001\ \text{g}=1\times10^{-3}\ \text{g}$，$1\ \mu\text{g}=\left(\dfrac{1}{10^6}\right)\text{g}=1\times10^{-6}\ \text{g}$，

$1\ \text{ng}=\left(\dfrac{1}{10^9}\right)\text{g}=1\times10^{-9}\text{g}$，$1\ \text{kg}=1000\ \text{g}=10^3\ \text{g}$

各式の両辺を 1000，10^6，10^9，1/1000 倍して[1]，

$1\ \text{g}=1000\ \text{mg}=10^3\ \text{mg}=10^6\ \mu\text{g}=10^9\ \text{ng}=\dfrac{1}{1000\ \text{kg}}=0.001\ \text{kg}$

$=1\times10^{-3}\ \text{kg}$

1）$10^{-3}\times1000=10^{-3}\times10^3=1$
$10^{-6}\times10^6=1$
$10^{-9}\times10^9=1$
$10^3\times10^{-3}=1$

(2)　1 L とは 10 cm×10 cm×10 cm の立方体の体積（1 立方 dm，dm^3）のこと．
よって，1 L≡10 cm×10 cm×10 cm＝1000 cm^3

≡は定義・約束を示す記号．≡の左右が同じものであることを示す．

(3)　1 mL＝1 cm^3≡1 cc：1 L＝1000 cm^3 なので，$1\ \text{cm}^3=\left(\dfrac{1}{1000}\right)\text{L}=1\ \text{mL}$

1 cm^3≡1 立方 cm≡1 cubic(立方)centimeter≡1 cc，つまり 1 mL＝1 cm^3≡1 cc

(4)　$1\ \text{dL}=\left(\dfrac{1}{10}\right)\text{L}=0.1\ \text{L}$，1 dL＝100 mL，$1\ \text{mL}=\left(\dfrac{1}{1000}\right)\text{L}=\left(\dfrac{1}{10^3}\right)\text{L}=1\times10^{-3}\ \text{L}=0.001\ \text{L}$，

$1\ \mu\text{L}=1\times10^{-6}\ \text{L}$．dL，mL，μL の定義式を 10，$10^3$，$10^6$ 倍して，$1\ \text{L}=10\ \text{dL}=1000\ \text{mL}=1\times10^6\ \mu\text{L}$

（つづく）

(5) $1\,m^3$ とは $1\,m \times 1\,m \times 1\,m$ の体積のこと．したがって，$1\,m^3 = 1\,m \times 1\,m \times 1\,m = 100\,cm \times 100\,cm \times 100\,cm = 1 \times 10^6\,cm^3 = 1 \times 10^6\,mL$．$1\,L = 1000\,cm^3 = 1 \times 10^3\,cm^3$

換算係数法 $1\,m^3 = 1\,m^3 \times \dfrac{10^6\,cm^3}{1\,m^3} \times \dfrac{1\,L}{1000\,cm^3} = 1000\,L$．よって，$1\,m^3$ は $1000\,L$

［直感法］$1\,m^3 = \dfrac{10^6\,cm^3}{10^3\,cm^3/L} = 1 \times 10^3\,L = 1000\,L$

［分数比例式法］$1\,m^3 = 10^6\,cm^3 = x\,L$ の x を求める．$1\,L = 1000\,mL = 1000\,cm^3$ なので，$\dfrac{1\,L}{1000\,cm^3} = \dfrac{x\,L}{10^6\,cm^3}$．

たすき掛けして，$1\,m^3 = x\,L = \left(\dfrac{10^6\,cm^3}{1000\,cm^3}\right) \times 1\,L = 1000\,L$．よって，$1\,m^3 = x\,L = 1000\,L$

この分数式は，$1000\,cm^3$ が 1 L なら，$10^6\,cm^3$ は何 L か（x L）を示す比例式，$1000\,cm^3 : 1\,L = 10^6\,cm^3 : x\,L$，または，$1000\,cm^3 : 10^6\,cm^3 = 1\,L : x\,L$ を分数式にしたものである．

(6) 100： **換算係数法** $\dfrac{0.10\,g}{L} = \dfrac{0.10\,g}{L} \times \dfrac{1000\,mg}{1\,g} = \dfrac{100\,mg}{1\,L}$ よって，$x = 100$

［代入法］ $0.10\,g = 0.10 \times g = 0.10 \times 1000\,mg = 100\,mg$，$x = 100$

または，問題文中の式の両辺を比較して，$x\,mg = 0.10\,g = 0.10 \times g = 0.10 \times 1000\,mg = 100\,mg$．$x = 100$

換算係数の知識：

$\dfrac{10^3\,mg}{1\,g}$，$\dfrac{1\,g}{10^3\,mg}$，$\dfrac{10^6\,\mu g}{1\,g}$，$\dfrac{1\,g}{10^6\,\mu g}$，$\dfrac{10^3\,\mu g}{1\,mg}$，$\dfrac{1\,mg}{10^3\,\mu g}$

(7) 100： **換算係数法** $\dfrac{0.10\,mg}{mL} \times \dfrac{1\,g}{10^3\,mg} \times \dfrac{10^6\,\mu g}{1\,g} = \dfrac{100\,\mu g}{1\,mL}$，$x = 100$

または，$\dfrac{0.10\,mg}{mL} = \dfrac{0.10\,mg}{mL} \times \dfrac{1000\,\mu g}{1\,mg} = \dfrac{100\,\mu g}{1\,mL}$，$x = 100$

［代入法］$0.10\,mg = 0.10 \times m \times g = 0.10 \times 10^{-3} \times g = 0.10 \times 10^{-3} \times 10^6\,\mu g = 0.10 \times 10^{-3+6}\,\mu g$
$= 0.10 \times 10^3\,\mu g = 1.0 \times 10^2\,\mu g$（$= 100\,\mu g$），$x = 100$

または，$1\,mg = 1000\,\mu g$ を用いて，$0.10\,mg = 0.10 \times mg = 0.10 \times 1000\,\mu g = 100\,\mu g$，$x = 100$

問題 II-48 以下の問題に答えなさい．

(1) ① 10 mg，② 100 μg はそれぞれ何 g か． (2) 10 mg は何 μg か．
(3) 100 μg は何 mg か．
ヒント：m，μ の定義とその大小関係を考える．

指数計算の公式から：
(2) $10^a \times 10^b = 10^{a+b}$
(3) $10^a \times 10^{-b} = 10^{a-b}$
(4) $10^a \div 10^b = 10^{a-b}$

(1) ① $0.01\,g$（$1 \times 10^{-2}\,g$）： **換算係数法** 換算係数は，ⓒ $\dfrac{1000\,mg}{1\,g}$ とⓓ $\dfrac{1\,g}{1000\,mg}$．

$10\,mg = 10\,mg \times \left(\dfrac{1\,g}{1000\,mg}\right) = \dfrac{1}{100}\,g = \dfrac{1}{10^2}\,g = 1 \times 10^{-2}\,g = 0.01\,g$

［代入法］（m の定義を代入）$10\,mg = 10 \times m \times 1\,g = 10 \times 10^{-3}\,g = 1 \times 10^{-2}\,g$（$0.01\,g$）

② $0.0001\,g$（$1 \times 10^{-4}\,g$）： **換算係数法** 換算係数は，ⓔ $\dfrac{10^6\,\mu g}{1\,g}$ と ⓕ $\dfrac{1\,g}{10^6\,\mu g}$．

$100\,\mu g = 100\,\mu g \times \left(\dfrac{1\,g}{10^6\,\mu g}\right) = 1 \times \dfrac{1}{10^4}\,g = 1 \times 10^{-4}\,g = 0.0001\,g$

m の定義：
$m = 0.001$
$= 1 \times 10^{-3}$
$= 10^{-3}$
$= 1/10^3$
$= 1/1000$

（つづく）

答 II-48 ［代入法］（μの定義を代入）$100\ \mu g = 100 \times \mu \times 1\ g = 100 \times 10^{-6}\ g$
$= 1 \times 10^{2-6} = 1 \times 10^{-4}\ g\ (0.0001\ g)$

μの定義：
$\mu = 0.000001$
$= 1 \times 10^{-6}$
$= 10^{-6}$
$= 1/10^{6}$
= 百万分の1

(2) 10 mg は何 μg か．10 000 μg（1×10^4 μg）：

換算係数法　換算係数は，ⓖ $\dfrac{1000\ \mu g}{1\ mg}$ と ⓗ $\dfrac{1\ mg}{1000\ \mu g}$．

10mg → μg にⓖを用いると $10\ mg = 10\ mg \times \dfrac{1000\ \mu g}{1\ mg} = 10\ 000\ \mu g\ (1 \times 10^4\ \mu g)$

または，ⓓ，ⓔを用いて，10 mg → g → μg：$10\ mg = 10\ mg \times \left(\dfrac{1\ g}{1000\ mg}\right) \times \left(\dfrac{10^6\ \mu g}{1\ g}\right)$

$= 10 \times \dfrac{10^6}{10^3}\ \mu g = \dfrac{10 \times 10^6}{10^3}\ \mu g = \dfrac{10^7}{10^3}\ \mu g = 10^{7-3}\ \mu g = 1 \times 10^4\ \mu g$

［代入法］（m, μの定義を代入）$10\ mg = 10 \times m \times g = 10 \times 10^{-3} \times 1\ g = 10 \times 10^{-3} \times 10^6\ \mu g = 10^1 \times 10^{-3} \times 10^6\ \mu g$ $= 1 \times 10^{1-3+6}\ \mu g = 1 \times 10^4\ \mu g = 10\ 000\ \mu g$．または，mg は μg の 1000 倍なので $1\ mg = 1000\ \mu g$（$1\ mg = 10^{-3}\ g$ $= 10^{-3} \times 10^6\ \mu g = 10^{-3+6}\ \mu g = 10^3\ \mu g = 1000\ \mu g$），$10\ mg = 10 \times 1\ mg = 10 \times 1000\ \mu g = 1 \times 10^4\ \mu g$（または，10 mg $= x\ \mu g$，$x = 10 \times m/\mu = 10 \times 10^{-3}/10^{-6} = 10 \times 10^3 = 10^4 = 1 \times 10^4$）

［目視比較法］　変換前後の左辺，右辺の単位を g 表示し，両者を比較して求める方法です．

本法は実質的には代入法と同じですが，$1\ mg = 10^{-3}\ g$，$1\ \mu g = 10^{-6}\ g$（m, μの定義）のみを用い，$1\ g = 10^3\ mg$，$1\ g = 10^6\ \mu g$ という関係式を用いない点が代入法と異なります．また，本法は指数計算できること［公式の（2），（3）］が前提です．

10 mg を μg に変換することは，「10 mg＝(　)μg」，の（　）を求めることです．

左辺＝$10\ mg = 10 \times 10^{-3}\ g = 10^1 \times 10^{-3}\ g = 10^{1-3}\ g = 1 \times 10^{-2}\ g$（10 mg を g 単位で表す）

右辺＝(　)μg＝(　)$\times 10^{-6}$ g（(　)μg＝を g 単位で表した）

左辺＝右辺なので，$1 \times 10^{-2}\ g =$ (　)$\times 10^{-6}$ g．左右の波線の部分の比較・目視により，(　) に入れるべき数値，$10^4 = 10{,}000$ を見出します[1)]（指数の掛け算は指数部分の足し算：$10^a \times 10^b = 10^{a+b}$，$10^a \times 10^{-b} = 10^{a-b}$）．つまり，$10\ mg = 1 \times 10^4\ \mu g$（10 000 μg）．

1) 1より大きいか小さいかを考える．
小＝(　)×大，なら（　）は1より小，大＝(　)×小，なら（　）は1より大．

Point　**換算係数法のまとめ：**

① 分数どうしの掛け算で表す．② 数値の単位と意味（何の数値か）も書く．③ 計算では，数値のほか，単位・意味も約分する．④ 同じものを違う単位・表現で表したものを 1 つの分数で表す．この分数とその逆分数が換算係数である．⑤ 問題を解くには，単位と意味に着目し，答の単位・意味に合うように換算係数を組み合わせる．

この方法は，実質的には，10 mg＝10×mg の mg に mg＝1000 μg を代入，または，10 mg＝10×mg の mg に mg＝$\dfrac{1}{1000}$ g，この g に g＝10^6 μg を代入するのと同じですが，なぜそういう計算の仕方をするのかという理屈をあまり考えないで，単位を合わせるだけで正しい結果を得ることができる計算法であると理解しましょう．より複雑な計算を行なう場合には，間違いを起こしにくい強力な方法であることは間違いありません．

(3) $100\ \mu g$ は何 mg か．0.1 mg： **換算係数法** 換算係数は，

$100\ \mu g \to g \to mg$ にはⓕ, ⓒを用いて，

$$100\ \mu g = 100\ \mu g \times \left(\frac{1\ g}{10^6\ \mu g}\right) \times \left(\frac{1000\ mg}{1\ g}\right) = 1 \times \frac{10^5}{10^6}\ mg = \frac{1}{10}\ mg$$

$$= 0.1\ mg$$

または，$100\ \mu g \to mg$ にⓗを用いて，$100\ \mu g = 100\ \mu g \times \dfrac{1\ mg}{1000\ \mu g} = 0.1\ mg$

［代入法］ μg は $10^{-3}(1/1000)$mg なので，$100 \times 10^{-3}\ mg = 0.1\ mg$

または，$100\ \mu g = 100 \times \mu \times g = 100 \times 10^{-6}\ g = 100 \times 10^{-6} \times 10^3\ mg$

$= 1 \times 10^2 \times 10^{-6} \times 10^3\ mg = 1 \times 10^{2-6+3}\ mg = 1 \times 10^{-1}\ mg = 0.1\ mg$

［目視比較法］ $100\ \mu g = (\ \ )mg$

左辺 $= 100\ \mu g = 100 \times 10^{-6}\ g = 1 \times 10^{-4}\ g$　　右辺 $= (\ \ )mg = (\ \ ) \times 10^{-3}\ g$

左辺＝右辺より，$1 \times 10^{-4}\ g = (\ \ ) \times 10^{-3}\ g$．よって，$(\ \ ) = 10^{-1} = 0.1$

つまり，$100\ \mu g = 0.1\ mg$（1×10^{-1} mg）

k, m, μ の大きさをイメージできることが大切．
1 kg（1 L 牛乳パック），
1 km
1 g（1 円硬貨の重さ），
1 m（メートル）
1 mg（1 円硬貨の 1/1000），
1 mm = 1 m の 1/1000
1 μg，0.001 mg
1 μm = 0.001 mm
1 ng，0.000001 mg
= 0.001 μg
1 nm = 0.000001 mm

問題 II-49　以下の問いに小数表示と指数表記で答えなさい．

(1) 76 mL は何 L か．　(2) 234 mm は何 m か．　(3) 3.17 kg は何 g か．

(4) 8.65×10^5 mg は何 kg か．　(5) 0.1 dL は何 mL か．

ヒント：単位の大小関係に注意すること．答はより大きくなるか，小さくなるかをまず考える．m, d, k の定義・意味と桁数に注意する．

0.1 g = (　)mg のように 0.1 × 大きい単位 (g) = (　) × 小さい単位 (mg) のときは，(　) の中は 0.1 より大きい数値とわかる．

0.1 g = (　)mg では，$m = 10^{-3}$，$0.1 = 10^{-1}$ なので，$10^{-1}\ g = (\ \ ) \times 10^{-3}\ g$，(　)は $10^2 = 100$ とわかる．0.1×10^{-3}，$0.1 \div 10^{-3}$，$0.1/10^{-3}$ の計算がわからなければ，すべてを小数か指数に変えてから考えること．割り算は分数にして考えること．

答
II-49

(1) 0.076 L（7.6×10^{-2} L）： $76\ mL \times \dfrac{1\ L}{1000\ mL} = \dfrac{76\ L}{1000}$

$= 0.076\ L$

または，$76\ mL = 76 \times m \times L = 76 \times 10^{-3}\ L = 0.076\ L$（$7.6 \times 10^{-2}$ L）

(2) 0.234 m（2.34×10^{-1} m）： $234\ mm \times \dfrac{1\ cm}{10\ mm} \times \dfrac{1\ m}{100\ cm} = \dfrac{243\ m}{10 \times 100}$

$= \dfrac{243\ m}{1000} = 0.234\ m$，

または，$234\ mm \times \dfrac{1\ m}{1000\ mm} = 0.234\ m$．または，$m = 10^{-3}$ なので

$234\ mm = 234 \times 10^{-3}\ m = 0.234\ m$（$2.34 \times 10^{-1}$ m）

(3) 3170 g（3.17×10^3 g）： $3.17\ kg \times \dfrac{1000\ g}{1\ kg} = 3.17 \times 1000\ g = 3170\ g$（$3.17 \times 10^3$ g）

または，$3.17\ kg = 3.17 \times 10^3 \times 1\ g = 3170\ g$（$3.17 \times 10^3$）

(4) 0.865 kg（8.65×10^{-1} kg）： $(8.65 \times 10^5\ mg) \times \dfrac{1\ g}{1000\ mg} \times \dfrac{1\ kg}{1000\ g} = \dfrac{8.65 \times 10^5\ kg}{1000 \times 1000}$

$= \dfrac{8.65 \times 10^5\ kg}{10^6} = 8.65 \times 10^{5-6}\ kg = 0.865\ kg$．または，$8.65 \times 10^5\ mg = 8.65 \times 10^5 \times 10^{-3}\ g$

$= 8.65 \times 10^2\ g$，$8.65 \times 10^2\ g \times \dfrac{1\ kg}{1000\ g} = 0.865\ kg$（$8.65 \times 10^{-1}$ kg）

(5) 10 mL（1×10^1 mL）： $0.1\ dL = 0.1\ dL \times \dfrac{0.1\ L}{1\ dL} = 0.01\ L = 0.01\ L \times \dfrac{1000\ mL}{1\ L} = 10\ mL$

または，$1\ dL = 1 \times 0.1 \times L = 100\ mL$ なので，$0.1 \times 100\ mL = 10\ mL$（$1 \times 10^1$ mL）

mol（モル）とモル濃度

――化学計算の基本！　マスターしよう！

酸性・塩基性（アルカリ性）[1]については小学校から学んでいるので，よく知っているでしょう．この酸性・塩基性の強さは，たとえば胃液の pH（ピーエイチまたはピーエッチ）1〜2，血液の pH 7.4，レモンの pH 3 のように，しばしば pH の値で表されます．この pH は水素イオン H^+ のモル濃度をもとにした値です．このように，化学の分野のみならず，生理学，生化学，臨床栄養学，からだの科学・生命科学や，食品学，調理学（食品の科学），それらの関連分野である衛生学，微生物学などの分野を学ぶうえでも，mol（物質の量を表す単位），および，モル濃度 mol/L（1 L 中に何 mol の目的物質が溶けているか，物質量 mol を用いた溶液の濃度表示法）の知識は必須です．

問題 II-50　以下の問題に答えなさい．

(1) 分子量とは何か説明せよ．
(2) 式量とは何か説明せよ．

1) 塩酸，炭酸，水酸化ナトリウム，アンモニア水，石灰水，リトマス紙，BTB 溶液など．

問題 II-51　以下の問題に答えなさい．

グルコース（ブドウ糖）$C_6H_{12}O_6$ の分子量（1），硫酸ナトリウム Na_2SO_4 の式量（2）を計算せよ．（原子量は表紙裏の周期表を見よ．計算は電卓を用いてよい）．

(1) 分子の体重．分子式中の原子の原子量（原子の体重．原子番号ではない）の総和．
(2) 化学式中の原子の原子量の総和．物質の構成単位が分子でないとき，分子量の代わりに式量（＝化学式量）という言葉を使う．ここでは分子量と式量は同じと思ってよい．

(1) 180.16：$C_6H_{12}O_6$＝C の原子量×6＋H の原子量×12＋O の原子量×6
＝12.01×6＋1.008×12＋16.00×6＝180.156≒180.16
(2) 142.05：Na_2SO_4＝Na の原子量×2＋S の原子量×1＋O の原子量×4
＝22.99×2＋32.07×1＋16.00×4＝142.05（高血圧：Na^+ の代替物は K^+ [2]）

2) 腎臓病では，Na^+，K^+の摂取を抑えることで，これらのイオンの吸収，排泄を行う腎臓に負担をかけないようにする必要がある．

4・1　mol（モル）とは何か

問題 II-52　以下の問題に答えなさい．

私たちがみかんやりんごの量（数）を知りたいときには 1 個，2 個，…と個数を数える．では，米や砂糖の量（数）はどのように表すか．

米や砂糖のように，小さくて数が多いものの場合には，1粒，2粒，…と数を数える代わりに，米や砂糖何 g とその重さで量（数）を表すか，または計量カップ・計量スプーン何杯と容積で表す．みかんやりんごでも数が多いとみかん何 kg とか，りんご何箱とかのように，やはり，重さや箱の数・容積で表す．

mol（モル）とは物質の量（物質量）を表す単位です．物質の量を表す場合，その構成原子，分子，イオンの数を1個，2個…，と数えれば，分子の個数○○個とその物質の量を厳密に定義できます．しかし，私たちにとって原子・分子はあまりにも小さく目に見えないので，数えることは不可能です．そこで化学者が考えたのが，米や砂糖の場合と同様に，原子・分子の数を数える代わりに重さをはかる，重さで量を表すことだったのです．

原子・分子の重さ（体重）は原子量・分子量（水素原子の何倍の重さか）としてすでにわかっていたので，原子量・分子量・式量にグラム（g）をつけて，原子・分子の世界もグラム単位で量を表すこととしました．たとえば，分子量 g の水の量は分子量 18 に g をつけて 18 g，分子量 g の 2 倍の水は 18×2＝36 g といった具合です．

こうして原子量 g・分子量 g をひとかたまりとして原子・分子の世界の物質量を表すことができるようになりました．この“ひとかたまり＝原子量 g・分子量 g の重さの物質量”を1山“1 mol（モル）（の数の原子・分子の集合体）“とよびます．たとえば，180 g の水は水分子の 10 mol（10 山）です．mol とはギリシャ語の *mole*（1山，ひとかたまり）という言葉からきています．したがって 1 mol とは，たとえば八百屋の店先にかご入り売られているみかんの1山，または紅茶を飲むときに入れる砂糖のスプーン1杯分（1山）と同じ意味なのです[3]．

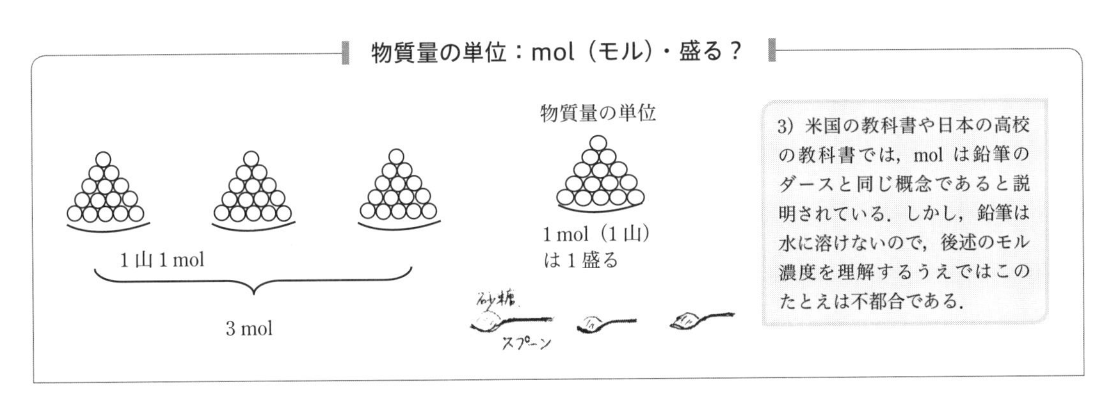

3) 米国の教科書や日本の高校の教科書では，mol は鉛筆のダースと同じ概念であると説明されている．しかし，鉛筆は水に溶けないので，後述のモル濃度を理解するうえではこのたとえは不都合である．

原子量・分子量は一番軽い元素の原子である水素原子 H の重さを 1（H＝1，厳密には ^{12}C＝12）[4] とした相対質量であり，分子量 18 の水分子は水素原子の 18 倍の重さがあることを意味しています．した

4) この宇宙にいちばん多く存在する元素で，かついちばん軽い元素は水素である．そこで水素の重さを基準（H＝1）としてほかの元素の（相対的な）重さを表す．これがドルトン（Dalton）によって歴史的に最初に定義された原子量である．現在では炭素の同位体の中で最も存在比の多い，^{12}C の原子 1 個の質量を 12（12 原子質量単位）として定義されている（➡「有機化学 基礎の基礎 第3版」，p.13 も参照．

がって,「水素 1 g 中に含まれている水素原子の数と水 18 g 中に含まれている水分子の数は同じ」です(この文章の意味を理解しよう).

つまり，どのような物質であれ，1 mol 中には同じ数の原子・イオン・分子・組成式で表される物質単位が含まれていることになります．しかし，この“1 mol(モル)”中に何個の粒子が含まれているか，1 mol の粒子の個数をアボガドロ定数とよぶのですが，当時はその値は明らかではありませんでした．

時代が進み，実験的にアボガドロ定数＝6.02×10^{23} 個/mol が求められた現在では，“分子量 g の物質量 1 mol(モル)＝6.02×10^{23} 個の分子集合体”として扱うことができます．そこで，純物質の重さをはかることは分子数を数えることと等価です．たとえば，1.8 g の水＝0.1×分子量 g＝0.1 mol(モル)＝$0.1\times6.02\times10^{23}$ 個の水分子＝6.02×10^{22} 個の水分子のことです．

現在ではアボガドロ定数 6.02×10^{23} 個の粒子からなる物質の量＝1 mol(1 モル)と定義しています．

$$1\ \text{mol の分子数}＝\text{アボガドロ定数}＝6.02\times10^{23}\ \text{個/mol}$$

ただし，実際に役立つ定義は,「1 mol＝分子量・式量にグラム g をつけた物質量」です．物質量 1 mol の重さ（1 山の重さ）をモル質量とよびます．

4・2　1 mol（1 山）の重さ・モル質量（モル計算のキーワード！）

問題 II-53　以下の問いに答えなさい．

モルとは何か．

問題 II-54　以下の問題に答えなさい．

(1) 1 mol(1 山)の重さ はどのように表されるか．
(2) 水の 1 mol の重さはいくつか．

問題 II-55　物質量の 1 mol（ひと山）の重さをモル質量という．つまり 1 mol の重さ＝分子量 g(グラム)＝モル質量である．以下の問題に答えなさい．

(1) モル質量の単位は何か．　(2) 水のモル質量はいくつか．単位も示せ．

物質量モル mol とはひと山のこと．
スプーン 3 山の砂糖＝3 mol の砂糖

(1) 1 mol の重さ＝分子量 g＝式量 g
(1 mol＝6.02×10^{23} 個の分子)
(2) 18.02 g：　H_2O の分子量＝2H＋O＝2×1.008＋1×16.00≒18.02
したがって，水の 1 mol の重さ＝18.02 g

(1) モル質量の単位は g/mol,

モル質量＝分子量 g/mol＝式量 g/mol $\left(=\dfrac{\text{分子量 g}}{1\ \text{mol}}=\dfrac{\text{式量 g}}{1\ \text{mol}}\right)$

(2) 水のモル質量＝18.02 g/mol $\left(=\dfrac{18.02\ \text{g}}{\text{mol}}=\dfrac{18.02\ \text{g}}{1\ \text{mol}}\right)$

モル質量 (g/mol)

4・3 質量（g）と物質量（mol，○○山）の相互変換

モル計算がわからない，不得意という話をよく聞きますが，じつはモル計算は簡単です！ 基本は3つ［問題II-56，問題II-65（p.73），問題II-70（p.75）］．ほんとうに簡単か，以下で考えてみましょう．

問題 II-56 スプーン1杯（1山）の砂糖の重さは5gだった．以下の問いに答えなさい．

(1) スプーン2杯（2山），5杯，10杯はそれぞれ何gか．0.1杯（0.1山），0.5杯は何gか．
(2) 10g，50g，100gの砂糖はスプーン何杯分（何山）か．0.5g，1gの砂糖は何杯分か．

(1) 10g，25g，50g，0.5g，2.5g：

換算係数法 換算係数は，$\frac{\text{砂糖 5 g}}{\text{スプーン 1 杯}}$ と $\frac{\text{スプーン 1 杯}}{\text{砂糖 5 g}}$．スプーン10杯＝~~スプーン~~10~~杯~~×$\frac{\text{砂糖 5 g}}{\text{~~スプーン~~ 1 ~~杯~~}}$＝砂糖50g，スプーン2杯，5杯，0.1杯，0.5杯の重さも同様に解く．それぞれ，10g，25g，0.5g，2.5g．

［直感法］1杯5gなので2杯は直感的に5g×2＝10g．5杯，10杯も同様に25g，50gとわかる．単位付きで表すと$\frac{\text{砂糖 5 g}}{\text{~~スプーン~~ 1 杯}}$（1杯あたり5gという意味）×~~スプーン~~10~~杯~~＝砂糖50g．同様に0.1杯は5g×0.1＝0.5g，0.5杯は5g×0.5＝2.5g

または$\frac{\text{5 g}}{\text{1 ~~杯~~}}$×0.5~~杯~~＝2.5g（換算係数法と同じ，順序が異なる）

［分数比例式法］：$\frac{\text{砂糖 5 g}}{\text{スプーン 1 杯}}=\frac{\text{砂糖 } x \text{ g}}{\text{スプーン 10 杯}}$，たすき掛けして，$x$＝50g．2杯，5杯，0.1杯，0.5杯の場合も同様に解く．

(2) 2杯，10杯，20杯，0.1杯，0.2杯：

換算係数法 砂糖100g＝~~砂糖~~100~~g~~×$\frac{\text{スプーン 1 杯}}{\text{~~砂糖~~ 5 ~~g~~}}$＝スプーン20杯，砂糖1g＝~~砂糖~~1~~g~~×$\frac{\text{スプーン 1 杯}}{\text{~~砂糖~~ 5 ~~g~~}}$＝スプーン0.2杯

砂糖10g，50g，0.5gがスプーン何杯かも同様に解く．

［直感法］1杯5gなので10gは直感的に2杯，50gは10杯，100gは20杯とわかる．この直感の内容を考えてみると，無意識に割り算をしていることがわかる．10g÷5g＝2杯，50g÷5g＝10杯，100g÷5g＝20杯，単位をつけると，砂糖100gの場合には，砂糖100g÷(砂糖5g/砂糖スプーン1杯)＝砂糖100g÷$\frac{\text{砂糖 5 g}}{\text{砂糖 1 杯}}$＝~~砂糖~~100~~g~~×$\frac{\text{砂糖 1 杯}}{\text{~~砂糖~~ 5 ~~g~~}}$＝砂糖20杯（砂糖20山）．同様に，0.5gは直感的に0.1杯，1gは0.2杯とわかる．単位を付けて，1g÷(5g/1杯)＝1~~g~~×$\frac{\text{1 杯}}{\text{5 ~~g~~}}$＝0.2杯(0.2山)

> **割り算＝分数の意味：**
> ① 割り算$a \div b$＝分数a/bは，分子の値・数・量aを分母の大きさの量bで分ける操作・分子aが分母bの何個分になるかを求める演算である．
> ② 分数のいまひとつの意味は，分子の値aを分母の数bの組に小分けしたときの1組あたりの大きさ・数・量を求める演算である．

［分数比例式法］：$\frac{\text{砂糖 5 g}}{\text{スプーン 1 杯}}=\frac{\text{砂糖 100 g}}{\text{スプーン } x \text{ 杯}}$，$x$＝20杯．10g，50g，0.5g，1gも同様に解く．

上記の問題の○○杯，○○山が，○○ mol のことです．以下，具体例を解いていきましょう．

[1mol（1 山）の重さ（モル質量）を求める（原子量は表紙裏の周期表を参照すること）]

問題 II-57　以下の問題に答えなさい．

食塩（塩化ナトリウム NaCl）の 1 mol（1 山）は何 g か．

問題 II-58　以下の問題に答えなさい．（電卓使用可）

(1) メタン CH_4（台所のガス）の 1 山（モル質量）は何 g か．
(2) 二酸化炭素[1] CO_2 の 1 山（モル質量）は何 g か．
(3) 砂糖（スクロース）$C_{12}H_{22}O_{11}$ の 1 山は何 g か．
(4) 酸化鉄(III) Fe_2O_3（鉄の赤さび）のモル質量は何 g か．

1) CO_2 は水に溶けて水分子と反応して炭酸 H_2CO_3（$H_2CO_3 \rightarrow H^+ + HCO_3^-$）を生じるので炭酸ガスともいう．

58.44 g：1 mol とは 1 山のこと．1 山（1 mol）の重さ≡モル質量＝分子量 g＝式量 g［Na，Cl の原子量は周期表参照（Na＝22.99，Cl＝35.45）］．
NaCl の式量＝Na＋Cl＝22.99＋35.45＝58.44
よって，NaCl の 1 mol は 58.44 g

分子量：分子の体重
式　量：NaCl のように分子でないものの組成式 NaCl の重さ，ここでは分子量と同じと考えてよい．
原子量：原子の体重（H＝1（厳密には ^{12}C＝12）としたときの原子の相対質量）

(1) 16.04 g/mol：C＝12.01，H＝1.008，CH_4＝12.01＋1.008×4＝16.04，16.04 g/mol
(2) 44.01 g/mol：12.01＋16.00×2＝44.01，44.01 g/mol
(3) 342.30 g/mol：12×12.01＋22×1.008＋11×16.00＝342.296≒342.30，342.30 g/mol
(4) 159.70 g/mol：2×55.85＋3×16.00＝159.70，159.70 g/mol

[物質量（mol）から試料の重さ g を求める]　mol を g に変換する（mol → g）

問題 II-59　NaCl の式量は 58.44 である．以下の問題に答えなさい．

1.000 mol，2.000 mol，10.00 mol，0.1000 mol，0.2000 mol はそれぞれ何 g か．
ヒント：モル mol のイメージをもつこと．

Point　イメージがわかないから難しく感じるだけです．mol とは 1 山という意味なので，ここでは問題 II-56 のように，1 mol＝スプーン 1 山（1 杯）の砂糖というイメージで考えましょう．このスプーン 1 山（1 杯）の重さが換算係数です．1 山（1mol）が何 g かをまず考えます：1 山が 5 g ならば 10 mol は 50 g と直感でわかります．何倍になるかだけです．つまり，掛ければよいのです．

問題 II-60　以下の問題に答えなさい．（電卓使用可）

(1) メタン CH_4 の 0.50 mol は何 g か．
(2) 二酸化炭素 CO_2 の 0.20 mol は何 g か．
(3) 0.125 mol のグルコース（ブドウ糖）$C_6H_{12}O_6$ は何 g か（式量 180.16）．
(4) 0.65 mol のエタノール（酒のアルコール）C_2H_6O は何 g か（式量 46.07）．

答 II-59 58.44 g，116.88 g，584.4 g，5.84_4 g，11.69 g

換算係数法 食塩 NaCl のモル質量＝58.44 g/mol，

換算係数は ① $\frac{\text{NaCl 58.44 g}}{\text{NaCl 1 mol}}$ と ② $\frac{\text{NaCl 1 mol}}{\text{NaCl 58.44 g}}$．

モル質量とは，$\left(\frac{分子量\,g}{mol}\right)$，$\left(\frac{式量\,g}{mol}\right)$のこと．

NaCl の物質量 mol を重さ g に変換するには，mol$\times\left(\frac{?}{?}\right)$＝g → mol$\times\left(\frac{g}{mol}\right)$＝g なので換算係数①を用いる．

mol を消去するため分母に mol，答を g とするため分子に g をおく．

NaCl 10 mol の質量(g)＝NaCl 10 mol×$\frac{\text{NaCl 58.44 g}}{\text{NaCl 1 mol}}$＝NaCl 584.4 g．

NaCl 0.2000 mol の質量(g)＝NaCl 0.2000 mol×$\frac{\text{NaCl 58.44 g}}{\text{NaCl 1 mol}}$≒NaCl 11.69 g．

つまり，試料の質量 g＝物質量(mol)×モル質量$\left(\frac{g}{mol}\right)$ 他も同様にして求める．

［直感法］ 1 山（1mol）58.44 g（58.44 g/mol），2，10 山（mol）は，問題II-56 と同様に，2, 10 倍すればよい．1 山の重さ（モル質量，分子量・式量 g/mol）×山の数（mol），

$\frac{58.44\,g}{1\,mol}\times 2\,mol$＝116.88g，$\frac{58.44\,g}{1\,mol}\times 10\,mol$＝584.4 g．同様に，0.2000 山（0.2000 mol）は

0.2000 倍して $\frac{58.44\,g}{1\,mol}\times 0.2000\,mol$≒11.69 g． 試料の質量 g＝モル質量$\left(\frac{g}{mol}\right)$×物質量（mol）

→掛ければよい（換算係数法と同じ，順序が逆なだけ）．

［分数比例式法］

$\frac{58.44\,g}{1\,mol}=\frac{x\,g}{0.2000\,mol}$ この分数式は，1 mol：58.44 g＝0.2000 mol：x g，または 58.44 g：1 mol＝x g：0.2000 mol，1 mol：0.2000 mol＝58.44：x g と同じ，つまり，1 mol が 58.44 g なら 0.2000 mol は何 g かという意味である（比例式を分数式で表しただけ）．

上式をたすき掛けすると（または，両辺に 0.2000 mol を掛ける），58.44 g×0.2000 mol＝x g×1 mol．この式を x＝と変形すると，

$x\,g=\frac{58.44\,g\times 0.2000\,mol}{1\,mol}=\frac{58.44\,g}{1\,mol}\times 0.2000\,mol$＝11.688 g≒11.69 g つまり，

直感法，換算係数法，分数比例式法はともに（掛け算の順序が違うだけ）：

物質の質量 g＝物質量(mol)×$\left(\frac{分子量\,g}{1\,mol}\right)$＝物質量(mol)×モル質量$\left(\frac{g}{1\,mol}\right)$

物質の質量 g＝$\left(\frac{分子量\,g}{1\,mol}\right)$×物質量(mol)＝モル質量$\left(\frac{g}{1\,mol}\right)$×物質量(mol)

換算係数法をぜひとも身につけてほしいが，3 種類の解法のうち，自分にとって最も理解しやすいもの 1 つを用いて計算できればそれでよい．

答 II-60

(1) 8.0 g：メタンの分子量＝16.04 だから，0.50 mol×$\frac{16.04\,g}{1\,mol}$＝8.02 g≒8.0 g

(2) 8.8 g：二酸化炭素の分子量＝44.01 だから，0.20 mol×$\frac{44.01\,g}{1\,mol}$≒8.8 g

(3) 22.5 g：0.125 mol×$\frac{180.16\,g}{1\,mol}$＝22.52 g≒22.5 g

(4) 30. g：0.65 mol×$\frac{46.07\,g}{1\,mol}$＝29.95≒30. g

[試料の重さ g から物質量 mol（何山か）を求める]　g を mol に変換する（g → mol）

mol → g はできても g → mol ができない人は少なくないです．その理由は，この計算がじつは割り算であり，ヒトの脳は割り算が苦手だからです．一方，換算計数法は，この割り算も，式の変形が必要な x も使わないので，誰でも間違えずに計算できる方法なのでおすすめです．

問題 II-61　**NaCl の式量は 58.44 である．以下の問題に答えなさい．**

食塩の 58.44 g，116.88 g，584.4 g，5.844 g，11.69 g はそれぞれ何 mol（何山）か．この順に答えよ．

ヒント：分子でないもののいわば分子量が（化学）式量・（組成）式量．式量＝分子量と思ってよい．
NaCl のモル質量(g/mol)＝1 mol の重さ＝式量 g.

問題 II-62　**以下の問題に換算係数法，直感法，分数比例式法で答えなさい．**

(1) NaOH の 0.835 g は何 mol か（H＝1.008，O＝16.00，Na＝22.99）．

(2) NaOH の 0.0687 mol は何 g か（Na, O, H の原子量は表紙裏の周期表参照）．

1.000 mol，2.000 mol，10.00 mol，0.1000 mol，0.2000 mol：

[直感法] 本問は問題II-56 の，「○ g の砂糖はスプーン何杯分か」と同じ(まず直感を使う．直感を大切にしよう．直感はどの人間にもある能力．これを使っていない人は使うトレーニングをしよう)．

食塩 58.44 g，116.88 g，584.4 g，5.844 g，11.69 g はそれぞれ何山か，これは直感でわかるのでは?!　1 山，2 山，10 山，0.1 山，0.2 山．じつは無意識に重さを 58.44 g で割ったのです（何倍になるかを直感で理解しているのです（たとえば，584.4 は 58.44 の○倍かと掛け算で考えたのです）．つまり，何山か（何モルか）を求めるには山の重さ○○ g をスプーン 1 杯（1 山＝1 mol）の重さ 58.44 g で割ればよいのです．ピンと来ない人は以下の例を考えるとよいでしょう：ある大きさ（重さ 100 g）の塩の山がある．スプーン 1 杯（1 山）5 g とすると 100 g は何山か．また 1 g の塩の山は何山か．

100 g の塩の山がスプーン何杯分（何山＝何 mol）になるかを知るためには，実際に手を動かしてこの山をスプーンではかりとり，数えればよいのですが，このことを，手を動かす代わりに計算で行うとすると，塩の山の重さ 100 g をスプーン 1 杯（1 山＝1 mol）の重さ（5 g）で割ればよいことがわかるでしょう．100 g は 5 g が 1 個，2 個，…，として，100 g が 5 g×20 個に対応すること，つまり 100÷5＝20 と理解できます．1 g の塩の山についても同じく割ればよいはずです（p.68 答II-56 も参照）．

(試料の重さ)	(1 山の重さ)　何山(mol)か？	求め方：重さ÷1 杯の重さ
100 g	5 g　→　20 山	$\frac{100\ \text{g}}{5\ \text{g}}$＝20 山(mol)．
1 g	5 g　→　0.2 山	$\frac{1\ \text{g}}{5\ \text{g}}$＝0.2 山(mol)となる．

100 g は何 mol(山)かを考える．
100 g はスプーン何山(杯)か？
何 mol か

試料 100 g　　5 g(1 山の重さ，モル質量)

つまり，スプーンの杯数(物質量 mol)＝塩の山の重さ÷スプーン 1 杯の重さ＝$\frac{\text{試料の重さ g}}{\text{スプーン 1 杯の重さ g}}$＝$\frac{100\ \text{g}}{5\ \text{g}}$＝20 杯（20 mol）．mol＝$\frac{\text{試料の重さ g}}{\text{スプーン 1 杯の重さ(式量)g}}$．

$$\text{物質量 mol}=\left(\frac{\text{試料の重さ g}}{\text{1 山の重さ(モル質量)g}}\right)\text{mol}$$

（つづく）

答 II-61 本問では，食塩 58.44 g，116.88 g，584.4 g，5.844 g，11.69 g は，それぞれ，$\frac{58.44}{58.44}=\underline{1.000\ \text{mol}}$，$\frac{116.88}{58.44}=\underline{2.000\ \text{mol}}$，$\frac{584.4}{58.44}=\underline{10.00\ \text{mol}}$，$\frac{5.844}{58.44}=\underline{0.1000\ \text{mol}}$，$\frac{11.69\ \text{g}}{58.44\ \text{g}}=\underline{0.2000\ \text{mol}}$（山）．単位をつけて計算すると，11.69 g は，

$$\text{物質量 mol}=\frac{11.69\ \text{g}}{58.44\ \text{g/mol}}=11.69\ \text{g}\div\frac{58.44\ \text{g}}{1\ \text{mol}}=11.69\ \cancel{\text{g}}\times\frac{1\ \text{mol}}{58.44\ \cancel{\text{g}}}=\frac{11.69}{58.44}\ \text{mol}=0.2000\ \text{mol}$$

換算係数法 NaCl の質量 g と物質量 mol の換算係数は，モル質量 ① $\frac{\text{NaCl }58.44\ \text{g}}{\text{NaCl }1\ \text{mol}}$ と ② $\frac{\text{NaCl }1\ \text{mol}}{\text{NaCl }58.44\ \text{g}}$．

NaCl の重さ g を mol へと換算するには，$\text{g}\times\left(\frac{?}{?}\right)=\text{mol}$，$\cancel{\text{g}}\times\left(\frac{\text{mol}}{\cancel{\text{g}}}\right)=\text{mol}$ なので，換算係数②を用いる（NaCl 11.69 g の g が消去できる換算係数，分母に g があるのものを掛ける）．

$$\text{食塩 11.69 g の物質量(mol)}=\cancel{\text{NaCl}}\ 11.69\ \cancel{\text{g}}\times\left(\frac{\text{NaCl }1\ \text{mol}}{\cancel{\text{NaCl}}\ 58.44\ \cancel{\text{g}}}\right)=\text{NaCl}\ \frac{11.69}{58.44}\ \text{mol}$$

$$=\underline{\text{NaCl }0.2000\ \text{mol}}\qquad\left(\text{物質量 mol}=\frac{\text{試料の重さ}\ \cancel{\text{g}}}{\text{モル質量}\ \cancel{\text{g}}}\ \text{mol}\right)$$

$$\text{試料の重さ}\ \cancel{\text{g}}\times\left(\frac{1\ \text{mol}}{\text{モル質量}\ \cancel{\text{g}}}\right)=\text{mol}$$

「換算係数法」の解き方は
「分数比例式法」の解き方と
とじつはまったく同じ．

［分数比例式法］ 1 mol が 58.44 g のとき，11.69 g は何 mol か（比例関係）を分数式として表す．求める物質量 mol を x mol とおくと，

$$\frac{58.44\ \text{g}}{1\ \text{mol}}=\frac{11.69\ \text{g}}{x\ \text{mol}}\qquad\frac{\text{モル質量 g}}{1\ \text{mol}}=\frac{\text{試料の重さ g}}{x\ \text{mol}}\qquad\text{または}\qquad\frac{1\ \text{mol}}{58.44\ \text{g}}=\frac{x\ \text{mol}}{11.69\ \text{g}}$$

1 mol : 58.44 g = x mol : 11.69 g，58.44 g : 1 mol = 11.69 g : x mol，または，58.44 g : 11.69 g = 1 mol : x mol

この式をたすき掛けしたあと変形すると，

$$\text{物質量 }x\ \text{mol}=\frac{11.69\ \cancel{\text{g}}\times1\ \text{mol}}{58.44\ \cancel{\text{g}}}=\frac{11.69}{58.44}\ \text{mol}=\underline{0.2000\ \text{mol}}\ \left(\frac{\text{試料の質量}}{\text{モル質量}}\ \text{mol}\right)$$

つまり，直感法，換算係数法，分数比例式法のいずれも，

$$\text{物質量 mol}=\left(\frac{\text{試料の質量 g}}{\text{1 山の重さ(モル質量)g}}\right)\text{mol}\quad\left(=\left(\frac{\text{試料の重さ g}}{\text{分子量(式量)g}}\right)\text{mol}\right)$$

$$\left(\text{mol}=\frac{\text{試料の質量 g}}{\text{モル質量 g/mol}}=\text{試料の質量 g}\div\frac{\text{モル質量 g}}{\text{mol}}\right.$$

$$\left.=\text{試料の質量 g}\times\frac{\text{mol}}{\text{モル質量 g}}=\left(\frac{\text{試料の質量 g}}{\text{モル質量 g}}\right)\text{mol}\right)$$

(1) $\underline{0.0209\ \text{mol}}$： **換算係数法** NaOH のモル質量は 40.0 g/mol，換算係数は ① $\frac{40.0\ \text{g}}{1\ \text{mol}}$ と ② $\frac{1\ \text{mol}}{40.0\ \text{g}}$． g → mol なので，答と単位が合うように②を掛ける．

$$0.835\ \cancel{\text{g}}\times\frac{1\ \text{mol}}{40.0\ \cancel{\text{g}}}=\underline{0.0209\ \text{mol}}.$$

［直感法］ 何 mol（山）か，試料の重さを 1 山の重さ（式量 g）で割ると，$\left(\frac{0.835\ \text{g}}{40.0\ \text{g}}\right)\text{mol}=\underline{0.0209\ \text{mol}}$

［分数比例式法］ $\frac{40.0\ \text{g}}{1\ \text{mol}}=\frac{0.835\ \text{g}}{x\ \text{mol}}$，$x=\underline{0.0209\ \text{mol}}$

（つづく）

答 II-62

(2) 2.75 g：　**換算係数法**　mol → g なので，答と単位が合うように①を掛ける．

$0.0687\ \text{mol} \times \dfrac{40.0\ \text{g}}{1\ \text{mol}} = 2.75\ \text{g}$.

［直感法］1 mol は 40.0 g．5 mol はその 5 倍，0.1 mol は 0.1 倍＝4.0 g，0.0687 mol は 0.0687 倍，$\dfrac{40.0\ \text{g}}{1\ \text{mol}} \times 0.0687\ \text{mol} = 2.75\ \text{g}$　［分数比例式法］$\dfrac{40.0\ \text{g}}{1\ \text{mol}} = \dfrac{y\ \text{g}}{0.0687\ \text{mol}}$，$y = 2.75\ \text{g}$

［粒子・分子の数を求める］ g ⇄ mol ⇄ 粒子・分子数

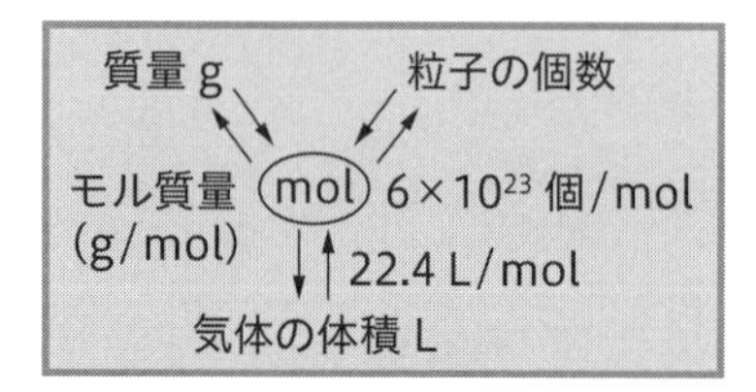

1 mol の物質はすべて 6.02×10²³ 個の粒子よりできている．1 mol＝6.02×10²³ 個の分子が存在する（アボガドロ定数＝6.02×10²³ 個/mol）

問題 II-63　**以下の問題に答えなさい．（電卓使用可）**

(1) 5.75 mol のメタンは何分子のメタン CH_4 に対応するか．

(2) 2.15×10^{21} 個のアンモニア NH_3 は何 g か（NH_3 の分子量 17.03）．

［気体の重さ g と体積 L の相互変換］ g ⇄ mol ⇄ L（1 mol＝22.4 L）やり方は同じ！

問題 II-64　**気体の体積は気体の種類によらず標準状態[1]で 1 mol あたり 22.4 L である．（電卓可）**

(1) 5.00 L のメタンは何 g のメタン CH_4 に対応するか（CH_4 の分子量 16.04）．

(2) 5.00 g のアンモニア NH_3 は何 L か．

1) 標準状態：0 ℃，1 気圧（1 atm，1.013×10^5 Pa・1013 hPa)）

mol ⇔ 個数・分子数の換算係数は，アボガドロ定数 ① $\dfrac{6.02 \times 10^{23}\ \text{個}}{1\ \text{mol}}$ と ② $\dfrac{1\ \text{mol}}{6.02 \times 10^{23}\ \text{個}}$

(1) 3.46×10^{24} 個：　計算式の最初の mol を約分して個数に変換できるように分母に mol のある①を用いる．$5.75\ \text{mol} \times \dfrac{6.02 \times 10^{23}\ \text{個}}{1\ \text{mol}} = 3.46 \times 10^{24}$ 個の分子．

(2) 0.0608 g：　計算式の最初の個数を約分して mol に変換できるように分母に個数のある②を用いる．

$(2.15 \times 10^{21}\ \text{個}) \times \dfrac{1\ \text{mol}}{6.02 \times 10^{23}\ \text{個}} \times NH_3\ \text{のモル質量}\ \dfrac{17.03\ \text{g}}{1\ \text{mol}} = 0.0608\ \text{g}$

mol ⇔ 体積 L の換算係数は，標準状態の気体の体積 ③ $\dfrac{22.4\ \text{L}}{1\ \text{mol}}$ と ④ $\dfrac{1\ \text{mol}}{22.4\ \text{L}}$

(1) 3.58 g：　計算式の最初の L を約分して mol に変換できるように分母に L のある④を用いる．

$5.00\ \text{L} \times \dfrac{1\ \text{mol}}{22.4\ \text{L}} \times CH_4\ \text{のモル質量}\ \dfrac{16.04\ \text{g}}{1\ \text{mol}} = 3.58\ \text{g}$

(2) 6.58 L：　mol を約分して L に変換できるように③を用いる．$5.00\ \text{g} \times \dfrac{1\ \text{mol}}{17.03\ \text{g}} \times \dfrac{22.4\ \text{L}}{1\ \text{mol}} = 6.58\ \text{L}$

4・4 モル濃度と計算

モル濃度 mol/L を昔は M で表示した．現在でも M を使用する教員・分野・職場があるので知っておくとよい．0.1 mol/L ≡ 0.1 M（≡は＝と同じ．定義・約束を意味する記号）

[モル濃度とは]

問題 II-65　お砂糖のスプーン 6 杯分を紅茶に加えて溶かし 2 カップとした．

この紅茶の中の砂糖の濃さはどれだけか．

問題 II-66　以下の問題に答えなさい．

(1) モル濃度とは何か，意味・定義を述べよ．　(2) モル濃度を表す単位を示せ．

[物質量 mol と溶液の体積 L からモル濃度 mol/L を求める]

問題 II-67　以下の問題に答えなさい．

(1) 砂糖（ショ糖）の 0.500 mol を溶かして 4.00 L の水溶液をつくった．この溶液のモル濃度はいくつか．
(2) 0.100 mol の塩化ナトリウム（食塩）を水に溶かして 200.0 mL とした溶液のモル濃度はいくつか．

「濃さはどれだけか」といわれても，どう表現してよいかわからないかもしれないが，これは，紅茶 1 カップあたりにスプーン 3 杯分の砂糖が溶けている，$\dfrac{\text{砂糖スプーン 3 杯}}{\text{紅茶 1 カップ}}$ と表現すればよい．

(1) モル濃度とは，溶液の濃度を mol 単位で表したもの．溶液 1 L（1 カップ）中に溶けている物質量 mol（1 L に何山溶けているか）で表す．(2) 単位は mol/L．

答 II-65 の「砂糖スプーン○杯/1 カップ」とまったく同じ．いわば，砂糖スプーン 1 杯（1 山，1 mol）が容積 1 L の大型の紅茶カップに溶けている砂糖濃度を＝1 mol/L[1] と表す．

砂糖 6 杯が 2 カップに溶けている場合は，$\dfrac{\text{砂糖 6 杯}}{\text{2 カップ}}=\dfrac{6\text{ mol}}{2\text{ L}}=\dfrac{3\text{ mol}}{\text{L}}=3\text{ mol/L}$（$=\dfrac{3\text{ 杯}}{1\text{ カップ}}=3$ 杯/1 カップ，紅茶 1 カップあたりにスプーン 3 杯分の砂糖が溶けている）である[2]．つまり，ある物質量 mol を溶かして一定の体積 L にしたときのモル濃度は，

1) 1 mol/L は 1 L 中に 1 mol 溶けているという意味．モル濃度の定義は，「1 L に溶かす」，ではなく，「溶かして（全体を）1 L とする」である．
2) 溶液中の物質量 mol と溶液の体積 L との間の換算係数でもある．

$$\text{モル濃度(mol/L)}=\frac{\text{物質量 mol}}{\text{体積 L}}$$

砂糖の杯数（物質量 mol）をカップの数（体積 L）で割ったものであり，定義どおりに，分子に mol，分母に L として計算する → $\dfrac{\square\text{ mol}}{\bigcirc\text{ L}}=\triangle\text{ mol/L}\equiv\dfrac{\triangle\text{ mol}}{1\text{ L}}$

公式を覚えて公式に代入はよくない．言葉の定義をしっかり記憶すれば，あとは単位を合わせるだけでよい．ここではモル濃度を求めるのだから，モル濃度＝mol/L＝…として解けばよい．

(1) 0.125 mol/L：$\dfrac{\text{mol}}{\text{L}}=\dfrac{0.500\text{ mol}}{4.00\text{ L}}=0.500\text{ mol}/(4.00\text{ L})=0.125\text{ mol/L}$

(2) 0.500 mol/L：$\dfrac{\text{mol}}{\text{L}}=\dfrac{0.100\text{ mol}}{(200.0/1000)\text{ L}}=\dfrac{0.100\text{ mol}}{0.2000\text{ L}}=0.500\text{ mol/L}$

単位をつけて計算するクセをつけよう！

［試料の重さ g と溶液の体積 L からモル濃度 mol/L を求める］ g，L → mol/L

問題 II-68　**食塩 100.0 g を水に溶かして 2.000 L にした．**

この NaCl 水溶液のモル濃度を求めよ．ただし，NaCl の式量は 58.4 とする．（電卓使用可）

問題 II-69　**6.00 g の水酸化ナトリウム NaOH を純水に溶かして 400. mL とした．**

この NaOH 水溶液のモル濃度を求めよ．ただし，NaOH の式量は 40.0 とする．

0.856 mol/L：　求めるもの：モル濃度，単位は mol/L（1 L 中に何 mol・何山溶けているか）

① 100.0 g は何 mol か：

換算係数法　g → mol ⇒ $\cancel{g}\times\frac{mol}{\cancel{g}}$ = mol とする．換算係数 $\frac{mol}{g}$ は $\frac{1\ mol}{モル質量\ g}$.

$$試料\ 100.0\ \cancel{g}\times\frac{1\ mol}{モル質量\ 58.4\ \cancel{g}}=1.71_2\ mol$$

> $\frac{1\ mol}{モル質量\ g}$ は 1 g あたりの物質量 mol を示している．したがって，（試料の重さ g）×（この換算係数）は試料の重さ g に 1 g あたりの mol を代入していることになる．）
> モル質量（g/mol）＝分子量（式量）g/mol

［直感法］　1 mol（1 山）が 58.4 g，100. g は $\frac{100.0\ g}{58.4\ g}$ mol（100 g は 1 山の何倍か）

$$=\frac{試料の量さ\ \cancel{g}}{1\ 山の重さ（モル質量）\cancel{g}}\ mol=1.71_2\ mol$$

> 比例式ではなく分数比例式を使おう！

［分数比例式法］　$\frac{58.4\ g}{1\ mol}=\frac{100.0\ g}{x\ mol}$ $\left(\frac{x\ mol}{1\ mol}=\frac{100.0\ g}{58.4\ g}\right)$．$x=1.71_2$ mol

> 1 mol：58.4 g = x mol：100.0 g，1 mol：x mol = 58.4 g：100.0 g の意味.

② モル濃度を求める：1.71_2 mol を 2.000 L に溶かしたので，

$$モル濃度=\frac{mol}{L}=^{1)}\frac{物質量\ mol}{体積\ L}=\frac{1.71_2\ mol}{2.000\ L}=0.856\ mol/L$$

> 1) 定義・単位どおりに，分子を物質量 mol，分母を溶液の体積（L 単位）で表す．この分数をそのまま計算すると，比例式で 1 L あたりの物質量 mol を計算しなくても（答 II-65 ①の分数比例式法），計算結果は自動的に mol/L，つまり 1 L に換算した・1 L あたりに溶けている物質量 mol を求めたことになる．

0.375 mol/L：

① 6.00 g は何 mol か：　NaOH のモル質量 40.0 g/mol.

換算係数法　$\cancel{NaOH}\ 6.00\ \cancel{g}\times\frac{NaOH\ 1\ mol}{\cancel{NaOH}\ 40.0\ \cancel{g}}$ = NaOH 0.150_0 mol.

［直感法］　$\left(\frac{6.00\ g}{40.0\ g}\right)$ mol = 0.150_0 mol

［分数比例式法］　$\frac{40.0\ g}{1\ mol}=\frac{6.00\ g}{x\ mol}$，$x=0.150_0$ mol

② モル濃度を求める：　$\frac{mol}{L}=^{1)}\frac{0.150_0\ mol}{\left(\frac{400.}{1000}\right)L}=\frac{0.150_0\ mol}{0.400\ L}=0.375\ mol/L\equiv\frac{0.375\ mol}{1\ L}$

試料の重さ g と溶液の体積 L，モル質量から，モル濃度の定義に基づいてただちにモル濃度を求めるには，

$$モル濃度=\frac{mol}{L}=\frac{\left(\frac{物質の質量\ g}{モル質量\ g}\right)mol^{2)}}{体積\ L}=\frac{\left(\frac{6.00\ g}{40.0\ g}\right)mol}{0.400\ L}=0.375\ mol/L$$

> 2) または換算係数を用い，物質の質量 g × $\frac{1\ mol}{モル質量\ g}$

［モル濃度 mol/L と溶液の体積 L から，溶質の物質量 mol と重さ g を求める］ mol/L，L → mol → g

問題 II-70　**紅茶カップにスプーン 3 杯分（3 山）の砂糖を溶かした紅茶がある．このカップを 5 カップ持ってきたら，**

(1) 5 カップ全体で砂糖はスプーンに何杯分（何山）溶けているか．
(2) (1) の砂糖は全体で何 g か．スプーン 1 杯（1 山）の砂糖は 5 g とする．

問題 II-71　**0.200 mol/L の希塩酸 HCl 50.0 mL 中には，**

(1) 何 mol の HCl が含まれるか．
(2) 何 g の HCl が含まれるか（HCl の分子量 36.46）．

問題 II-72　**1.50 mol/L のグルコース（ブドウ糖）溶液 400. mL つくるには，**

(1) 何 mol のグルコースが必要か．
(2) 何 g のグルコースが必要か（グルコースの分子量 180.16≒180.）．

(1) 15 杯：［直感法］ 1 カップに砂糖 3 杯が溶けているから，5 カップでは 3 杯×5＝15 杯．つまり，砂糖 3 杯を 1 L の紅茶カップに溶かしたもの（3 mol/L の溶液）を 5 L（紅茶 5 カップ）持ってきたら，この中には砂糖が，$\frac{\text{砂糖 3 杯}}{\text{1 カップ}}$×5 カップ＝砂糖 15 杯（$\frac{\text{3 杯(mol)}}{\text{1 L}}$×5 L＝砂糖 15 杯(mol)）あることがわかる．つまり，濃度 $\frac{\text{mol}}{\text{1 L}}$×体積 L＝物質量 mol

(2) 75 g：［直感法］ 1 杯 5 g なので，砂糖全体，15 杯（山，mol）の重さは，

5 g×15＝75 g，または，$\frac{\text{5 g}}{\text{1 杯}}$×15 杯＝ $\frac{\text{モル質量 g}}{\text{1 mol}}$×物質量 mol＝重さ g ＝75 g

(1) 0.0100 mol：mol/L と L から物質量 mol を求める．

換算係数法　$\frac{\text{mol}}{\text{L}}$ → mol とするには　→ $\frac{\text{mol}}{\text{L}}$×(L)[1]＝mol

0.200 mol/L，HCl 50.0 mL 中の HCl＝$\frac{\text{0.200 mol}}{\text{L}}\times\left(\frac{50.0}{1000}\right)$ L＝0.0100 mol

つまり，濃度 $\frac{\text{mol}}{\text{L}}$×体積 L＝物質量 mol.（直感法と同じ）

1) $\frac{\text{mol}}{\text{L}}$×(？)＝mol 式の左辺の分母の L を消去するためには (？) に L が必要．

［直感法］ 0.200 mol/L（1 L に 0.200 mol 溶けている，1 カップに 0.200 山溶けている）なら，50.0 mL＝0.0500L（0.0500 カップ）中には，1 カップの 0.0500 杯分，

$\left(\frac{\text{0.200 山}}{\text{1 カップ}}\right)$×0.0500 カップ＝0.0100 山＝0.0100 mol，が溶けている．答 II-70(1) と同じ考え方．

［分数比例式法］ 0.200 mol/L＝1 L に 0.200 mol 溶けている．

50.0 mL＝$\left(\frac{50.0}{1000}\right)$ L＝0.0500 L 中に溶けている量を x mol とすると，$\frac{\text{0.200 mol}}{\text{1 L}}=\frac{x\text{ mol}}{\text{0.0500 L}}$ が成立．

たすき掛けして，x mol＝$\frac{\text{0.200 mol}}{\text{1 L}}$×0.0500 L＝0.0100 mol

（つづく）

(2) 0.365 g：　物質量 mol から重さ g を求める.

換算係数法　mol → g とするには，$\text{mol}\times\left(\frac{?}{?}\right)=\text{g} \rightarrow \text{mol}\times\frac{\text{g}}{\text{mol}}=\text{g}$

式の左辺の mol を消去するために分母に mol，答を g とするために分子に g が必要.

$0.0100\ \text{mol}\times\frac{36.46\ \text{g}}{1\ \text{mol}}=0.365\ \text{g}$ → 物質量 mol × $\frac{\text{モル質量 g}}{1\ \text{mol}}$ ＝試料の重さ g

［**直感法**］ 1 山（1mol）の重さ・モル質量（分子量・式量 g）は 36.46 g なので，0.0100mol の重さはその 0.0100 倍，$\frac{36.46\ \text{g}}{1\ \text{mol}}\times0.0100\ \text{mol}=0.365\ \text{g}$ → 試料の重さ g ＝ $\frac{\text{モル質量 g}}{1\ \text{mol}}$ × 物質量 mol

［**分数比例式法**］ 0.0100 mol が y g だとすると，$\frac{36.46\ \text{g}}{1\ \text{mol}}=\frac{y\ \text{g}}{0.0100\ \text{mol}}$，

つまり，$\frac{\text{モル質量 g}}{1\ \text{mol}}=\frac{\text{試料の重さ}}{\text{物質量 mol}}$．よって，$y\ \text{g}=\frac{36.46\ \text{g}}{1\ \text{mol}}\times0.0100\ \text{mol}=0.365\ \text{g}$

参考　換算係数法を用いて，mol/L，L → g を一度にまとめて計算する方法もある.

mol/L → g を一度にまとめて計算すると，$\frac{0.200\ \text{mol}}{\text{L}}\times\frac{50.0\ \text{L}}{1000}\times\frac{36.46\ \text{g}}{1\ \text{mol}}=0.365\ \text{g}$

(1) 0.60_0 mol：　mol/L と L から物質量 mol を求める.

換算係数法　mol/L → mol へ変換：$\frac{\text{mol}}{\text{L}}\times\text{L}=\text{mol}$ より，$\frac{1.50\ \text{mol}}{\text{L}}\times0.400\ \text{L}=0.60_0\ \text{mol}$

［**直感法**］ 400. mL＝0.400 L．1 L に 1.5 mol が溶けているから，0.400 L 中にはその 0.4 倍量が溶けているはず．$\frac{1.50\ \text{mol}}{1\ \text{L}}\times0.400\ \text{L}=0.60_0\ \text{mol}$

［**分数比例式法**］ $\frac{1.50\ \text{mol}}{1\ \text{L}}=\frac{x\ \text{mol}}{0.400\ \text{L}}$ より，$x=\frac{1.50\ \text{mol}}{\text{L}}\times0.400\ \text{L}=0.60_0\ \text{mol}$

(2) 108 g：　mol から重さ g を求める.

換算係数法　0.60_0 mol → g へ変換：$\text{mol}\times\frac{\text{g}}{1\ \text{mol}}=\text{g}$．換算係数はモル質量 $\frac{180.\ \text{g}}{1\ \text{mol}}$ と $\frac{1\ \text{mol}}{180.\ \text{g}}$．

前者を用いて，$0.60_0\ \text{mol}\times\frac{180.\ \text{g}}{1\ \text{mol}}=108\ \text{g}$

［**直感法**］ 1 mol が 180 g なら，0.6 mol はその 0.6 倍のはず.

0.60 mol の重さ＝$\frac{180.\ \text{g}}{1\ \text{mol}}\times0.60_0\ \text{mol}=108\ \text{g}$

［**分数比例式法**］ $\frac{180.\ \text{g}}{1\ \text{mol}}=\frac{y\ \text{g}}{0.60\ \text{mol}}$，$y=\frac{180.\ \text{g}}{1\ \text{mol}}\times0.60_0\ \text{mol}=108\ \text{g}$

参考　換算係数法を用いて，mol/L，L → g を一度にまとめて計算する方法もある.

$\frac{1.50\ \text{mol}}{\text{L}}\times\frac{0.400\ \text{L}}{1}\times\frac{180.\ \text{g}}{1\ \text{mol}}=108\text{g}$．または，0.400 L → g への変換を考えると，

$0.400\ \text{L}=0.400\ \text{L}\times\frac{1.50\ \text{mol}}{\text{L}}\times\frac{180.\ \text{g}}{1\ \text{mol}}=108\ \text{g}$

元素と原子の原子価

——有機化学学習のはじめの一歩！　YouTube チャンネル「タッチーの納得！ 化学解説」(p.86) を活用しよう．

学習法：
　問題を解くだけ，解説を読むだけでなく，すべての化学式，構造式をノートに書くようにしよう．身に付き方が違ってきます．本編の学習のゴールは巻末後見返しの「テスト」をマスターすることです．

学習法を身につけて，基礎をマスターしよう

問題 III-1　**以下の問題に答えなさい．**

炭素，水素，酸素，窒素（フッ素，塩素，臭素，ヨウ素）（硫黄，リン）の元素記号を書け．

問題 III-2　**以下の元素の原子価と水素化合物の化学式を示しなさい．**

ヒント：原子価とは相手とつなぐ手の数のこと，共有結合の価数．
C，N，O，H，（F，Cl，Br，I），P，S

C　H　O　N　(F　Cl　Br　I)　(S　P)　(p.2〜3 も参照)

CH_4

NH_3

C	4 価	CH_4
N	3 価	NH_3（N の同族元素 P は 3 価と 5 価，リン酸の P は 5 価）
O	2 価	H_2O（O の同族元素 S は 2 価と 6 価，硫酸の S は 6 価）
H	1 価	H_2
F, Cl, Br, I	1 価	HCl（HF, HBr, HI；これらの元素は 17 族，ハロゲン元素）

H_2O

H_2

HCl

C，N，O，F の原子価（共有結合の価数）は，それぞれ 4，3，2，1 です．化合物 メタン CH_4，アンモニア NH_3，水 H_2O，塩化水素 HCl を覚えることにより，C，N，O，Cl（同族元素の F も同じ）を CH_4，NH_3，H_2O，HCl の H の数に対応して 4，3，2，1 価と覚えましょう（付録 A も参照）．

なぜ，N の同族元素の P は 3 価以外に 5 価，O の同族元素の S は 2 価以外に 6 価もとるのだろうと疑問に思うかもしれませんが，これはハイレベルで，いま理解できなくても気にしないでかまいません．理解するためにはもっと勉強する必要があります．

周期表の第 3 周期以下の元素では，各原子の電子殻の最外殻の 5，6 個の電子はすべて共有結合の手となる不対電子となり（付録 A），d 軌道も利用して結合をつくるからです（気になる人は「有機化学 基礎の基礎 第 3 版」，「ゼロからはじめる化学」の混成軌道の解説を参照してほしい）．P，S の原子価はそれぞれ 3 と 2 で P=O，O=S=O を配位結合 P → O，O ← S → O とする考えもあります．

III　有機化学のキソ　物質科学・生命科学・食品科学，栄養学の学習に必須

2　最も簡単な化合物

――構造式の書き方と構造異性体（有機化学学習の基礎！）

2・1　分子式（組成式）と示性式

分子とは水分子 H_2O のように複数の原子が結合した（手をつないだ）ひとかたまりのものをいいます．

- 分子式：分子の元素組成を示す化学式（H_2O とは水素原子 2 個と酸素原子 1 個からなるという意味）
- 組成式：物質の元素組成を最も簡単な整数比で示した化学式．グルコース（ぶどう糖）の分子式は $C_6H_{12}O_6$，組成式は CH_2O です．分子でない物質では組成式で物質を表します（食塩の NaCl など）．
- 示性式（短縮構造式）：構造式を略記して官能基（基，グループ）を明示した化学式．エタノール C_2H_5OH ではエチル基 C_2H_5- とヒドロキシ基 $-OH$，酢酸 CH_3COOH ではメチル基 CH_3- とカルボキシ基 $-COOH$ があることを示します．
- 官能基・基：ひとかたまりの元素記号で表したグループ，分子をつくる部品（分子の性質を決める）．

問題 III-3　以下の問題に答えなさい．　重要　要記憶

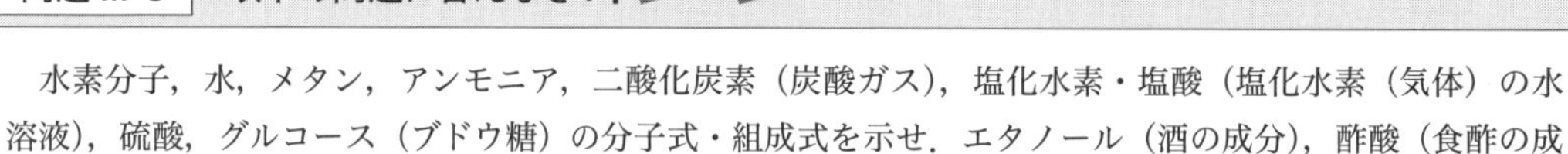

水素分子，水，メタン，アンモニア，二酸化炭素（炭酸ガス），塩化水素・塩酸（塩化水素（気体）の水溶液），硫酸，グルコース（ブドウ糖）の分子式・組成式を示せ．エタノール（酒の成分），酢酸（食酢の成分）の示性式と分子式も示せ．

2・2　構造式　有機化学の学習の基礎として重要．自由自在に書けるようになろう！

問題 III-4　以下の問題に答えなさい．

水素分子 H_2，水 H_2O，アンモニア NH_3，メタン CH_4，エタノール C_2H_5OH，酢酸 CH_3COOH の構造式を書け．

構造式の書き方（ルール）：エタン C_2H_6 の構造式を書いてみよう！

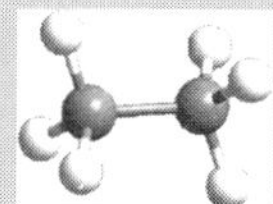

ルール 1　原子価（手の数）が 2 以上のものを取り出す（C，N，O 原子）．
－C の原子価は 4，H の原子価は 1 なので，この場合は C_2

ルール 2　原子価が 2 以上の原子をつないで分子骨格（分子の骨組み）をつくる．
－C_2，つまり 2 個の C をつなぐ．

C−C

ルール 3　ルール 2 でつくった分子骨格のすべての原子の原子価を正しく書く（原子価の数だけ手をのばす）．
－C の原子価は 4．N は 3，O は 2．

ルール 4　分子の端に原子価 1 のものを書く（H，F，Cl，Br，I 原子）．
－H は原子価が 1 なので，H_6（H 6 個）をつなぐ

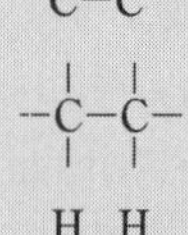

問題 III-5　以下の問題に答えなさい．

エタン C_2H_6，メタノール CH_4O，過酸化水素 H_2O_2 の構造式を上記ルールに従って書け．

二酸化炭素，塩化水素，炭水化物は言葉の意味を考え化学式を導き出す．
他は手の数とエタノール＝エタンオール，酢酸の規則名エタン酸がヒント．

H_2, H_2O, CH_4, NH_3, CO_2, HCl, H_2SO_4, $C_6H_{12}O_6$＝(C H_2O)$_6$, C_2H_5OH(C_2H_6O), CH_3COOH($C_2H_4O_2$)
（C→炭　H_2O→水　化物）

YouTube「タッチーの納得！　化学解説」：「有機化学の基礎・入学前学習」
2. 最も簡単な分子の構造式の書き方も見てみよう．

構造式中の原子の手の数が H，O，N，C について，1，2，3，4 で合っている（正しい）ことを確認する（酢酸の示性式と構造式は理屈抜きに暗記すること）．

水素分子	水	アンモニア	メタン	エタノール	酢酸
H_2	H_2O	NH_3	CH_4	C_2H_5OH	CH_3COOH
H−H	H−O−H（O に H, H）	H−N(−H)−H	H−C(H)(H)−H	H−C(H)(H)−C(H)(H)−O−H	H−C(H)(H)−C(=O)−O−H

ためしてみよう：分子模型で酢酸，メタノール，エタノール，過酸化水素を組み立てる

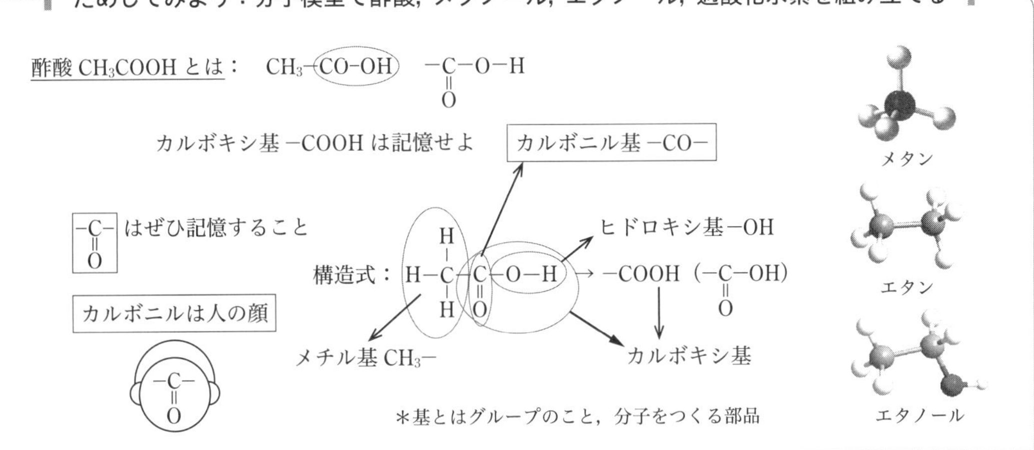

答III-4 同様に YouTube の解説を見てみよう！

分子式	ルール 1	ルール 2	ルール 3	ルール 4
C_2H_6	C_2 a)	C−C	−C−C−（各 C に上下の手）	H−C(H)(H)−C(H)(H)−H
CH_4O	CO b)	C−O	−C−O−（C に上下の手）	H−C(H)(H)−O−H
H_2O_2	O_2 c)	O−O	−O−O−	H−O−O−H

a) 分子模型：黒い玉（C 原子）2 個をつなぐ．
b) 黒い玉 1 個と赤い玉（O 原子）1 個をつなぐ．
c) 赤い玉 2 個をつなぐ．

自分で分子模型を組立ててみよう．
自分で手を動かす．構造式は何度も書いてみる．それが上達のコツ！

［構造異性体と構造式］

分子式（p.78）が同じでも異なる性質の物質を異性体といい，分子を構成する原子の結合の順序・分子構造が異なる異性体を構造異性体といいます．その他に，シス-トランス異性体（幾何異性体 p.101），鏡像異性体（光学異性体，付録 C 参照）などがあります．

問題 III-6　分子式 C_2H_6O で示される物質には構造異性体が 2 つある．構造式を書きなさい．

［解き方］構造式の書き方（p.78）の通りに考えてみましょう．

ルール 1（手が 2 本以上の原子）　C_2O

ルール 2（分子骨格）　C−C−O，　C−O−C，O−C−C（これは左右を逆にすれば C−C−O と同じ）

> 分子模型の黒い玉 C の 2 個と赤い玉 O（○で表示）1 個をつなぐつなぎ方を順序立てて・系統的に考える．
> ① ●−●−○（C−C−O）　② ●−○−●（C−O−C）　② ○−●−●（左右逆で①と同じ）

ルール 3（手をすべて書く）

```
 |  |          |     |
−C−C−O−,    −C−O−C−
 |  |          |     |
```

ルール 4　すべての手に H をつなぐ（答を見よ）

［補　足］構造式は，本当は立体である分子を平面の紙の上に表しているので，次の①〜⑥の構造式がすべて同じ分子を表している（同一構造）とは，必ずしも容易には理解できないでしょう．そのためにも分子模型図（右）を見る，実際に自分の手で分子模型を組み立ててみるのが理解への一番の近道です．

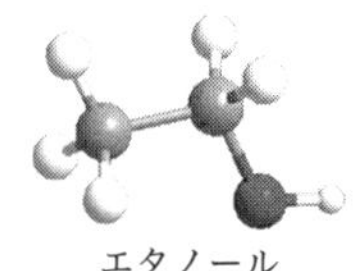
エタノール

```
                                        H
                                        |
    H H              H H              H O               H H
    | |              | |              | |               | |
① H−C−C−O−H    ② H−C−C−H    ③ H−C−C−H    ④ H−O−C−C−H
    | |              | |              | |               | |
    H H              H O              H H               H H
                       |
                       H
```

分子骨格は，

```
                                  O
                                  |
( C−C−O )      ( C−C )      ( C−C )      ( O−C−C )
                    |
                    O
```

```
                     H
                     |
    H H              O H
    | |              | |
⑤ H−C−C−H     ⑥ H−C−C−H   は，すべて同じ．
    | |              | |
    O H              H H
    |
    H
```

（p.82 の構造式の見分け方を参照のこと）

```
                 O
                 |
( C−C )      ( C−C )
  |
  O
```

答 III-6

```
 H H                          H   H
 | |                          |   |
H−C−C−O−H（エタノール）と  H−C−O−C−H（ジメチルエーテル）
 | |                          |   |
 H H                          H   H
```

解き方（つづき）：前ページの①～⑥は，左右を 180° 回転（反転）させれば，①→④，②→⑤，③→⑥となり，上下を 180° 回転（逆転）させれば，②→③，⑤→⑥となります．つまり，①と④，②と③と⑤と⑥は同一であることがわかります．また，①，②，③が同じであることは，分子の構造が，本当は C−C を，−C−C− のように書き表しているので，

> 分子の立体構造の書き表し方：┈┈ は紙面の下側，◀ は紙面の上側，— は紙面上にあることを意味する．

C−C（O−H③，O−H①，O−H②）の C−C 軸周りに，120° ずつ回転させれば（右図），
順次，①→②→③となることがわかります．

① 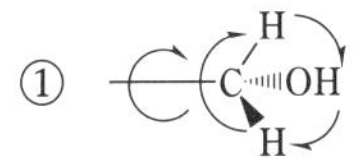

左側の C 軸の周りに，右回りに 120° 回転

②
左側の C 軸の周りに，右回りにさらに 120° 回転

③
左側の C 軸の周りに，右回りにさらに 120° 回転
↓
①

一方，⑦ H−C(H)(H)−O−C(H)(H)−H　⑧ H(H)C−O−C(H)(H)H　は，

分子骨格　（C−O−C）　（C⁀O⁀C）

①～⑥とは異なる別物であることは明白です（原子のつながり方が異なる）．
（⑦と⑧は別物に見えますが同じものです．⑧が本当の構造に近いです．分子模型で確かめてみましょう．）

問題 III-7　以下の問題に答えなさい．

分子式 C_3H_8O で示される物質には構造異性体が何種類あるか．構造式を書け．

［解き方］　答III-6 と同様に p.78 の構造式の書き方に従うと，

ルール 1：C_3O だから，

ルール 2：C−C−C−O　（C−C−C(−O)，C−C−C(−O)，O−C−C−C，C(−O)−C−C，C(−O)−C−C），C−C(−O)−C　（C−C(−O)−C），

C−C−O−C　（C−O−C−C）の 3 種類の骨組みが考えられる[1]．

ルール 3：手を全部書くと，

−C−C−C−O−，−C−C(−O−)−C−，−C−C−O−C−

ルール 4：これらに H を付けると，次ページの (A)～(C)が得られる．

1) 黒い玉 C の 3 個と，赤い玉 O（○で表示）1 個のつなぎ方を順序立てて書いてみる．○を順に前へ動かすと
① ●−●−●−○　② ●−●−○−●　③ ●−○−●−●（=②，左右逆）　④ ○−●−●−●（=①，左右逆）
中央で分岐した構造を考えると，⑤ ●−●(−○)−●（=⑥=⑦[2]）　⑥ ●−●(−●)−○　⑦ ○−●(−●)−●　⑧ ●−●(−○)−●
（他に 2 種類）．①=④→(A)，②=③→(C)，⑤=⑥=⑦=⑧→(B)

2) ⑥，⑦の 3 つの黒い玉のつながりの両端を引いて黒い玉の直線とすると⑧（p.82 の構造式の見分け方），これを上下逆転させると⑤となる．

答 III-7

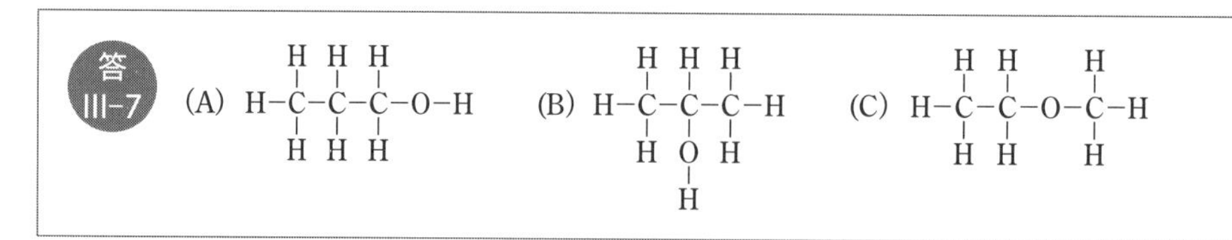

［補　足］ 構造式・化学式をすべてノートに書いてみよう！（問題 III-6 の解説も参照）

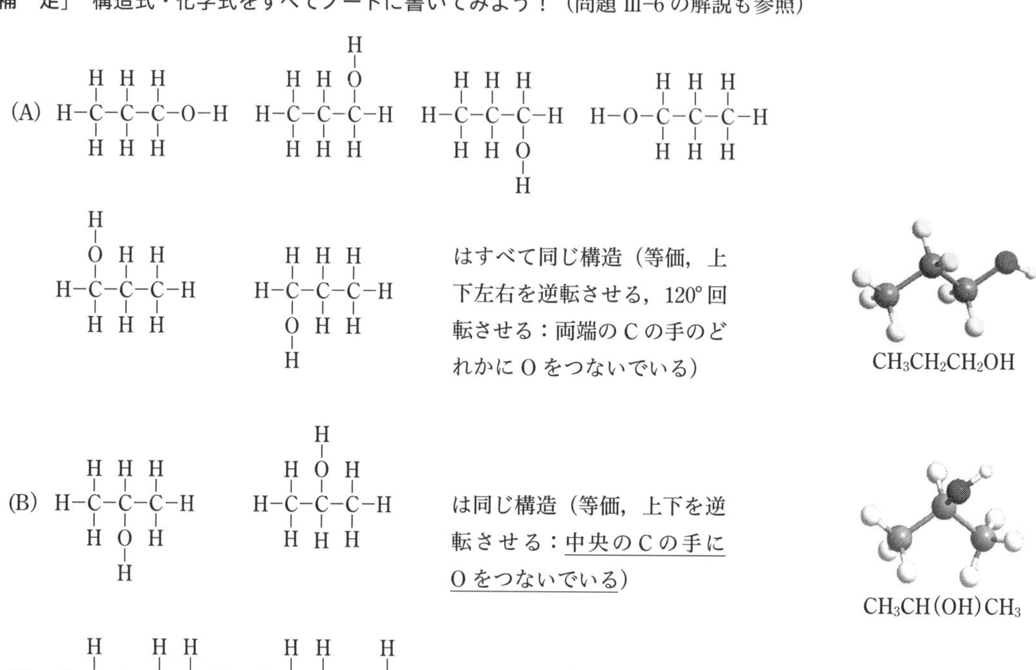

(A)
はすべて同じ構造（等価，上下左右を逆転させる，120° 回転させる：両端の C の手のどれかに O をつないでいる）
CH3CH2CH2OH
(B)
は同じ構造（等価，上下を逆転させる：中央の C の手に O をつないでいる）
CH3CH(OH)CH3

(C)　は同じ構造（等価，左右を反転させる）

構造式の見分け方：

1. 原子のつながりを一筆書きで書いて C—C—C—O のように書けるものなら同じものである（左から 3 つは同じもの）.

   例：　C−C−C（O）　C−C−C−O　C−C−C−O　（C−C−C−O）

2. 分子の両端を握って引っ張る　→　分子が直線型になる　→　同じ分子なら同じ形になる.

   引く　⟵ C　O ⟶　引く　→　C−C−C−O

2・3　二重結合と三重結合

問題 III-8　① H_2，② O_2，③ N_2，④ C_2 の構造式を書きなさい（答は本ページの最下行）．

ヒント：H−　−O−　−N−（手3本）　−C−（手4本）（それぞれの原子が相手と結合できる手（価標）を − で示した）

［解き方］ 構造式の書き方（p.78）に従って考えると，

H は手が 1 本：−H または H−，O は手が 2 本：−O−，N は手が 3 本：−N−（上に手） または −N−（下に手），C は手が 4 本：−C−（上下に手） だから，

① H−・・・−H　→　H−H　（H の手は 1 本，2 個の H の手をつなげればよい．）

隣と手をつなぐ

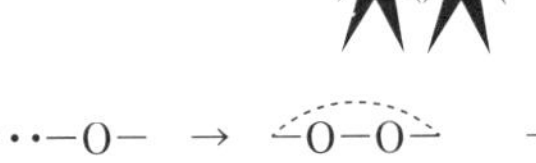

② −O−・・・−O−　→　−O−O−　→　O−O　→　O=O

隣と手をつなぐ　　整える

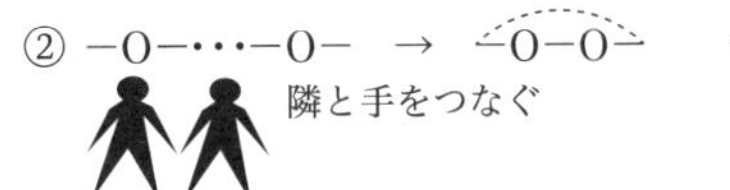

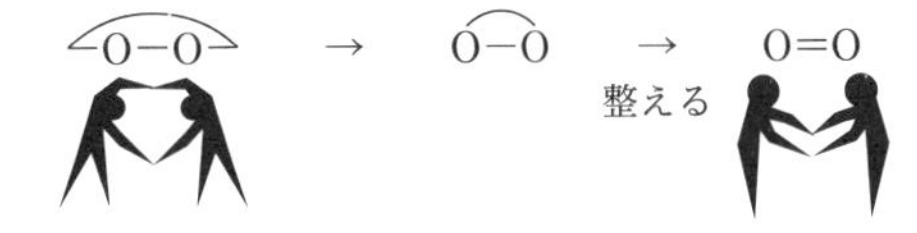

O の手は 2 本：　まず，2 個の O が，片手で互いに手をつなぐ（結合形成）．次に余ったもう一方の手を使って，さらに握手する（2 つ目の結合形成）．2 つの O は互いに正面を向いて両手で握手（2 本の結合ができる）．これを二重結合という．

③ −N−・・・−N−　→　−N−N−　→　−N−N−　→　N−N　→　N≡N

隣と手をつなぐ　　整える

N の手は 3 本：　まず，2 個の N が，1 本の手で互いに手をつなぐ（結合形成）．次に余ったもう 2 本の手を使って，さらに握手する（2 つ目，3 つ目の結合形成）．2 つの N は 3 本の手で握手（3 本の結合ができる）．これを三重結合という．

④ −C−・・・−C−　→　−C−C−　→　−C−C−　→　−C≡C−　✕　C≡C　とはならない[1]．

隣と手をつなぐ　　整える

C の手は 4 本：　この場合，C が 4 本の手の 1 つを使って，もう 1 つの C と結合をつくると，まず，結合が 1 本できる（単結合），次に，2 本目，3 本目を使って結合が計 3 本できる（三重結合，③の N_2 と同じ）．

1) 次に 4 本目の手を用いて，互いに結合することで，C_2 は四重結合ができそうである．ところが，分子模型を組むとわかるが，三重結合した結果，2 個のそれぞれの C の，残った 1 本（4 本目）の C の手は，互いに結合方向と真反対方向（180° 反対方向）を向いてしまう（右図矢印）．よって，いくら手を伸ばしても相手と手をつなぐことはできない．4 本目の結合はつくれない，つまり，四重結合にはなれない．

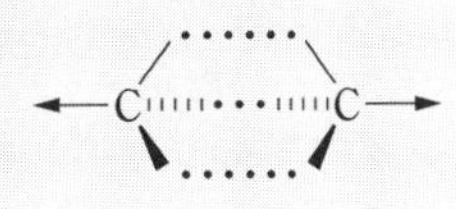

① H−H　② O=O　③ N≡N　④ −C≡C−

2・4　示性式(短縮構造式)と構造式　構造式から示性式，示性式から構造式が書けるようになろう！

分子の性質を示す（化学）式を示性式といいます．たとえば，CH_3CH_2OH，C_2H_5OH の $-OH$（ヒドロキシ基）は，H_2O（H−O−H）の −O−H と同じです．水が水の性質を示すもとはこの −OH 基にあります（付録 A・8）．したがって，同じ −OH 基をもつ C_2H_5OH（エタノール）は水に似た性質をもち，水によく溶けます．一方，CH_3CH_2OH の CH_3CH_2-，C_2H_5-（エチル基）は，油（石油）C_nH_{2n+2} の一種から H を 1 個取り除いたもの（アルキル基）です．この場合，C の数が 2 個と少ないので，あまり油の性質は強くないということがわかります．このように，C_2H_6O では何もわからないけれど，C_2H_5OH と書いただけで以上のようなことがわかるようになります．

問題 III-9　以下の問題に答えなさい．

(1) 分子式 C_2H_6O の化合物の構造式を示しなさい（構造異性体 2 種類）．
(2) (1) の 2 種類の分子の示性式を示しなさい．

> 示性式は分子のわかち書き．わかち書きとは「いろはにほへと」→いろ は にほへと
> （色は匂へど，…）

問題 III-10　エタン，エタノール，酢酸の示性式を示しなさい．

ヒント：まずは構造式を書いてみよう．エタノールとはエタン・オール（エタンからできたアルコールという意味，p.95）．酢酸はエタン酸ともいう（C が 2 個の酸だから：p.98），カルボキシ基 −COOH はカルボン酸のもと（p.98）．

問題 III-11　次のペンタン C_5H_{12} の 3 種類の異性体を示性式で示しなさい．

```
     H H H H H           H H H H                 H
     | | | | |           | | | |                 |
① H-C-C-C-C-C-H    ② H-C-C-C-C-H          H-C-H
     | | | | |           |   | | |           H   |   H
     H H H H H           H   | H H           |   |   |
                          H-C-H          ③ H-C---C---C-H
                              |              |   |   |
                              H              H   |   H
                                               H-C-H
                                                 |
                                                 H
```

(1) 構造式（構造異性体の書き方は，p.80 の問題 III-6 および答 III-6 とその解説を参照）

(2) CH_3-CH_2-OH，CH_3CH_2-OH，CH_3CH_2OH，C_2H_5-OH，C_2H_5OH のいずれでもよい．
CH_3-O-CH_3，CH_3OCH_3 のいずれでもよい．

[示性式の書き方] 骨格の構成原子について（この場合は，C, C, O），結合している H ごと（上の (1) ⬭ ごと）にまとめて書く．① CH_3-CH_2-OH，CH_3CH_2-OH，− を除くと CH_3CH_2OH．これらで炭素がつながった部分の CH_3CH_2 をまとめて，C_2H_5-OH，C_2H_5OH と書いてもよい．示性式は以上のいずれの書き方でもよいが，通常は，C 以外の部分＝官能基＝分子の性質を示す部分を強調するために，C_2H_5-OH のように C の部分とそれ以外の部分を分けるか，単純に C_2H_5OH と書く．

② CH_3-O-CH_3（C, O, C について，結合している H ごとにまとめて書く），− を除くと CH_3OCH_3

[注　意]：2 つの CH_3 をさらにまとめて C_2H_6O と書いてはいけません！ C_2H_6O では分子式となってしまい，どのような構造の分子かわからなくなってしまいます（構造の情報が失われてしまう）．

まず構造式を書き（答 III-3, III-4），この構造式をもとに，答 III-9 と同様の手順で，示性式を書く．
C_2H_6（H_3C-CH_3，CH_3-CH_3，CH_3CH_3 でもよい）；　C_2H_5OH（CH_3-CH_2-OH，CH_3CH_2-OH，C_2H_5-OH でもよい）；　CH_3COOH（$CH_3-COOH \leftarrow CH_3-\underset{\underset{O}{\|}}{C}-O-H$）

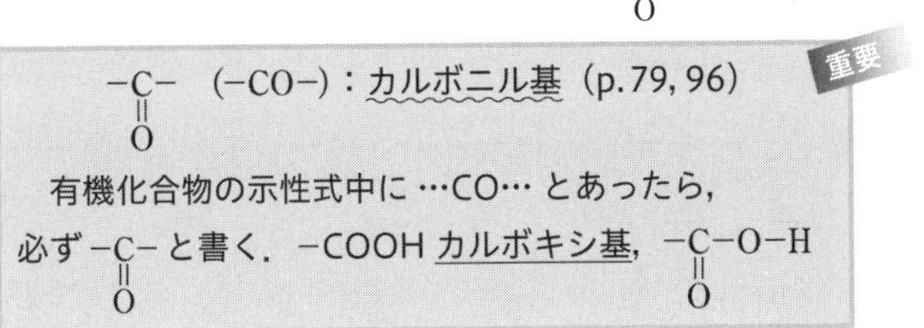

重要
$-\underset{\underset{O}{\|}}{C}-$　（−CO−）：カルボニル基（p.79, 96）
有機化合物の示性式中に …CO… とあったら，
必ず $-\underset{\underset{O}{\|}}{C}-$ と書く．−COOH カルボキシ基，$-\underset{\underset{O}{\|}}{C}-O-H$

示性式（短縮構造式）：構造式をもとにして，答 III-9 と同様の手順で書こう．

① $CH_3-CH_2-CH_2-CH_2-CH_3 = CH_3CH_2CH_2CH_2CH_3 = CH_3-(CH_2)_3-CH_3 = CH_3(CH_2)_3CH_3$

炭素鎖の中央部分で $-CH_2-$（メチレン基）が繰り返し出てくるのでこれらを（　）でくくった．

② $CH_3-\underset{\underset{CH_3}{|}}{CH}-CH_2-CH_3 = CH_3\underset{\underset{CH_3}{|}}{C}HCH_2CH_3 = CH_3CH(CH_3)CH_2CH_3$

枝分かれ（分岐）部分は（　）に入れた書き方をする．

③ $CH_3-\overset{\overset{CH_3}{|}}{\underset{\underset{CH_3}{|}}{C}}-CH_3 = CH_3C(CH_3)_2CH_3$

間違った答の例（答 III-11 の②と③）：

② C−C−C−C（2番目のCの下に C）　　③ C−C−C（中央のCの上下に C）

構造式に対応する間違った示性式　　$CH_3-C_2H_4-C_2H_5$　　$CH_3-C_3H_7-CH_3$

$CH_3C_2H_4C_2H_5$　　$CH_3C_3H_7CH_3$

これらの示性式のどこが悪いのか，間違っているのかというと，C でつながった分子骨格 C—C—… を勝手に切り分けているからです．分子骨格とは，分子をつくる骨組み（背骨），分子全体の構造を支える柱のこと．その一部を取ればその分子が壊れてしまいます（一筆書きできるつながった（一番長い炭素鎖）部分，本書 p.78 の構造式の書き方（ルール 2）参照）．

正しくは，　[ ] が分子骨格　[C−C−C−C]（2番目のCの下に C）　　[C−C−C]（中央のCの上下に C）

②では分岐した部分を（　）に入れないで，分岐 CH_3- と，これが結合した $=CH-$ 基（メチン基）を合体させて，$-C_2H_4-$ と書いています．仮にこのまま示すと，これを見た人は C−C−C−C−C のように 1 本につながった構造だと誤解してしまいます．正しくは，ルール通りに，分子骨格の左側から枝分かれのところまでを CH_3CH と書き，この後で，この CH に結合した CH_3- を $CH_3CH(CH_3)$ のように（　）に入れて記載します．

次に，分子骨格の残り部分を CH_2CH_3，または C_2H_5 と書きます．つまり，$CH_3CH(CH_3)CH_2CH_3$，または $CH_3CH(CH_3)C_2H_5$ が正しい示性式です．こう書けば，この式を見て正しい構造式を書くことができますね [（　）の部分を除いて構造式（分子骨格）を書き，あとで（　）の中の CH_3- をこの構造式につけ加える]．正しい構造式が書けない示性式は間違いです．

③も②と同様です．つまり，分子骨格の左側から CH_3C，次に分岐炭素 CH_3 の2個を（　）に入れて書くと $CH_3C(CH_3)_2$．この後に分子骨格の残り部分 $-CH_3$ をくっつけると，$CH_3C(CH_3)_2-CH_3$ または $CH_3C(CH_3)_2CH_3$ となります．この示性式から構造式を書くときは，分岐である（　）の部分を除いて，CH_3-C-CH_3 と分子骨格を書けば，あとは分岐の $-CH_3$ 基2個を中央のCに付ければよいだけです ➡ $CH_3-\overset{|}{\underset{|}{C}}-CH_3$．つまり，正しい構造が簡単に書けますね．

示性式の書き方：

① 一筆書きで書ける一番長い C−C−… を分子骨格とする．
② 次に，この骨格からの枝分かれ（分岐炭素原子），つまり一筆書きで書けない部分を探す．
③ 分子骨格部分は左端から $CH_3-CH_2-\cdots$ と記す．
④ 枝分かれの前までや，枝分れの後を C_2H_5-，$-C_2H_5$ とまとめて書いてもよい．
⑤ 枝分かれ部分は（　）に書いて示す．

[示性式（短縮構造式）から構造式を書く]

問題 III-12　以下の示性式の構造式を書きなさい．

① $CH_3(CH_2)_3CH_3$　② $CH_3CH(CH_3)CH_2CH_3$　③ $CH_3C(CH_3)_2CH_3$

ヒント1：示性式中に（　）があるときは分岐分子と考えて，（　）を抜いて分子骨格を書いてみる．

ヒント2：CH_2 とは $-\overset{H}{\underset{H}{C}}-$（$-CH_2-$）メチレン基のこと（手が2本出ているから分子の骨組みの一部）．

CH_3 とは $-CH_3$，CH_3-，メチル基のこと（手が1本しか出ていないので分岐鎖の分岐部分）．

答 III-12　この答は，問題 III-11 の問題文中の構造式に同じ．構造式は示性式どおりに書く．まず，ヒント1のように，示性式中の（　）の部分を無視して，構造式を書く（分子骨格を書いたことになる）．ただし，①の（　）の中は $-CH_2-$ なので，ヒント2にあるように，分子骨格の一部である．すると，$CH_3-CH_2-CH_2-CH_2-CH_3$，$CH_3-CH-CH_2-CH_3$，CH_3-C-CH_3 と書ける．次に，②,③では（　）の中身（アルキル基の CH_3- など）を，分子骨格中の，（　）の前の炭素Cの上，または下につなぐ．

Study skills　YouTube チャンネル「タッチーの納得！　化学解説」活用のすすめ

本書の学習にあたっては，必要ならYouTubeの動画を参照してください．
YouTube「タッチーの納得！　化学解説」の再生リストを開くと，以下の項目が収載されています．

- 化学の基礎・入学前学習　（4個；第1編の内容）
- 計算の基礎・入学前学習　（3個；第2編の内容）
- 有機化学の基礎・分子模型　（15個；第3編の学習準備）
- 有機化学の基礎・入学前学習　（10個；第3編の内容）
- 有機化学の基礎・デモ実験　（3個；第3編の補充）
- 化学入門・おもしろデモ実験（4個）

飽和炭化水素・アルカン

——有機化学学習の基本となる化合物と基礎知識. 重要！

3・1　飽和炭化水素・アルカンとは

アルカン・脂肪族飽和炭化水素[1] C_nH_{2n+2} とは，メタン CH_4，プロパン C_3H_8 など，C と H からなる飽和炭化水素です．ガソリン（C_5〜C_{12} のアルカン・シクロアルカン[2] 混合物），灯油（C_{11}〜C_{18} 混合物）からわかるように，アルカンは油であり，疎水性です（水に溶けにくい，“水と油”の関係[3]）．水より軽く，水に浮きます．反応性は低いです（酸化されにくい，など）．

アルカンから H を 1 個除いた，手が 1 本余った（出た），分子を構成する部品を，アルキル基 $C_nH_{2n+1}-$ といい（メチル基 CH_3- など），一般式を R− で表します．R− の部分（アルキル基）も当然ながら，油の性質を示します（CH_3- や R− の“−”は手（原子価，価標）であり，手が 1 本余っている，他と結合することができる，新しい分子を構成する部品であることを示しています）．

1）鎖式炭化水素アルカン・アルケンは中性脂肪を構成する脂肪酸の炭素鎖と同じなので，脂肪族炭化水素ともいう．単結合のみからなる炭化水素は，水素原子をそれ以上付加できないので，飽和炭化水素という．
2）環状のアルカン（p.101）．
3）C, H のみからなる化合物は“油”であり，水に溶けにくい．

問題 III-13　飽和炭化水素アルカンについて，$C_3H_?$，$C_5H_?$，$C_9H_?$，$C_{22}H_?$ の ? を求めなさい．

ヒント：C_nH_{2n+2} の n に数を代入するのではなく，構造式を脳裏に描き，上 n 個，下 n 個，両端 1，1 と数える．または，構造式の分子骨格 C_n をノートに書いて，手を 4 本ずつになるように書き込み，手の数を数えてみる．）

−C−C−C− ・・・ −C−C−（n 個）

問題 III-14　以下の構造式はそれぞれ何という化合物か．それぞれの示性式・分子式を書いたうえで，これらが何かを判断しなさい[4]．

① H−O−H　② H−N−H（N の下に H）　③ H−C−H（C の上下に H）

4）ここまで示性式で記憶しているので，構造式から示性式が書けないと構造式で示されたものが何かすぐにはわからなくなってしまう．

8（C_3H_8），12（C_5H_{12}），20（C_9H_{20}），46（$C_{22}H_{46}$）

① 水（H−O−H → H_2O）
水素 2 個と酸素 1 個からできた物質

② アンモニア（H−N−H → NH_3，N の下に H）
窒素 1 と水素 3 からできた物質

③ メタン（H−C−H → CH_4，C の上下に H）
炭素 1 と水素 4 からできた物質

3・2　飽和炭化水素とその命名法（アルカンとアルキル基）　有機化合物命名の基本知識

［数　詞］

問題 III-15　化学などの学問分野で用いる数詞（ギリシャ語，一部ラテン語），1〜10，15，20，22 を述べよ．

数詞（基本知識）

1	モノ	mono モノレール（1 本レール），モノローグ（ひとり言，独白），AMP［アデノシンモノリン酸 adenosine monophosphate・アデノシン一（いち）リン酸（イオン）］
2	ジ	di ジレンマ（相反する事柄の板ばさみ），ダイアローグ（ジは横文字で書くとディ di．対話の意）．ADP［アデノシンジリン酸 adenosine diphosphate・アデノシン二（に）リン酸（イオン）］
3	トリ	tri トライアングル（トリは横文字で書くと tri，トライとも発音する．三角形のこと，転じて三角形の楽器）．ATP［アデノシントリリン酸 adeonsine triphosphate・アデノシン三（さん）リン酸（イオン），生体エネルギーのもと（いわば車のガソリン，生体内のエネルギー通貨）］
4	テトラ	tetra テトラパック（牛乳の 4 面体・三角錘のパック．三角牛乳），テトラポット（海岸端にある四つ足の消波ブロック）
5	ペンタ	penta ペンタゴン（五角形のこと．また，アメリカ国防総省のこと．国防総省は五角形の大ビルディングである）
6	ヘキサ	hexa ヘキサゴン（六角形のこと）
7	ヘプタ	hepta ヘプタゴン（七角形）
8	オクタ	octa オクトパスはタコのこと（タコの足は 8 本），オクトーバー（10 月．昔の暦では 8 月を表す言葉だった．ユリウス暦を定めたユリウス・カエサルが 7 月に Juli，その養子のオクタウィアヌス（アウグストゥス：帝政ローマ初代皇帝）が 8 月に，自称 August を割り込ませたため 2 カ月ずれた）
9	ノナ	nona（ラテン語）ノベンバー November（11 月．もともとは 9 月を表す言葉．2 カ月ずれた理由は同上）
10	デカ	deca ディセンバー December（12 月．もともとは 10 月），デケイド decade（10 年間という意味），デシ deci（1/10 を表す接頭語，デシリットル），デカは刑事さん？（漫画本のガキデカ，隠語の一種・品の悪い言葉）
15	ペンタデカ	（5+10）．ヘキサデカは 16，オクタデカは 18，食品学で学ぶパルミチン酸（やし油 palm oil の成分）はヘキサデカン酸，ステアリン酸（固形脂肪成分）はオクタデカン酸ともいう．
20	(エ)イコサ	(e)icosa 栄養学の栄子さ(ん)は 20 歳，EPA（IPA，(エ)イコサペンタエン酸，魚油（中性脂肪）の脂肪酸成分，二重結合が 5 個ある C_{20}，n-3（マイナス）系の多価不飽和脂肪酸（p.101），からだに良い）
22	ドコサ	docosa あんたがたドコサ肥後さ（童歌），DHA（ドコサヘキサエン酸，魚油（中性脂肪）の脂肪酸成分，二重結合が 6 個ある C_{22}，n-3 系（p.101）の多価不飽和脂肪酸，からだに良い）

［アルカンとアルキル基］

問題 III-16　以下の問題に答えなさい．

(1)　炭素数 1〜6（C_1〜C_6）のアルカンの名称と化学式を述べよ．
(2)　C_1〜C_4 までのアルキル基の名称と化学式を述べよ．

（1）飽和炭化水素（基本知識）
飽和炭化水素（アルカン alkane）の名称（太字は命名法の基本！）

CH_4	メタン	methane（メタンガス，台所のガス（都市ガス）・天然ガスの主成分）	−C−
C_2H_6	エタン	ethane（エタノール ethanol はエタン・オール，酒の成分のアルコール）	−C−C−
C_3H_8	プロパン	propane（プロパンガス，ボンベ入りの台所ガス（LPG，液化石油ガスの成分）キャンプなどで用いるボンベに入ったガス）	−C−C−C−
C_4H_{10}	ブタン	butane（ガスライター，家庭用卓上カセットコンロのガスボンベの中身はブタンガス，LPG の成分）C_1〜C_4 までの名称は不規則．要記憶．	
C_5H_{12}	ペンタン	＝ペンタ＋アン pentaane → pentane C_1〜C_4 で語尾がすべて -ane と命名された．そこで，C_5 より長鎖の化合物の名称は C_1〜C_4 の名称を基に数詞＋ane の形-ane とされた．	
C_6H_{14}	ヘキサン	＝ヘキサ＋アン hexaane → hexane　ここまでは要記憶．これらの語尾はすべて ane（アン）．	
C_7H_{16}	ヘプタン	これらの語尾はすべて ane（アン）．	
C_8H_{18}	オクタン		
C_9H_{20}	ノナン	＊ガソリンは C_5〜C_{12}，石油は C_{11}〜C_{18} のアルカンなどの混合物である．	
$C_{10}H_{22}$	デカン		
$C_{15}H_{32}$	ペンタデカン	（5＋10）ペンタデカン酸ジグリセリド（育毛剤の成分）	
$C_{20}H_{42}$	（エ）イコサン	(e)icosane（栄養学の栄子さんは 20 歳；EPA（IPA）；からだによい魚油の成分）	
$C_{22}H_{46}$	ドコサン	docosane（あんたがたドコサ(ン)肥後さ…）DHA；からだによい魚油の成分）	

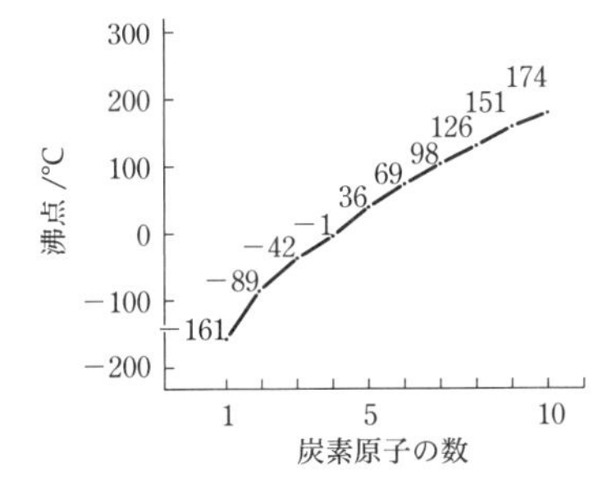

アルカン C_nH_{2n+2} の炭素数と沸点

（2）**アルキル基**（alkyl）の名称：一般式 R−≡C_nH_{2n+1}−（太字は要記憶！）

アルキル基は，飽和炭化水素よりなる分子をつくる部品の一種（R−≡C_nH_{2n+1}−，p.87），"基" とはグループ，部品のこと，R− や C_nH_{2n+1}− の "−" は手．手が 1 本余っていることを示している．

示性式 R−≡C_nH_{2n+1}−（アルカンから H を 1 つ取る）	アルキル基の名称（-ane → -yl）	略号[a]
CH_3−，−CH_3	**メチル基**[b]（methane → methyl）	Me−
C_2H_5−，−C_2H_5，CH_3CH_2−，−CH_2CH_3	**エチル基**（ethane → ethyl）	Et−
C_3H_7−，−C_3H_7，$CH_3CH_2CH_2$−，−$CH_2CH_2CH_3$	**プロピル基**[c]（propane → propyl）	Pr−
C_4H_9−，−C_4H_9，$CH_3CH_2CH_2CH_2$−，−$CH_2CH_2CH_2CH_3$	**ブチル基**[d]（butane → butyl）	Bu−
C_5H_{11}−	（ペンチル基，アミル基ともいう．デンプン amylum 由来の言葉 ⇔ アミラーゼ）	
C_6H_{13}−	（ヘキシル基）[c]	
C_7H_{15}−	（ヘプチル基）	
C_8H_{17}−	（オクチル基）[c]	
C_9H_{19}−	（ノニル基）[c]	
$C_{10}H_{21}$−	（デシル基）[c]	

a）Me，Et，Pr，Bu は methyl，ethyl，……，の頭の 2 字を取ったもの．
b）これを 1 つだけ覚えれば他は予想できる．
c）チル・ピル・シル・ニルと発音が少し変わるが，すべて-yl である．
d）バター butter 由来の言葉．C_4 のカルボン酸・ブタン酸はバターの酸という意味で，日本語では酪（農の）酸という．

基礎知識テスト：基本的な分子の構造式・官能基，数詞，アルカン・アルキル基の名称と化学式

これは基本！　満点が取れるようになるまで繰り返そう（採点：70－間違った数．ただし，問題1の構造式は ×3）

重要！

問題1　次の分子の構造式を書け（示性式では不可．例：水の構造式は H－O－H）．また，これらの（分子中の官能基（グループ）を○で囲み，官能基名を述べよ（線でつなぐ）．

構造式：　　（配点：構造式各3点，計9点；官能基名各1点，計6点）

エタン（　　　　）；エタノール（　　　　　）：（　　　　）基，（　　　　）基

酢　酸（　　　　　）：（　　　）基，（　　　　）基，（　　　　）基，（　　　　）基

問題2　アミノ酸のアミノとは何のことか，酸とは何のことか．　　（配点：各1点，計7点）

アミノ（　　　　基，化学式：　　　），　酸（　　　　　　基，化学式：　　　　　）

α-アミノ酸の一般式（　　　　　　，または　　　　　　　，　　　　　　）

アミノ酸は生化学，栄養学，食品学の基礎として重要な物質なので，ここで暗記してしまおう．

問題3　以下の（1），（2）の（　）を埋めよ．　　（配点：各1点，計6+42=48点）

（1）　飽和炭化水素の一般名は（　　　　　）である．身の回りの飽和炭化水素をそれぞれ気体（2種類）・液体（2種類）・固体（1種類）ずつあげよ．

気体	気体	液体（混合物）	液体（混合物）	固体（混合物？）
（　　）	（　　　）	（　　　）	（　　　　）	（　　　）

(2)	数　詞	炭素数	分子式	名　称	アルキル基，R－＝C_nH_{2n+1}－ 名　称	略　号	化学式
1	（モ　ノ）	C_1	(CH_4)	（　　　　）	（　　　基）	（　　）	（　　），　_____，_____
2	（　　）	C_2	（　　）	（　　　　）	（　　　基）	（　　）	（　　，　　　　），_____，_____，_____
3	（　　）	C_3	（　　）	（　　　　）	（　　　基）	（　　）	（　　，　　　　），_____，_____，_____
4	（　　）	C_4	（　　）	（　　　　）	（　　　基）	（　　）	（　　，　　　　），_____，_____，_____
5	（　　）	C_5	（　　）	（　　　　）	－－－－	－－	－－－－
6	（　　）	C_6	（　　）	（　　　　）	－－－－	－－	－－－－
7	（ヘプタ）						
8	（オクタ）						
9	（ノ　ナ）						
10	（デ　カ）						

（　　　　）学科（　　　　）専攻（　）クラス（　　　　）番，氏名（　　　　　　）

70点

基礎知識テスト［答え］

これは基本！　完全にマスターしよう（採点：70－間違った数．ただし，問題1の構造式は ×3）

重要！

答1　次の分子の構造式を書け（示性式では不可．例：水の構造式はH－O－H）．また，これらの（分子中の官能基（グループ）を○で囲み，官能基名を述べよ（線でつなぐ）．

（配点：構造式各3点，計9点；官能基名各1点，計6点）

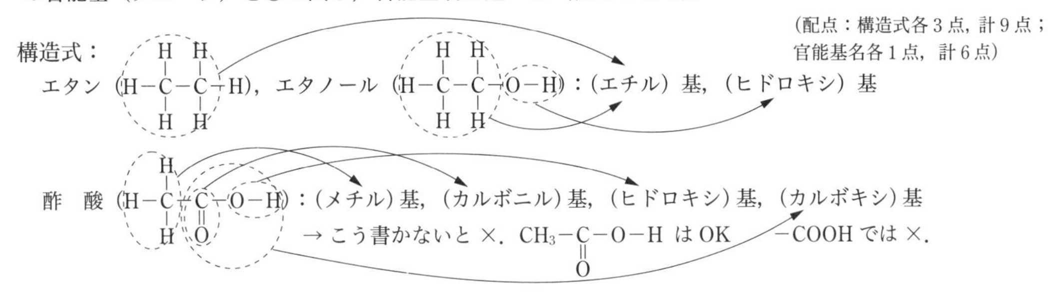

答2　アミノ酸のアミノとは何のことか，酸とは何のことか．　（配点：各1点，計7点）

アミノ（アミノ基，化学式：$-NH_2$），　酸（カルボキシ基，化学式：$-COOH$）

α-アミノ酸の一般式（$R-CH(NH_2)-COOH$，または $\boxed{H_2N}-CH(R)-COOH$，$\boxed{HOOC}-CH(R)-NH_2$）

構造式・示性式では，H_2N-C- のように，結合している原子同士を－でつなぐ．NH_2-C- とは書かない．$HOOC-C-$ と書く場合，$COOH-C-$，$-C(COOH)-$ とは書かない．$-C(COOH)-$ のように，結合している原子同士を正確につなぐ．

答3　以下の（1），（2）の（　）を埋めよ．　（配点：各1点，計6＋42＝48点）

（1）　飽和炭化水素の一般名は（ アルカン ）である．身の回りの飽和炭化水素をそれぞれ気体（2種類）・液体（2種類）・固体（1種類）ずつあげよ．

気体	気体	液体（混合物）	液体（混合物）	固体（混合物？）
（メタン）	（プロパン）	（ガソリン）	（灯油，石油）	（ろうそく）

(2)	数　詞	炭素数	分子式	名　称	アルキル基，$R-=C_nH_{2n+1}-$		
					名　称	略　号	化学式
1	（モ　ノ）	C_1	（CH_4）	（メタン）	（メチル基）	（Me－）	（CH_3-），　$-CH_3$，H_3C-
2	（ ジ ）	C_2	（C_2H_6）	（エタン）	（エチル基）	（Et－）	（C_2H_5-，CH_3CH_2-），$-C_2H_5$，H_5C_2-，$-CH_2CH_3$
3	（ト　リ）	C_3	（C_3H_8）	（プロパン）	（プロピル基）	（Pr－）	（C_3H_7-，$CH_3CH_2CH_2-$），$-C_3H_7$，H_7C_3-，$-CH_2CH_2CH_3$
4	（テトラ）	C_4	（C_4H_{10}）	（ブタン）	（ブチル基）	（Bu－）	（C_4H_9-，$CH_3CH_2CH_2CH_2-$），$-C_4H_9$，H_9C_4-，$-CH_2CH_2CH_2CH_3$
5	（ペンタ）	C_5	（C_5H_{12}）	（ペンタン）	－－－－	－－	－－－－
6	（ヘキサ）	C_6	（C_6H_{14}）	（ヘキサン）	－－－－	－－	－－－－
7	（ヘプタ）						
8	（オクタ）						
9	（ノ　ナ）						
10	（デ　カ）						

（　　　）学科（　　　）専攻（　）クラス（　　　）番，氏名（　　　　　）

＿＿＿＿ 70点

アルキル基（R−）の示性式による表し方：

アルキル基，R−とは何かを正しく理解することはとても重要！学習のキーポイント！

$$\begin{array}{ccccccccccc} & \mathrm{H} & & \mathrm{H} & & \mathrm{H} & & \mathrm{H} & & \mathrm{H} & \\ & | & & | & & | & & | & & | & \\ \mathrm{H}- & \mathrm{C} & - & \mathrm{C} & - & \mathrm{C} & - & \mathrm{C} & - & \mathrm{C} & - \\ & | & & | & & | & & | & & | & \\ & \mathrm{H} & & \mathrm{H} & & \mathrm{H} & & \mathrm{H} & & \mathrm{H} & \end{array} \rightarrow ① \ CH_3-CH_2-CH_2-CH_2-CH_2- \rightarrow ② \ CH_3CH_2CH_2CH_2CH_2- \rightarrow ③ \ CH_3(CH_2)_4-$$

いわば油　→ ④ $C_5H_{11}-$ → （$C_nH_{2n+1}-$） → ⑤ R− で表す

こう書けるか？　一般式　このようにR− で表す　油であることを示している　R− は… −C− のこと

アルキル基の構造式は，上記のように，① 分子の骨格原子（この場合 C）を 1 個ごとに CH_3-，$-CH_2-$ とまとめる，② 結合の手（価標）− を省いて示す，③ −C−C− でつながったメチレン基 $-CH_2-$ をまとめて $-(CH_2)_4-$ のように示す，④ アルキル基の C と H をすべてまとめて $C_5H_{11}-$ のように $C_nH_{2n+1}-$ と表す（これがアルキル基の示性式の一般形），⑤ ④のアルキル基を記号 R− で示す（R− は油であるアルカンから H を 1 個引き抜いたものなので，やはり油の性質（疎水性）をもっている）．

問題 III-17　以下の構造式について，上記の①②④⑤と同じ形の示性式と一般式で表しなさい．（化合物名は不要，アルカン・アルキル基の名称のみを気にしよう．）

(1) $$\begin{array}{cccccccc} & \mathrm{H} & & \mathrm{H} & & \mathrm{H} & & \\ & | & & | & & | & & \\ \mathrm{H}- & \mathrm{C} & - & \mathrm{C} & - & \mathrm{C} & - & \mathrm{Cl} \\ & | & & | & & | & & \\ & \mathrm{H} & & \mathrm{H} & & \mathrm{H} & & \end{array}$$

(2) $$\begin{array}{cccccccccccc} & \mathrm{H} & & \mathrm{H} & & \mathrm{H} & & \mathrm{H} & & & & \\ & | & & | & & | & & | & & & & \\ \mathrm{H}- & \mathrm{C} & - & \mathrm{C} & - & \mathrm{C} & - & \mathrm{C} & - & \mathrm{N} & - & \mathrm{H} \\ & | & & | & & | & & | & & | & & \\ & \mathrm{H} & & \mathrm{H} & & \mathrm{H} & & \mathrm{H} & & \mathrm{H} & & \end{array}$$

(3) $$\begin{array}{cccccccccccc} & \mathrm{H} & & \mathrm{H} & & & & \mathrm{H} & & \mathrm{H} & & \mathrm{H} & \\ & | & & | & & & & | & & | & & | & \\ \mathrm{H}- & \mathrm{C} & - & \mathrm{C} & - & \mathrm{N} & - & \mathrm{C} & - & \mathrm{C} & - & \mathrm{C} & -\mathrm{H} \\ & | & & | & & | & & | & & | & & | & \\ & \mathrm{H} & & \mathrm{H} & & \mathrm{H} & & \mathrm{H} & & \mathrm{H} & & \mathrm{H} & \end{array}$$

問題 III-18　以下の構造式を上記の①②④の示性式で示し，さらに ⑤ アルキル基 R−，R′− を用いて表しなさい．

$$\begin{array}{cccccccc} & \mathrm{H} & & \mathrm{H} & & & & \mathrm{H} & \\ & | & & | & & & & | & \\ \mathrm{H}- & \mathrm{C} & - & \mathrm{C} & - & \mathrm{O} & - & \mathrm{C} & -\mathrm{H} \\ & | & & | & & & & | & \\ & \mathrm{H} & & \mathrm{H} & & & & \mathrm{H} & \end{array}$$

答
III-17

(1) $$\begin{array}{cccccccc} & \mathrm{H} & & \mathrm{H} & & \mathrm{H} & & \\ & | & & | & & | & & \\ \mathrm{H}- & \mathrm{C} & - & \mathrm{C} & - & \mathrm{C} & - & \mathrm{Cl} \\ & | & & | & & | & & \\ & \mathrm{H} & & \mathrm{H} & & \mathrm{H} & & \end{array} \rightarrow ① \ CH_3-CH_2-CH_2-Cl \rightarrow ② \ CH_3CH_2CH_2Cl \rightarrow ④ \ C_3H_7-Cl,\ C_3H_7Cl$$

→ ⑤ R−Cl，RCl

1-クロロプロパン（p.94）

(2) $$\begin{array}{cccccccccccc} & \mathrm{H} & & \mathrm{H} & & \mathrm{H} & & \mathrm{H} & & & & \\ & | & & | & & | & & | & & & & \\ \mathrm{H}- & \mathrm{C} & - & \mathrm{C} & - & \mathrm{C} & - & \mathrm{C} & - & \mathrm{N} & - & \mathrm{H} \\ & | & & | & & | & & | & & | & & \\ & \mathrm{H} & & \mathrm{H} & & \mathrm{H} & & \mathrm{H} & & \mathrm{H} & & \end{array} \rightarrow ① \ CH_3-CH_2-CH_2-CH_2-NH_2 \rightarrow ② \ CH_3CH_2CH_2CH_2-NH_2 \rightarrow$$

（−C−C− とつながった CH_2 は一緒に 1 つにまとめて表す）

ブチルアミン（ブタンアミン，p.94）

④ $C_4H_9-NH_2$，$C_4H_9NH_2$ → ⑤ $R-NH_2$，RNH_2

(3) $$\begin{array}{ccccccccccccc} & \mathrm{H} & & \mathrm{H} & & & & \mathrm{H} & & \mathrm{H} & & \mathrm{H} & \\ & | & & | & & & & | & & | & & | & \\ \mathrm{H}- & \mathrm{C} & - & \mathrm{C} & - & \mathrm{N} & - & \mathrm{C} & - & \mathrm{C} & - & \mathrm{C} & -\mathrm{H} \\ & | & & | & & | & & | & & | & & | & \\ & \mathrm{H} & & \mathrm{H} & & \mathrm{H} & & \mathrm{H} & & \mathrm{H} & & \mathrm{H} & \end{array} \rightarrow ① \ CH_3-CH_2-NH-CH_2-CH_2-CH_3 \rightarrow ② \ CH_3CH_2-NH-CH_2CH_2CH_3$$

N-エチルプロピルアミン（*N*-エチルプロパンアミン）

これは左右 2 組の −C−C− のつながりを −N− で橋かけしたもの．

左右それぞれの −C−C− をまとめて表すと（これがアルキル基である），

→ ③ $CH_3CH_2NHCH_2CH_2CH_3$ → ④ $C_2H_5-NH-C_3H_7$，$C_2H_5NHC_3H_7$ → ⑤ R−NH−R′，RNHR′

① $CH_3-CH_2-O-CH_3$ → ② $CH_3CH_2-O-CH_3$ とは，CH_3CH_2- と $-CH_3$ とを $-O-$ で橋かけしたものである．$-O-$ の左右をそれぞれ C, H についてまとめて記すと，④ $C_2H_5-O-CH_3$, $C_2H_5OCH_3$ → ⑤ $R-O-R'$ → ROR′（R：エチル基，R′：メチル基）
エチルメチルエーテル（ethylmethyl；a, b, c…順で命名するのがルール．別名メトキシエタン）．

R と R′ の使い分け方

$C_2H_5-O-CH_3$ を $R-O-R'$ と書くとき，R− はいつも C_2H_5-，R′− は CH_3- と決まっているわけではありません．逆でもよいし，どのようなアルキル基でもよいのです．通常は，化学式の前の方から R, R−，R′, R′−，R″, R″− といった使い方をします．

R−O−R′ とは，…−C−O−C−… のことです．両方の C を O で橋かけしたものです．これをエーテルといいます（後述，p.96）．C−C−O−C のような場合，O の左の −C−C− 結合は1つにまとめて C_2H_5- のように書きます（これがアルキル基）．また，−O− のように C の間に O や N など C 以外の別の原子が入ったら機械的にそこで切り，それに注目してそこまでの −C−C− を 1 つにまとめて書きます（$C_nH_{2n+1}-$）．これを R− と記して化合物を表現するのです．C の数が違う −C−C− があったら，これを R′− と記します．そのため，ここの例では $C_2H_5-O-CH_3$ → $R-O-R'$ となるのです．

［ここで注意］$C_2H_5-O-CH_3$ をさらに C_3H_8O とまとめて書いてはいけません．これでは，どういう化合物かわからなくなってしまいます．これではもとの示性式が分子式となってしまい，構造式の情報が失われてしまいます．

確認テスト：アルキル基 R− の用い方（最重要！）

問題 1　
$$\begin{matrix} & H & & H & & H & \\ & | & & | & & | & \\ H- & C & - & C & - & C & -Cl \\ & | & & | & & | & \\ & H & & H & & H & \end{matrix}$$
は，① $CH_3-CH_2-CH_2-Cl$，② $CH_3CH_2CH_2-Cl$，$CH_3CH_2CH_2Cl$
③ C_3H_7-Cl，C_3H_7Cl，④ R−Cl，RCl と書き表すことができる．

同様に，
$$\begin{matrix} & H & & H & & H & & & & H & & H & & H & & H & \\ & | & & | & & | & & & & | & & | & & | & & | & \\ H- & C & - & C & - & C & - & N & - & C & - & C & - & C & - & C & -H \\ & | & & | & & | & & | & & | & & | & & | & & | & \\ & H & & H & & H & & H & & H & & H & & H & & H & \end{matrix}$$
は，①（　　　　　　　　　　　），
②（　　　　　　　，　　　　　　　）
③（　　　，　　　），④（　　　，　　　）とも書き表される．

問題 2　アルカンの性質を 3 つ述べよ．

確認テスト［答え］

答 1　①（$CH_3-CH_2-CH_2-NH-CH_2-CH_2-CH_2-CH_3$）
②（$CH_3CH_2CH_2-NH-CH_2CH_2CH_2CH_3$，$CH_3CH_2CH_2NHCH_2CH_2CH_2CH_3$）
③（$C_3H_7-NH-C_4H_9$，$C_3H_7NHC_4H_9$），④（R−NH−R′，RNHR′）

答 2　(1) 油であり水に溶けない，水より軽く水に浮く，(2) 燃える（燃料），(3) 反応性が低い．つまり，他の物質とは反応しにくい，仲良くしない．

13 種類の有機化合物群について理解する・記憶する

――専門学習のための基本知識として重要！

4・1 化合物の化合物群名，性質と化学式，名称

［アルカン，ハロアルカン　R-H，R-X］（セットで覚える）

アルカン C_nH_{2n+2} とは，C と H が単結合でつながった鎖式の脂肪族飽和炭化水素であり，R−H で表す．炭素数 n が異なる複数のアルカン・シクロアルカンの混合物がガソリン（C_5〜C_{12}）や灯油（C_{11}〜C_{18}）です．つまり，アルカン（C と H の化合物）は油であり水にほとんど溶けません（疎水性）．水より軽く，C_1〜C_4 は室温で気体，C_{20} 以上は固体です．燃えますが他の反応性は低いです（p. 87 も参照）．

CH_4 メタン　C_2H_6 エタン　C_3H_8 プロパン　C_4H_{10} ブタン

ハロアルカンとは，アルカンの H の一部，または全部をハロゲン元素 X で置き換えたものです．H を 1 つ置き換えたものを $C_nH_{2n+1}-X$（R−X）で表します．ハロアルカンは油であるアルカンの親戚で，代表例は $CHCl_3$ クロロホルム（規則名トリクロロメタン：C の数が 1 個なのでメタン，Cl（クロロ）が 3 つあるからトリクロロメタン）．トリクロロメタンはトリハロメタンの代表例です（水道水中にわずかに含まれることがある催奇性・発がん性物質，衛生学で学ぶ）．水より重く，$CHCl_3$ は麻酔作用があります．

CH_3Cl クロロメタン　CH_2Cl_2 ジクロロメタン　$CHCl_3$ トリクロロメタン　CCl_4 テトラクロロメタン

［アンモニア，アミン，アミノ酸　NH_3，$R-NH_2$（他 2 種），$RCH(NH_2)COOH$］（セットで覚える）

アミンはアンモニア NH_3 H−N(H)−H の親戚．H の 1〜3 個を C，つまり R（アルキル基：メチル基，エチル基，…）に置き変えたものです．H の 1 個を R に置き換えたものを第一級アミン R−N(H)−H（RNH_2），2 個を置き換えたものを第二級アミン R−N(R′)−H（RR′NH），3 個を置き換えたものを第三級アミン R−N(R′)−R″（RR′R″N）といいます．これらはすべて NH_3 と似た性質で，刺激臭（アンモニア臭，汚れたトイレの臭い）があり，水溶液は塩基性（アルカリ性）を示します．$-NH_2$ をアミノ基といいます．からだのタンパク質を構成するアミノ酸の一般式は R−CH(NH_2)−COOH です．

> アミノ基があるからアミノ酸，酸はカルボン酸 R−COOH のこと．よって，アミノ酸にはアミノ基 $-NH_2$ とカルボキシ基 −COOH が必ずある．

アミンの代表例はメチルアミン CH_3-NH_2（動植物が腐敗分解する際にアンモニアとともに生じる），（トリメチル）アミン $(CH_3)_3N$（メチル基が 3 個あるから（トリメチル）アミン，青み魚の魚臭）．生体中ではアミンはすべて中和されて陽イオン（アルキルアンモニウムイオン $R-NH_3^+$，p. 11, 113）となっています．

(CH_3-NH_2) メチルアミン　$CH_3-N(CH_3)-CH_3$ ($(CH_3)_3N$)（トリメチル）アミン

問題 III-19 (1) C_4H_{10}, C_6H_{14}, (2) $CHCl_3$, (3) ① CH_3NH_2, ② $(CH_3)_2NH$, ③ $(C_2H_5)_3N$, ④ $CH_3CH(NH_2)COOH$ について，それぞれのグループ名を述べなさい．また名称を考えてみよう．

ヒント：次の例を参考に構造式を書いて考えよう．

（例）CH_3Cl はグループ名・ハロアルカン．［グループ名］CH_3Cl は CH_3-Cl，CH_3- はメチル基，これはアルキル基（p.89）の一種だから R− と書ける．したがって，CH_3-Cl は $R-Cl(RCl)=R-X(RX)$ なので CH_3Cl は $R-X$ (RX)・ハロアルカンとわかる．［名称］CH_3Cl は C が 1 個だからメタン，このメタン CH_4 の H の 1 つが Cl（クロロ）に置き換わったから，（モノ）クロロメタンとなる（モノは省略するのが約束）．

(1) C, H の化合物で，単結合のみの化合物（飽和炭化水素 C_nH_{2n+2}），構造式を書いてみる：

−C−C−C−C− → アルカン → C が 4 個はブタン，C が 6 個はヘキサン

（p.89, 91 で覚えたことを思い出そう）

(2) C, H と Cl から成り立っているのでハロアルカン（C が 1 個だからメタン，Cl が 3 個だからトリ・クロロ → トリクロロメタン）．

(3) ① $CH_3-NH_2=R-NH_2$ で第一級アミン．R− がメチル基 CH_3- なのでメチルアミン．または C が 1 個のメタンに $-NH_2$（アミノ基）がついているからメタン → メタンアミン　$CH_3-N(H)-H$

② メチル基が 2 個だから第二級アミン（RR′NH，R_2NH）．名称は（ジメチル）アミン．

③ 第三級アミン（RR′R″N，$R_2R'N$，R_3N）．C_2H_5-（C_2H_5- は C が 2 個だからエタン → エチル基）が 3 個だから（トリエチル）アミン（または *N, N*-ジエチルエタンアミン）．

④ $RCH(NH_2)COOH$ だからアミノ酸．R−：CH_3- はアラニン

［水，アルコール，エーテル　H−O−H，R−O−H，R−O−R′］（セットで覚える）

アルコール（R−O−H）は，水分子 H_2O（H−O−H）の H の片方を C（R−，アルキル基，C のつながり）に置き換えたものです．アルコールは水の性質のもとである −O−H 基（付録 A・8，ヒドロキシ基，ヒドロ（Hydrogen）-オキシ（Oxygen））を残しているので水の親戚．また，R− はいわば油なので，油の親戚でもあります．つまり，R−OH は水と油のハーフなのです．R− が大きくなれば（C−C…C の数が増せば）油の性質が増します．C の数が少ない，C_3 までの短鎖のアルコールは水によく溶けます．

アルコールの代表例は C_2 のエタノール C_2H_5OH（酒の成分，消毒剤）．C_1 のメタノール CH_3OH は毒であり，少量飲んでも失明します．RCH_2-OH を第一級アルコール［C−OH の C の残りの 3 本の手のうちの 1 本に R（C…）が 1 個（残りの手に H が 2 個）結合したもの，（例）1-プロパノール，下図］，RR′CH−OH を第二級アルコール［C−OH の C の残りの 3 本の手のうちの 2 本に R（C…）が 2 個結合したもの，（例）2-プロパノール，下図］といいます．食品学・栄養学・生化学で学ぶ糖や，中性脂肪のもとのグリセリン（グリセロール，付録 C・2）はアルコールの一種です．

H−C(H)(H)−O−H	H−C(H)(H)−C(H)(H)−O−H	H−C³(H)(H)−C²(H)(H)−C¹(H)(H)−O−H	H−C³(H)(H)−C²(H)(OH)−C¹(H)(H)−H
CH_3OH メタノール	C_2H_5OH エタノール	C_3H_7OH プロパノール （1-プロパノール，2-プロパノール*）	

規則名：メタン，エタン，…に対応して，メタン・オール → メタノール methanol，エタン・オール → エタノール ethanol，…：アルカンの名称（…ane）の後にアルコール alchol の語尾オール ol をつける（…ane̸ol）．* プロパン-1-オール，プロパン-2-オール

エーテルは，水分子（H−O−H）の両方のHをC(R−）に置き換えたもの（R−O−R′）です．

C−O−Cをエーテル結合といいます．エーテルは水の性質のもとである−O−H基を残していないので水と他人，−O−の両端が油R−なので油の親戚です．沸点がアルカン並に低く，燃えやすいです．また，水に少ししか溶けません．代表例はジエチルエーテル $C_2H_5-O-C_2H_5$（$C_2H_5OC_2H_5$，エチル基2個が−O−の両端に結合しているのでジエチルエーテル）．麻酔作用があります．甲状腺ホルモンのチロキシン，ビタミンE（トコフェロール）はエーテルの一種です．

問題 III-20　以下について，グループ名を述べなさい．また，名称も考えなさい．

(1) CH_3OH，C_2H_5OH，C_3H_7OH　(2) CH_3OCH_3，$CH_3OC_3H_7$，$C_2H_5OC_2H_5$

(1) CH_3-OH，C_2H_5-OH，C_3H_7-OHのこと．CH_3-，C_2H_5-，C_3H_7-はアルキル基R−だから，これらはR−OH(ROH)アルコールである．または，構造式を書けば，すべて−C−OH,…−C−のことをR−と書くからR−OH → アルコール(R−OHのRをHに変えればH−OH＝H_2O，ROHは水由来の化合物であることがわかる)［名　称］C_1だからメタン・オール → メタノール，C_2だからエタン・オール → エタノール，C_3だからプロパン・オール → プロパノール．

(2) CH_3-O-CH_3，$CH_3-O-C_3H_7$，$C_2H_5-O-C_2H_5$のこと．CH_3-，C_2H_5-，C_3H_7-はアルキル基R−だから，これらはR−O−R′(ROR′)エーテルである．または，構造式を書けばすべて−C−O−C−だから，CをRに変えて，R−O−R′ → エーテル（R−O−R′のR, R′をHに変えればH−OH，つまり，H_2O，ROR′もR−OH同様，水由来の化合物とわかる．ただし，−OHがないので水と他人・油の親戚）．［名　称］CH_3OCH_3はメチル基2個だからジメチルエーテル（別名，メトキシメタン），$CH_3OC_3H_7$はメチルプロピルエーテル（メトキシプロパン），$C_2H_5OC_2H_5$はジエチルエーテル（エトキシエタン）．

［アルデヒド，ケトン/カルボン酸，エステル，アミド R−CHO，R−CO−R′/R−COOH，R−CO−OR′，R−CO−NR′R″］（5個をセットで覚える，最重要！）

これら5種類は，すべてカルボニル基−C(=O)−（−CO−）を含みます．より詳しくいえば（カルボン）酸acid（R−COOH）から−OHが取れたアシル基（acyl，R−C(=O)−，R−CO−）に，H，C，O，Nをつないでできたものです．これら5つの構造式を何も見ないで書いてみましょう．次に，これらが何という化合物群かを確認し，記憶しましょう．5種類をアルデヒド・ケトンとカルボン酸・エステル・アミドと2つに分けて，5個まとめて，および2個と3個に分けて，その両方でいえるように，構造式が書けるようになりましょう．後述するように，アルデヒドとケトンは親戚（アルコールの脱水素により生じたものであり，互いに似た性質をもつ），カルボン酸はアルデヒドの酸化により生じたものであり，カルボン酸・エステル・アミドは，いずれもカルボン酸から生じたものなのです．

問題 III-21　アルデヒド，ケトン，カルボン酸，エステル，アミドの一般式を構造式と示性式で示しなさい．

アルデヒド　R−C(=O)−H，RCHO　ケトン　R−C(=O)−R，RCOR′（RR′CO）　カルボン酸　R−C(=O)−OH，RCOOH

エステル　R−C(=O)−O−R′，RCOOR′　アミド　R−C(=O)−N(H)−R′，$RCONH_2$，RCONHR′，RCONR′R″

● アルデヒドとケトン

アルデヒドとケトンは親戚で，カルボニル化合物とよばれます．両者はともに $-CO-$ 基に基づく高い反応性を示し，生化学，栄養学，食品学を学ぶうえで最も重要な化合物群です．糖はアルデヒド・ケトンの一種です．香りのもととして香水・人工香料にも用いられます．

アルデヒドの名称は，第一級アルコール $R-CH_2OH$ が脱水素（酸化）されて生じたもの，という意味に由来しています（alcohol dehydrogen…，de：取れる，hydrogen：水素）．

$$R-CH(H)-O-H \xrightarrow{-2H} R-CH=O \quad (R-C(=O)-H) \qquad \left(CH_3-CH(H)-O-H \xrightarrow{-2H} CH_3-C(=O)-H \right)$$

エタノール　アセトアルデヒド

Hが取れて空いたC－とO－の手をつないでC=O二重結合する

一般式は $R-C(=O)-H$（R−CHO）．反応性が高い（酸化還元反応，付加反応 p.101 など）．代表例はホルムアルデヒド $H-C(=O)-H$（HCHO）．規則名はメタナール，この水溶液が生物標本のホルマリン漬け（防腐剤）に使用されるホルマリンです．ホルムアルデヒドは新しい家で体調を悪くしてしまうシックハウス症候群の原因物質の１つです．煙中に含まれており食品の燻(くん)製にも利用（殺菌作用）されます．食品衛生・環境衛生では必ず学ぶ重要物質です．アセトアルデヒド（エタナール）CH_3CHO は酒の成分のエタノールが酸化（脱水素）されて生じます．酒の悪酔いのもとですね．生化学・栄養学・食品学などで学ぶグルコース（ブドウ糖）などのアルドース（アルデヒド糖），ビタミンA（レチナール），バニラ・レモン（シトラール（アール））・シナモン・野菜の香り成分などもアルデヒドの一種です．規則名はアルカン alkane の e を取り，語尾にアルデヒド aldehyde の al（アール）を付けます．メタン CH_4 → メタン・アル → メタナール $H-C(=O)-H$，H−CHO；エタン C_2H_6 → エタン・アル → エタナール $CH_3-C(=O)-H$，CH_3-CHO．

アルデヒド →（酸化：酸素化）→ カルボン酸に酸化される
（p.98，アルデヒドは還元性をもつ → 自身は酸化される）

ケトンは第二級アルコール RR′CH−OH が脱水素（酸化）されて生じたものです．

$$R-C(R')(H)-O-H \xrightarrow{-2H} R-C(R')=O \quad (R-C(=O)-R') \qquad (CH_3-C(CH_3)(H)-O-H \xrightarrow{-2H} CH_3-C(=O)-CH_3$$

2-プロパノール　アセトン(2-プロパノン)

一般式は $R-C(=O)-R'$（R−CO−R′，RR′CO）．反応性が高い（還元反応，付加反応など）．代表例はアセトン（規則名：2-プロパノン）$CH_3-C(=O)-CH_3$（CH_3COCH_3）で，代表的な溶剤の１つです（除光液など）．規則名は語尾にケトンの one（オン）を付けます．アセトンは２番目の C が C=O の C_3 のケトン → 2-プロパン・オン → 2-プロパノン（プロパン-2-オン）．代表的な糖の一つフルクトース（果糖）はケトンの一種です（ケトース・ケトン糖，付録C・3）．

カルボニル化合物は生化学・栄養学・食品学を学ぶうえで最重要な化合物群の１つであり，とくにケトンは，糖質やアミノ酸や脂質が体内で代謝されるさいの，重要な中間体の一群です．アセトン体・ケトン体（重度の糖尿病などで生じる）という言葉は生化学・栄養学で学びます．アルデヒドと同様に，ケトンもジャスミンの香りや麝香(じゃこう)などの香りの成分です．

● カルボン酸，エステル，アミド

カルボン酸はアルデヒドが酸化（酸素化）されて生じたものです．酢酸（エタン酸）はアセトアルデヒド（エタナール）が酸化されたもの（エタノール → エタナール → エタン酸）で，ギ酸（メタン酸）はホルムアルデヒドが酸化されて生じたものです．だから，アルデヒドは還元性があるのです．

$$\underset{\mathrm{O}}{\mathrm{R{-}\overset{}{C}{-}H}}\ (\mathrm{RCHO}) \xrightarrow{+\mathrm{O}} \mathrm{R{-}C(=O){-}O{-}H}\ (\mathrm{RCOOH}) \qquad (\mathrm{CH_3{-}C(=O){-}H} \xrightarrow{+\mathrm{O}} \mathrm{CH_3{-}C(=O){-}O{-}H})$$

アセトアルデヒド　　酢酸

一般式は R−COOH, R−CO−OH. 代表的な有機酸であり，水溶液は酸性を示します（$\mathrm{R{-}COOH \rightarrow R{-}COO^- + H^+}$：$H^+$ が酸っぱいもと・酸性のもと）．カルボキシ基 −COOH はカルボン酸のもと．食酢の酸である酢酸（エタン酸）CH_3COOH がその代表例です．生化学，栄養学，食品学ではさまざまなカルボン酸を学びます．脂肪酸とは C が 3 個以上（天然では実質 C4 以上）のカルボン酸のことです．脂肪酸は，生体中では中和されて陰イオン（$\mathrm{R{-}COO^-}$）か，脂肪酸エステルとして存在します．規則名は COOH の C をも含めた炭素数に対応するアルカン名＋酸 → 酢酸 CH_3COOH はエタン酸.

エステル $\mathrm{R{-}C(=O){-}O{-}R'}$（RCO−OR′）とアミド $\mathrm{R{-}C(=O){-}N(R''){-}R'}$（RCO−NR′R″）は，ともに，カルボン酸からできている．

エステルとは有機酸（カルボン酸 RCOOH）やリン酸・硫酸・硝酸などの無機酸（オキソ酸）とアルコール R−OH が脱水縮合（脱水・水が取れて，全体としては縮まった形で残りの部分が合体）することにより生成する化合物の総称です．

カルボン酸エステルの一般式は RCO−OR′（RCOOR′），カルボン酸とアルコールが脱水縮合したものです：

$\mathrm{R{-}CO{-}OH + H{-}O{-}R' \rightarrow R{-}CO{-}O{-}R' + H_2O}$（カルボン酸 R−COOH の −OH とアルコール R′−OH の −H が取れて H_2O を生じるとともに，−H と −OH が取れて空いた R−CO− と −O−R′ の手をつないだ（合体した）もの．次ページの答 III-22 も参照）.

−CO−O−（逆向きは −O−CO−），C−CO−O−C，C−COO−C（逆向きは C−O−CO−C）をエステル結合といいます．芳香をもち，花，果物などの香りのもとです．代表例は酢酸エチル（エタン酸エチル），$\mathrm{CH_3{-}C(=O){-}O{-}C_2H_5}$（$CH_3COOC_2H_5$）で酒の吟醸香，ビニール風船の溶剤に用いられます．分子の両端にアルキル基 R−（油）があるので水にはあまり溶けません．命名法は，原料の酸の名称に原料のアルコールのアルキル基名を付けます．形式上は酢酸（エタン酸）の COOH の H がエチル基 $-C_2H_5$ に置き換えられた形なので酢酸エチル（エタン酸エチル，実際はカルボン酸 R−COOH の R−CO−（アシル基）とアルコール R′−OH の R′−O−（−O−R′ アルコキシ基）とが結合したもの）.

エステルはからだの科学にとってとても重要な物質です．中性脂肪（トリグリセリド・トリアシルグリセロール）は長鎖カルボン酸（脂肪酸）3 分子とグリセリン（グリセロール，−OH が 3 個あるアルコール）のトリエステルであり（付録 C・2），遺伝子の本体 DNA，生きるための生体エネルギー源物質 ATP（アデノシン三リン酸）はリン酸エステル，細胞膜の構成成分のリン脂質も脂肪酸とリン酸のエステルです（付録 C・2）.

問題 III-22　酢酸エチルを例に，エステルのでき方，エステルの構造式の書き方を説明しなさい．

酢酸 CH_3COOH がアセチル基（アシル基の一種）CH_3CO- と $-OH$ に切断され，エタノール C_2H_5-OH がアルコキシ基 C_2H_5-O- と $-H$ に切断される．生じた CH_3CO- と C_2H_5-O- が結合して $CH_3CO-OC_2H_5$（$CH_3COOC_2H_5$）を生じる．反応式で書くときは，アルコール C_2H_5-OH を逆向きに $HO-C_2H_5$ と書いて，カルボン酸とアルコールから，それぞれ $-OH$ と $-H$ を取り除いたもの，CH_3CO- と $-O-C_2H_5$ をつなぐとよい．

$$CH_3-\underset{\underset{O}{\|}}{C}-O-H + H-O-C_2H_5 \rightarrow CH_3-\underset{\underset{O}{\|}}{C}-O-C_2H_5 + H_2O$$

H_2O（脱水）　　ここをつなぐ（縮合）

構造式・示性式の簡単な書き方：まず，カルボン酸の構造式，または示性式を書いて，次に RCOOH の H をアルキル基（エチル，ペンチル，…）に書き換える．$CH_3-CO-O-H \rightarrow CH_3-CO-O-C_5H_{11}$

アミドとはカルボン酸 $R-CO-OH$ の $-OH$ とアンモニア NH_3　$H-\underset{\underset{H}{|}}{N}-H$，第一級アミン $R'-NH_2$　$H-\underset{\underset{H}{|}}{N}-R'$，第二級アミン $R'R''NH$　$H-\underset{\underset{R''}{|}}{N}-R'$ の H−N の $-H$ が取れて水分子 H_2O となり，残ったアシル基 $R-CO-$ と $-NH_2$，$-NHR'$，$-NR'R''$ が結合した（脱水縮合した）ものです：

$R-CO-\ \ -NR'R'' \rightarrow R-CO-NR'R''$．$-CO-N\langle$　結合をアミド結合といいます．アミドの一般式は，

$R-CO-NH_2$　$R-\underset{\underset{O}{\|}}{C}-\underset{\underset{H}{|}}{N}-H$，$R-CO-NHR'$　$R-\underset{\underset{O}{\|}}{C}-\underset{\underset{H}{|}}{N}-R'$，$R-CO-NR'R''$　$R-\underset{\underset{O}{\|}}{C}-\underset{\underset{R'}{|}}{N}-R''$．　代表例は，酢酸 CH_3COOH とアンモニア NH_3 が結合した CH_3CONH_2 アセトアミド（エタンアミド）です．

アミノ酸分子のカルボキシ基（$-COOH$）と別のアミノ酸分子のアミノ基（$-NH_2$）が脱水縮合して生じたアミドをとくにペプチド，アミノ酸同士のアミド結合 $-CONH-$（$-CO-NH-$）をペプチド結合といいます．タンパク質はたくさんのアミノ酸がペプチド結合したポリペプチドです（ポリは「たくさん」という意味，反応式は付録 C・1）．

［参　考］アセトとアセチは同じ（酢酸由来）．アセトアルデヒド（CH_3CHO，CH_3CO-H），アセティックアシッド（酢酸 CH_3COOH，エタン酸），アセチル基（CH_3CO-，$CH_3-\underset{\underset{O}{\|}}{C}-$，アセチル CoA，アセトン（$CH_3COCH_3$）

問題 III-23　以下の化合物のでき方を説明しなさい．

(1) アルデヒド，ケトン　　(2) カルボン酸　　(3) エステル，アミド

答 III-23

(1) アルデヒドとケトンは，それぞれ第一級アルコールと第二級アルコールの酸化（脱水素）により生じる（p.97）．

(2) カルボン酸はアルデヒドの酸化（酸素化）により生じる（p.98）．

(3) カルボン酸，エステル，アミドはすべて，もともとはカルボン酸からできている．

エステル：カルボン酸＋アルコール　$RCO-OH + H-OR' \rightarrow RCO-OR' + H_2O$

エステルは，カルボン酸 RCOOH の $-OH$ が切れたアシル基 $R-CO-$（$R-CO-OH \rightarrow RCO-\ -OH$）と，アルコール R′OH の $-O-H$ の $-H$ が切れたアルコキシ基 $R'-O-$ が結合（脱水縮合）したもの，p.98）．

（つづく）

アミド：カルボン酸＋アミン　RCO┼OH ＋ H┼NR′R″ → RCONR′R″ ＋ H_2O

アミドは，カルボン酸 RCOOH の －OH が切れたアシル基 R－CO－ と，アンモニア NH_3，第一級アミン，R′－NH_2，第二級アミン R′R″NH の －N－H の －H が切れて生じた －NH_2，－N(H)－H，－NHR′，－N(H)－R′，－NR′R″，－N(R″)－R′ が結合したもの．アミドには $RCONH_2$，RCONHR′，RCONR′R″ の3種類がある(p.99)．

Point　(3) の反応では RCOOH の OH とアルコール R－O－H，またはアミン R′R″N－H の H が取れて水分子 H_2O となる．－O－H，＞N－H が －O⇠⇢H，＞N⇠⇢H と切れている．電気陰性度(p.113, 114)の差が大きい H と O，H と N の結合，－O－H 結合，－N－H 結合の H のみが切断され，電気陰性度が同じ C－C 結合，少ししか差がない C－H 結合は簡単には切れない！

問題 III-24　以下についてそれぞれのグループ名を述べなさい．また化合物名も考えなさい．

(1) CH_3CHO，HCHO　(2) CH_3COCH_3，$(CH_3)_2CO$，$C_2H_5COC_3H_7$
(3) CH_3COOH，HCOOH，C_3H_7COOH
(4) $CH_3COOC_2H_5$，$CH_3COOC_4H_9$，$C_2H_5COOC_3H_7$，$C_4H_9OCOCH_3$
(5) $CH_3CONHCH_3$，$CH_3CON(CH_3)_2$，$HCON(CH_3)_2$
ヒント：構造式を書いて考えよう．

示性式をみてアルデヒド，ケトン，カルボン酸，エステルがわかるように目を慣らそう！

カルボニル基とケトン基

高校で －C(=O)－ をケトン基と学んだ学生はカルボニル基とケトン基を混同しがちです．カルボニル基とは，－CO－（－C(=O)－）のことです．－CO－ の左右に何が結合していても，それと関係なく，－C(=O)－ 部分のことのみをカルボニル基といいます．右側に H が結合すればアルデヒド基 －CO－H（－C(=O)－H），これを通常 －CHO と書きます（左側に C(R)，R－CHO ならアルデヒド）．左右ともに C(R) が結合すればケトンです．この －CO－ をケトン基とよぶこともありますが，正しくは C－CO－C（C－C(=O)－C）がケトン基です．また，カルボニル基の片方に R(C) が結合すれば，R－C(=O)－，R－CO－，RCO がアシル基です[1]．

1) アシル基の「アシル」はアシッド (acid, 酸) 由来の言葉である (R－COOH の R－CO－ 部分；メタン methane → メチル基 methyl に対し，アシッド acid(酸) → アシル基 acyl と対応している)．アシル基は専門分野の重要語である．たとえば中性脂肪を専門ではトリアシルグリセロール（トリグリセリド）という（付録 C・2）．アシル基の代表例は酢酸由来のアセチル基 (CH_3CO－，CH_3－CO－)．アセチル CoA(活性酢酸)，アセチルコリン(神経伝達物質) は高校生物・大学生化学・生理学の重要語．

(1) CH_3CHO は CH_3－CHO だから R－CHO(RCHO) アルデヒドである．HCHO は H－CHO と書ける．R－ は，通常は C－ のことであるが，これのみ例外的に H を R－ とみなす．一番小さいアルデヒドである．［名称］CH_3CHO アセトアルデヒド．規則名は C が 2 個でエタン → エタナール．HCHO ホルムアルデヒド，規則名は C が 1 個でメタン → メタナール．

(2) CH_3COCH_3 は RCOR(RCOR′) でケトン．$(CH_3)_2CO$ は R_2CO(RR′CO) で，やはりケトン．構造式を書いてみよう．○−C(=O)−○，CH_3−C(=O)−CH_3，R−C(=O)−R，R−C(=O)−R′

$C_2H_5COC_3H_7$ は RCOR′ でケトン．ケトンの代表例はアセトン CH_3COCH_3 ［名称］C が 3 個つながったケトンだからプロパン・オン（C_3 のケトン）→ 2 番目の C が C=O の C_3 のケトンなので → 2–プロパノン（プロパン–2–オン）．$(CH_3)_2CO$ は CH_3COCH_3 だから同左，$C_2H_5COC_3H_7$ は C が 6 個つながっているので，規則名はヘキサン → 3–ヘキサノン（ヘキサン–3–オン，3 番目の C が C=O のケトン）．

(3) CH_3COOH，C_3H_7COOH は R−COOH でカルボン酸．カルボン酸の代表例は酢酸 CH_3COOH．［名称］CH_3COOH，C_3H_7COOH はそれぞれ C の数（COOH の C も含む）が 2 個，4 個だから規則名はエタン，ブタン → エタン酸，ブタン酸という．慣用名は CH_3COOH が酢酸（食酢の酸という意）．

(4) $CH_3COOC_2H_5$，$CH_3COOC_4H_9$，$C_2H_5COOC_3H_7$ は CH_3−CO−OC_2H_5，CH_3−CO−OC_4H_9，または逆向き C_4H_9−O−CO−CH_3 → CH_3−CO−OC_4H_9，C_2H_5−CO−OC_3H_7 = RCO−OR′ = RCOOR′ でエステル．［名称］$CH_3COOC_2H_5$ は，形式上は，CH_3COOH 酢酸（エタン酸）の H を R′ = C_2H_5 = エチル基に置き換えたものだから酢酸エチル（エタン酸エチル）．酢酸ブチル，プロパン酸プロピル，酢酸ブチル．

(5) $CH_3CONHCH_3$，$CH_3CON(CH_3)_2$ は CH_3−CO−$NHCH_3$ = RCO−NHR′，$CH_3CON(CH_3)_2$ = RCO−NR'_2，$HCON(CH_3)_2$ = HCO−NR_2 でアミド．CO の隣に N があればアミド（名称は気にしなくてよい）．

［アルケン，芳香族炭化水素，フェノール類］

アルケンは二重結合 >C=C< が 1 つの脂肪族炭化水素です．代表例はエチレン（エテン） $H_2C=CH_2$ ($CH_2=CH_2$)．二重結合の 2 本の結合（シグマ σ 結合とパイ π 結合[2]）は性質が異なっており，2 本目の π 結合は容易に切れて単結合になるため付加反応を起こしやすいです（下記）．ポリ袋のポリエチレンはエチレンが二重結合の 1 つを切り互いに多数つながったものです．命名は語尾を -ene エンとします．

切断　>C=C< → 手が 2 本余る　>C−C<
二重結合の結合の 1 つが切れる
（余った手に以下をくっつける）

$\xrightarrow[\text{付加}]{I_2}$ I−C−C−I（ヨウ素の付加反応・ヨウ素価，食品学：油脂の二重結合の数・不飽和度を調べる→乾性油・不乾性油）

$\xrightarrow[\text{付加}]{H_2}$ H−C−C−H（水素の付加・水素添加，食品学：植物油からのマーガリンの製造(硬化油)）

$\xrightarrow[\text{付加}]{H_2O}$ H−C−C−OH（水分子の付加，生化学：クエン酸回路，この逆反応・水分子の脱離反応も起こる）

食品学・栄養学で学ぶカロテン（ニンジン色素，ポリエン），不飽和脂肪酸［C_{18} のオレイン酸（二重結合 1 個，オリーブ油），以下はすべて必須脂肪酸です．リノール酸（同 2 個，n–6 系[3]），α–リノレン酸（同 3 個，n–3 系[3]），アラキドン酸（C_{20}，同 4 個，n–6，ピーナツ油），魚油の EPA（IPA，C_{20}，同 5 個，n–3）と DHA（C_{22}，同 6 個，n–3，p.88）］がアルケンの親戚です．

2)「有機化学 基礎の基礎 第 3 版」p.33, 224；3) *idid.*, p.145.

シス–トランス異性体（幾何異性体）

二重結合は自由に回転できないので（分子模型で確認してみよう！），$CH_3CH=CHCH_3$ のようなアルケンではシス–トランス異性体が存在します．ちなみに上記の不飽和脂肪酸はすべてシス形です．

トランス脂肪酸は心疾患の一誘因といわれています．

H(H₃C)C=C(H)(CH₃)（シス，同じ側）　H(H₃C)C=C(CH₃)(H)（トランス，反対側）

ベンゼン C_6H_6（⬡）に代表される芳香族炭化水素は，脂肪族不飽和炭化水素（アルケン >C=C<，アルキン −C≡C−）とは異なる環状の不飽和炭化水素・別の油の一群です（C，H のみからなる化合物，水にほとんど溶けない）．芳香族炭化水素は二重結合をもつ六角形の平面分子ですが，その性質，反応性はアルケンとは大きく異なり，p.101 のような二重結合への付加反応は起こりにくいです．

ベンゼン C_6H_6 から H を 1 個取った部品 C_6H_5-（⬡−）をフェニル基といいます（たとえば，フェニルアラニン（付録 C・1）．次のフェノール類を含め，多くの芳香族化合物が生体成分や食品成分として知られています．

フェノール C_6H_5-OH, C_6H_5OH は，フェニル基にヒドロキシ基 −OH が結合した芳香族化合物の一種（フェニル・オール）で，からだ，健康，食品の科学にとって重要です．フェノールは −OH をもちますが，アルコールとは異なった性質を示します．水に少し溶け，弱酸性を示し（Fe^{3+} と特有の紫色の呈色反応を示す），殺菌・防腐剤（燻製）作用があります．フェノール樹脂，医薬品，染料などの原料物質．甲状腺ホルモンのチロキシンや副腎髄質ホルモンのアドレナリン，脳内情報伝達物質ドーパミンなどはフェノールの一種です（したがって，芳香族の一種でもある）．野菜・果物に含まれるポリフェノール（複数の −OH 基をもつ植物成分の総称）にはさまざまな生理作用があることがわかってきており，栄養学・健康科学・食品科学分野で注目されています．

問題 III-25　以下について通常の構造式と，C, H を省略した線描構造式を書きなさい．

① エチレン C_2H_4　② ベンゼン C_6H_6　③ フェノール C_6H_5OH

答 III-25　これは覚えて書くだけ！（C_6H_5- はフェニル基⬡−，フェノールは芳香族化合物）

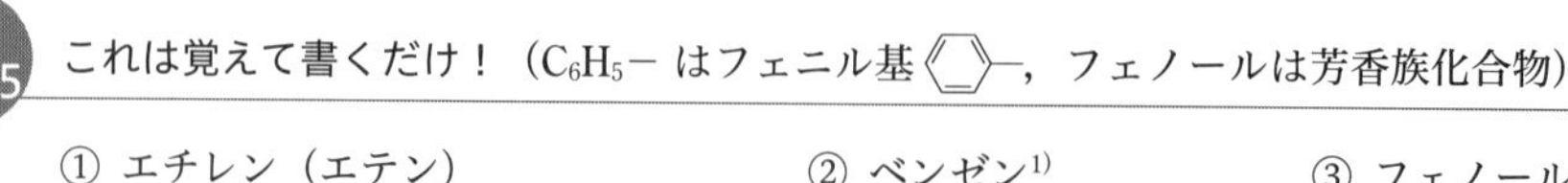

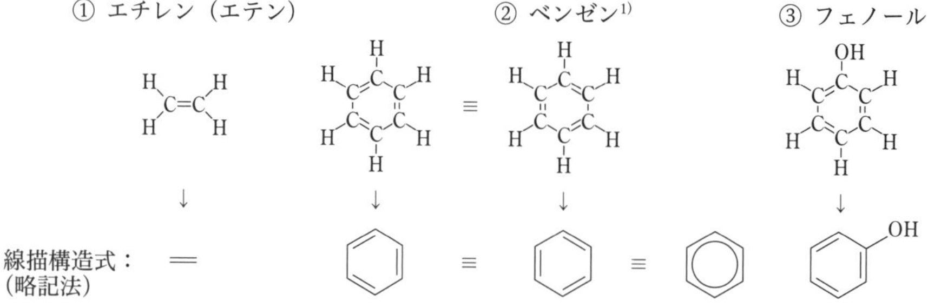

1）ベンゼンの 5 つの構造式はすべて同じものである．なぜ同じか，なぜこのような構造式かは「有機化学 基礎の基礎 第 3 版」p.159，「ゼロからはじめる化学」p.162 を参照のこと．

シクロヘキサン C_6H_{12}（脂環式飽和炭化水素）の構造式：ベンゼン（平面分子）との違いを確認しよう[2]

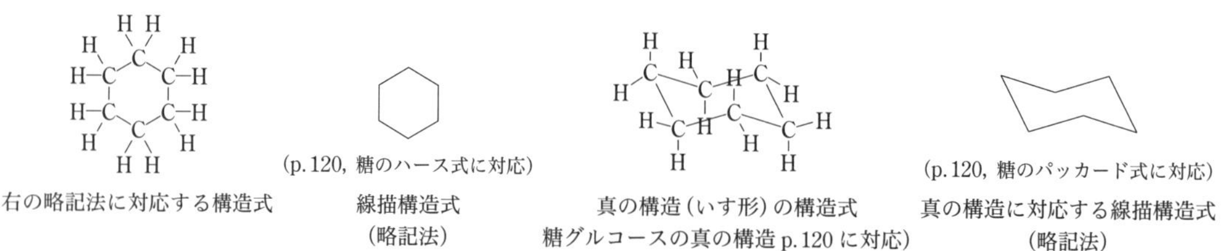

2）六角形の略式構造式：ベンゼン（二重結合を 3 個もつ平面分子）とシクロヘキサン（単結合の非平面分子）

Ⅳ 付 録

付録 A［化学のキソ］：原子の電子配置と化学結合・極性

第Ⅰ編で学んだ学習内容について“なぜか”を理解しよう．

付録 B［計算のキソ］：計算基礎テスト

第Ⅱ編で学んだ内容を確実に身につけ，計算の基礎能力向上をはかるため，「計算基礎テスト」を別途用意しました．本書出版社 Web サイトの書籍タイトルページからダウンロードして活用してください．繰返し挑戦して実力を確認しよう．

付録 C［有機化学のキソ］：食品学・栄養学・生化学分野の有機化合物に関する基礎知識

第Ⅲ編の学習内容に加えて，三大栄養素（からだの構成成分）を例に，少し専門分野の学習内容をのぞいてみよう．入学後の学習のために目を慣らすことが目的．内容を十分に理解できなくても気にしないこと．

YouTube チャンネル「タッチーの納得！　化学解説」

本書の内容も補完した，自学自修に役立つ講義形式の動画．おおいに活用してください．

【収載項目】

- 化学の基礎・入学前学習　　（ 4 個；第 1 編の内容）
- 計算の基礎・入学前学習　　（ 3 個；第 2 編の内容）
- 有機化学の基礎・分子模型　（15 個；第 3 編の学習準備）
- 有機化学の基礎・入学前学習（10 個；第 3 編の内容）
- 有機化学の基礎・デモ実験　（ 3 個；第 3 編の補充）
- 化学入門・おもしろデモ実験（ 4 個）

原子の電子配置と化学結合・極性

A・1　原子の電子配置（電子殻 K, L, M, N と電子数）　原子の電子配置を理解しよう！

本書では，原子の構造と周期表，イオンの生成に関する学習は，単純に（「桃＋スイカ」モデル），族番号のみの内容でした（p.2〜18, 1 族, 2 族, 13 族は，＋1, ＋2, ＋3. 16 族, 17 族, 18 族は，−2, −1, 0）. この付録では，高校で学んだ同心円（太陽系）モデルを用いて，より厳密に，原子の構造と電子配置を考えてみましょう[1].

問題 A-1　下の【電子配置図】をもとに，1, 2, 13, 14, 15, 16, 17, 18 族の最外殻（一番外側の軌道）の電子数を示しなさい（18 族は第 1 周期を除く）.

族番号	1	2	13	14	15	16	17	18
最外殻電子数	[①　]	[②　]	[③　]	[④　]	[⑤　]	[⑥　]	[⑦　]	[⑧　]

【電子配置図】

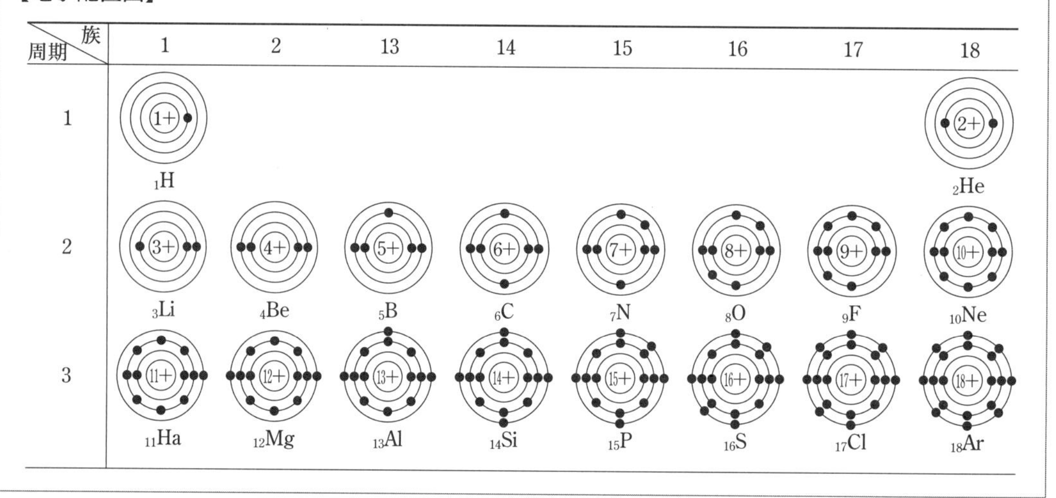

1) 原子の構造の量子力学に基づく現代的理解は，大学の理工系で学ぶことになります．高校で学んだモデルと異なっていて理解するのが大変ですが，両者の橋渡しを「生命科学，食品・栄養学，化学を学ぶための 有機化学 基礎の基礎 第 3 版」8 章，または「ゼロからはじめる化学」の p.98〜110 で記述をしていますので参照してください．高校教科書の発展学習には，その内容の一部，副殻モデル（s, p, d, f）が記載されています.

答 A-1

族番号	1	2	13	14	15	16	17	18
最外殻電子数	【① 1】	【② 2】	【③ 3】	【④ 4】	【⑤ 5】	【⑥ 6】	【⑦ 7】	【⑧ 8】

＊ 最外殻電子を（原子）価電子ともいう．最外殻電子数 8（閉殻）では価電子数は 0 と約束する.

電子配置について，本書では，原子のイメージを「桃＋スイカ」モデルで説明してきましたが（次ページ図(左)），より厳密には，この果肉部分は「電子殻」という，卵の殻をロシア人形のマトリョーシカのように重ねた，層状の構造をしています（K 殻，L 殻，M 殻，N 殻，…，次ページ図(右)）．また，果肉部分に含まれる “スイカの種” にあたる電子も，不規則に散らばっているのではなく，各電子殻の収容

〈原子のイメージ〉

原子：「桃＋スイカ」モデル

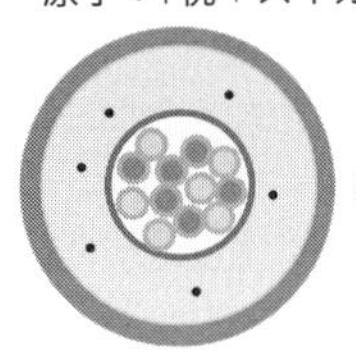

原子も原子核も
球体の構造

電子⊖：スイカの種
原子核：桃の種
陽子⊕：桃の種（原子核）の中にある“＋の電荷をもった”重たいパチンコ玉
中性子：桃の種（原子核）の中にある“電荷をもたない”重たいパチンコ玉

〈厳密には，球体の層状構造〉

原子：高校で学んだ原子のモデル

原子核
（陽子と中性子
からできている）

収容数
M殻（電子8(18)個まで）
L殻（電子8個まで）
K殻（電子2個まで）
電子殻

電子

できる電子数に応じて，内側の電子殻から外側に向かって順番にK殻→L殻→M殻→N殻と配列されています．K殻には電子が最大2個，L殻には8個，M殻にも8個，21番元素以降では18個まで入ることができます．

電子の電子殻への配列（詰まり方）と価電子

(1) ＋と－は互いに引き合う（くっつきたがる）ので（クーロンの法則という．磁石のNとS，動物の♂と♀と相似），本来なら，陽子（＋）と電子（－）はくっついていた方が一番安定である．

(2) しかし，電子の居場所は，K，L，M殻…と原子核から離れたところにしか存在できないので（これは神様がつくったルール），電子は原子核（陽子）とくっつく代わりに，原子核に一番近いK殻から順番にK→L→M…と，それぞれの殻の定員数に合わせて詰まっていく．

(3) 「＋(原子核)」と「－(電子)」は互いに引き合い，くっつきたがる（くっつくことで安定化する，落ち着く．原子核とくっついた（強く引き合っている）電子は，くっつくことで満足するので，この電子は他の原子には興味を示さない・他の原子との化学結合には関与しない）．

(4) 逆に，原子核と電子の距離が遠ければ遠いほど，電子は原子核に引き付けられる力が弱くなるので（クーロンの法則）他の原子に興味を示してしまう．つまり，他の原子との化学結合には最外核に存在する電子（「最外殻電子」＝「価電子」）が関与する（そもそも外側にいないと外部と接触できない，つまり出会う機会がなければ，仲良く（結合形成）できない）．

このように，電子が電子殻にどのように詰まっているのかを示したものを「電子配置」といいます．

A・2　原子の電子配置（族番号と最外殻電子数）　最外殻の電子数について理解しよう！

原子の電子殻（軌道）は内側から，K, L, M, N…殻といいました．たとえば，20番元素のCa原子（電子は20個）の電子配置（20個の電子殻への詰まり方）は，$(K)^2(L)^8(M)^8(N)^2$，つまりK殻に電子2個，L殻8個，M殻8個[1)]，N殻2個[2)]と表されます（電子殻の内側から順番に定数分を詰めていく）．

問題 A-2　Caの例にならって，Ne, Na, Cl, Arの電子配置を示しなさい．

（例）Caの電子配置　$(K)^2(L)^8(M)^8(N)^2$

①Neの電子配置【　　　　　　】　②Naの電子配置【　　　　　　】

③Clの電子配置【　　　　　　】　④Arの電子配置【　　　　　　】

2）高校ではM殻には電子は18個入ると学ぶが，実際にはK, Caでは8個しか入らず9，10個目はN殻に入る．このことを理解するには電子殻の副殻構造（s，p，d，f軌道）を学ぶ必要がある（➡「ゼロからはじめる化学」p.103～104）

① Ne の電子配置　(K)^2(L)^8　② Na の電子配置　(K)^2(L)^8(M)^1
③ Cl の電子配置　(K)^2(L)^8(M)^7　④ Ar の電子配置　(K)^2(L)^8(M)^8

A・3 イオンの電荷　イオンがなぜその電荷なのか理解しよう！

I 編では，イオンの電荷は族番号と対応させて暗記しましたが，次のようにして理解しましょう．

オクテット則：　オクトはギリシャ語で 8 の意．最外殻に電子が 8 個入った閉殻の電子構造をオクテットといいます．閉殻構造（オクテット）の電子配置である 18 族の貴ガス元素は，他の元素と異なり，反応性が低くイオンにも化合物にもなりにくい（＝安定である）➡「閉殻構造は安定である」➡ 他族の原子は貴ガスのような「閉殻構造」の電子配置をとろうとすることで安定化する，という考え方を，オクテット則といいます．この考えに基づけば，原子は閉殻構造（オクテット）の電子配置をとって安定化しようと，電子を失ったり得たりすることでイオンを生じ，また電子対を互いに共有する共有結合をつくり分子を生じます．この考えで，イオンの電荷[1]，共有結合の価数（原子価・手の数）を予想できます．

1）これは 1 つの考え方．より合理的理解（イオン化エネルギー・電子親和力と有効核電荷に基づく）は拙著「有機化学 基礎の基礎 第 3 版」の p.190〜198，「ゼロからはじめる化学」の p.98〜103 を参照されたい．

問題 A-3　イオンの電荷について，以下の空欄を埋めなさい．

(1) 原子は，オクテット則（最外殻電子数【①　　】個は安定）を満たすようにイオンに変化する．そこで各族の原子のイオンの電荷は，各原子の最外殻電子数をもとに予想できる．
(2) 1 族元素（アルカリ金属）のイオンの電荷は【②　　】．代表的イオンは【③　　】と【④　　】
(3) 2 族元素のイオンの電荷は【⑤　　】．代表的イオンは【⑥　　】と【⑦　　】
(4) 16 族元素のイオンの電荷は【⑧　　】．代表的イオンは【⑨　　】と【⑩　　】
(5) 17 族元素（ハロゲン元素）のイオンの電荷は【⑪　　】．代表的イオンは【⑫　　】，【⑬　　】，【⑭　　】，【⑮　　】

(1) 原子は，オクテット則（最外殻電子数 8 個は安定）を満たしてイオンとなるので，各族の原子のイオンの電荷は，各原子の最外殻電子数をもとに，次の (2) 以降のように，予想できる．

(2) 1 族の最外殻電子数は 1 個．この 1 個の電子（−1）を失うと，最外殻の電子数は 0 個となるが，1 つ内側の電子殻がオクテット（電子殻の電子数 8 個，閉殻構造）となり，安定化する．電子（⊖）を 1 個失ったから，1 族の原子は，+1 価（1+）の陽イオンとなる（下図および p.8, 9 を参照）．

（例）　Na 原子（11 番元素だから陽子 11⊕，電子 11⊖：(K)^2(L)^8(M)^1，K 殻 2 個，L 殻 8 個，M 殻 1 個）➡ 貴ガスのような安定した電子配置になりたい！➡（M 殻の）電子 1 個（⊖）を放出 ➡ Na^+（陽子 11⊕ 電子 10⊖＝1+：(K)^2(L)^8(M)^0，K 殻 2 個，L 殻 8 個：貴ガスの Ne と同じ電子配置！＝安定）

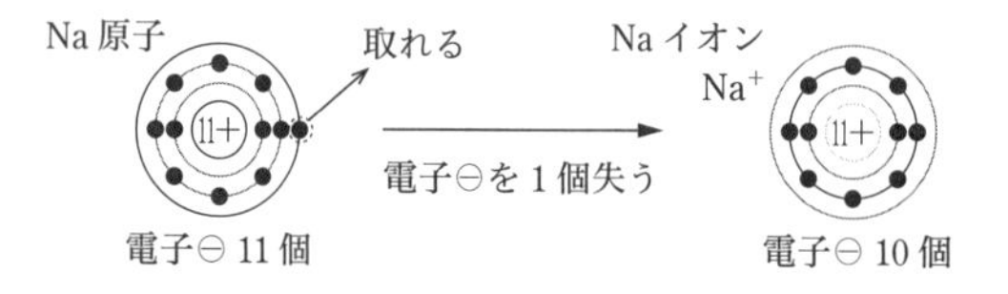

最外殻が M 殻は電子数 0 個だが，1 つ内側の L 殻がオクテットなので安定．

(3) 2 族の最外殻電子数は 2 個．この 2 個の電子（⊖×2 個）を失うと，最外殻の電子数は 0 となるが，1 つ内側の電子殻がオクテット（電子殻の電子数 8 個，閉殻構造）となり，安定化する．電子（⊖）を 2 個失ったから，2 族の原子は，+2 価（2+）の陽イオンとなる（下図）．

(例) Mg 原子（12 番元素だから，陽子 12⊕，電子 12⊖：$(K)^2(L)^8(M)^2$，K 殻 2 個，L 殻 8 個，M 殻 2 個）➡ 貴ガスのような安定した電子配置になりたい！ ➡（M 殻の）電子 2 個を放出 ➡ Mg^{2+}（陽子 12⊕電子 10⊖ ＝2+：$(K)^2(L)^8(M)^0$，K 殻 2 個，L 殻 8 個：貴ガスの Ne と同じ電子配置！＝安定）

最外殻が M 殻は電子数 0 個だが，1 つ内側の L 殻がオクテットなので安定．

(4) 16 族の最外殻電子数は 6 個．この 6 個の電子を失えば，最外殻の電子数は 0 となり，1 つ内側の電子殻がオクテットとなる．一方，外部（他の原子）から電子を 2 個もらっても，最外殻の電子数は 8 個，つまりオクテット（電子殻の電子数 8 個，閉殻構造）となり，安定化する．後者の方が，6 個の電子を失う方より容易である．この場合，外部から電子（⊖）を 2 個得たので，16 族の原子は，電荷−2（2−）の陰イオンとなる（下図，p.8, 9 も参照）．

(例) O 原子（8 番元素だから，陽子 8⊕，電子 8⊖：$(K)^2(L)^6$，K 殻 2 個，L 殻 6 個）➡ 貴ガスのような安定した電子配置になりたい！（L 殻に）電子 2 個を獲得 ➡ O^{2-}（陽子 8⊕ 電子 10⊖＝2⊖：$(K)^2(L)^8$，K 殻 2 個，L 殻 8 個：貴ガスの Ne と同じ電子配置！＝安定）

(5) 17 族の最外殻電子数は 7 個．(4) の場合と同様に，7 個の電子を失うより，電子（⊖）1 個を外部（他の原子）からもらえば，より容易に最外殻の電子数が 8 個，つまりオクテット（電子殻の電子数 8 個，閉殻構造）となり安定化する．外部から電子（⊖）を 1 個得たので，17 族の原子は，電荷−1（1⊖）の陰イオンとなる（下図）．

(例) F 原子（9 番元素だから，陽子 9⊕，電子 9⊖：$(K)^2(L)^7$，K 殻 2 個，L 殻 7 個）➡ 貴ガスのような安定した電子配置になりたい！（L 殻に）電子 1 個を獲得 ➡ F^-（陽子 9⊕ 電子 10⊖＝1⊖：$(K)^2(L)^8$，K 殻 2 個，L 殻 8 個：貴ガスの Ne と同じ電子配置！＝安定）

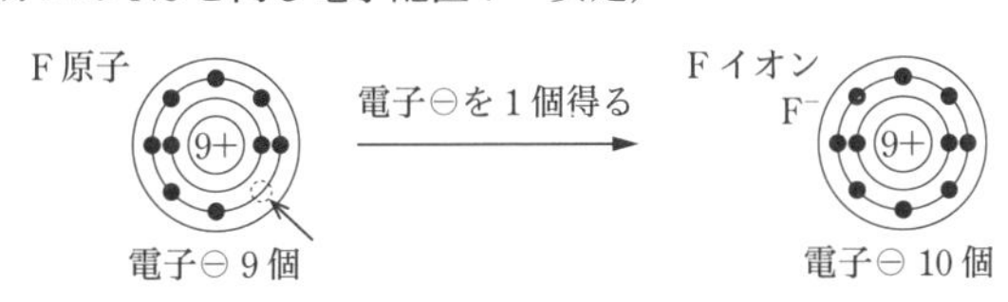

(1) 最外殻電子数 ①8 個 は安定
(2) 1 族元素（アルカリ金属）のイオンの電荷は ②+1．代表的イオンは ③Na^+ と ④K^+
(3) 2 族元素のイオンの電荷は ⑤+2．代表的イオンは ⑥Mg^{2+} と ⑦Ca^{2+}
(4) 16 族元素のイオンの電荷は ⑧−2．代表的イオンは ⑨O^{2-} と ⑩S^{2-}
(5) 17 族元素のイオンの電荷は ⑪−1．代表的イオンは ⑫F^-，⑬Cl^-，⑭Br^-，⑮I^-

電子配置図

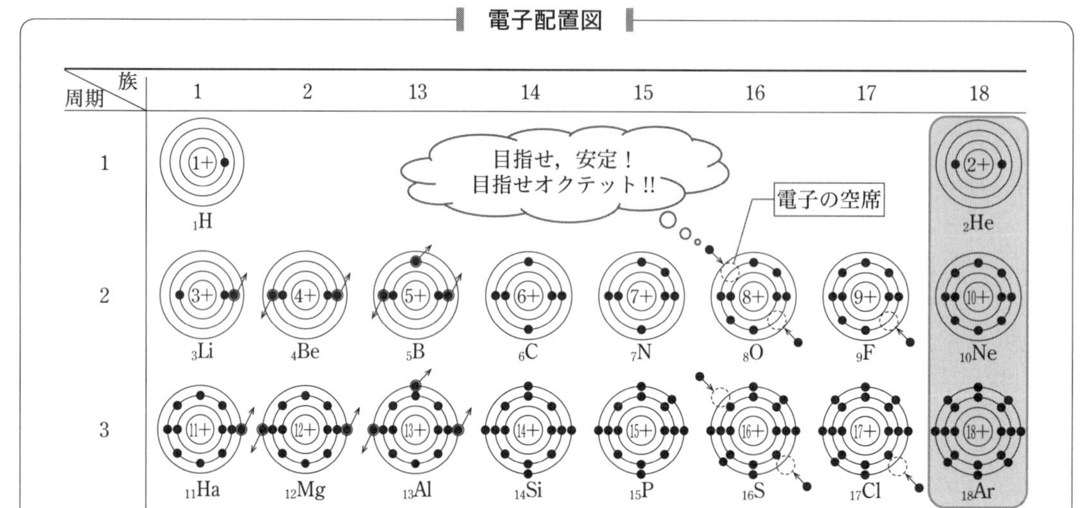

不安定な原子たちは，「（安定している）貴ガスのような電子配置（＝オクテット則）」を目指して，電子を必要な数だけ，放出したり（陽イオン），獲得したり（陰イオン）する．オクテットを満たすためには，電子をどれだけ放出する，またはどれだけ電子を獲得する必要があるのか．その電子数の増減の状況により，イオンの電荷は決まる．

族番号	1族	2族	13族	14族	15族	16族	17族	18族
第1周期								
第2周期								
第3周期								
第4周期								
第5周期								
原子の最外殻電子数	1	2	3	4	5	6	7	8
電子⊖の数の増減	1個減	2個減	3個減	（4個減）	（3個増）	2個増	1個増	0
イオンの最外殻電子数	0[a]	0[a]	0[a]	（0[a]）	（8）	8	8	8
イオンの電荷	＋1	＋2	＋3	（＋4）	（－3）	－2	－1	0

周期表および，それに付随する以下の項目は，要記憶であるが，機械的に丸暗記するのではなく，「なぜそうなるのか」を理解してから覚えよう．ここでは「イオンの電荷が，なぜこのような値になるのか」を理解しよう．

不安定　安定

（　）：14族，15族のイオンは，高校の化学基礎ではでてこない．

a）1，2，13族では「もとの原子の最外殻」にあった電子を失う（電子がなくなる，電子0個）ため，「1つ内側の電子殻」が閉殻構造（オクテット）となる．

オクテット則は1つの考え方である．より合理的な理解は p.106 の注 1）を参照されたい．

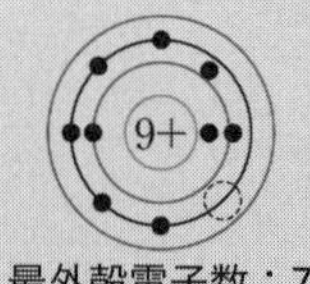

外部から電子を1つ取り込む

電子数1個増

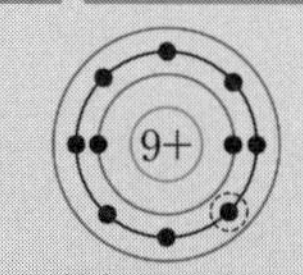

最外殻電子数：7
（電子の空席：1）

最外殻電子数：8
イオンの電荷：－1
9⊕＋10⊖＝1⊖

A・4　酸化数と最高酸化数　酸化数・最高酸化数について理解しよう！

酸化数は，イオンや化合物の化学式，酸化還元における電子のやりとりなどを考えるうえで有用な概念です．

問題 A-4　酸化数について，以下の空欄を埋めなさい．

(1)「酸化数」とは，化合物やイオンを構成する原子中の【①　　　】数が，原子 1 個だけが独立して存在している状態と比べて，何個過不足があるかを示したものである．

(2)「最高酸化数」とは，原子が最外殻電子をすべて失った状態での【②　　　】のこと．

(3) 1〜18 族元素の最高酸化数を示せ．

族番号	1 族	2 族	13 族	14 族	15 族	16 族	17 族	18 族
最高酸化数	[③　　]	[④　　]	[⑤　　]	[⑥　　]	[⑦　　]	[⑧　　]	[⑨　　]	[⑩　　]

〔18 族元素〕
＝貴ガス　貴ガスの最高酸化数は 0　これは約束！
＝閉殻構造は安定（0 で安定）
（8 個の電子は失われない．つまり電荷 0）
＝最高酸化数 0 と考える．

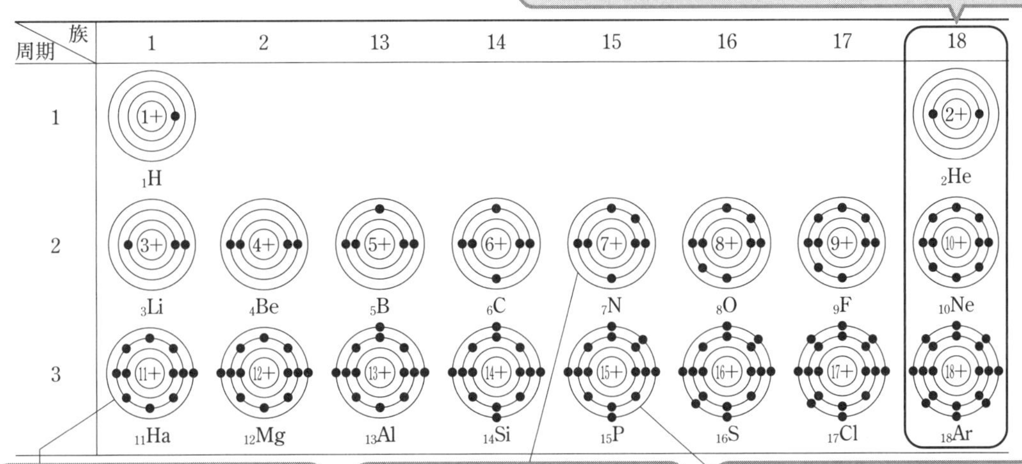

1 族の Na：最外殻（M 殻）の電子数は 1 個．この 1 個を失うと，残る電子は K 殻，L 殻の 10 個（10－）．したがって，11＋と 10－で，（最高酸化数）は＋1 になる．

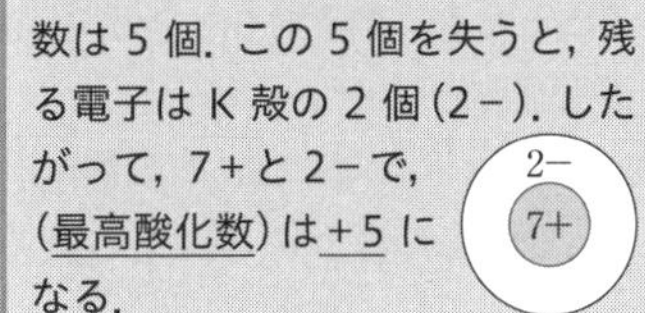

15 族の N：最外殻（L 殻）の電子数は 5 個．この 5 個を失うと，残る電子は K 殻の 2 個（2－）．したがって，7＋と 2－で，（最高酸化数）は＋5 になる．
2−
7+

15 族の P：最外殻（M 殻）の電子数は 5 個．この 5 個を失うと，残る電子は K 殻，L 殻の 10 個（10－）．したがって，15＋と 10－で，（最高酸化数）は＋5 になる．

(1)「酸化数」とは，化合物などの原子の ① 電子 数が，もとの原子に比べ何個過不足があるかを示したもの．

(2)「最高酸化数」とは，原子が最外殻電子をすべて失った状態での ② 電荷 のこと．

(3) 1〜18 族元素の最高酸化数：

族番号	1 族	2 族	13 族	14 族	15 族	16 族	17 族	18 族
最高酸化数	③ ＋1	④ ＋2	⑤ ＋3	⑥ ＋4	⑦ ＋5	⑧ ＋6	⑨ ＋7	⑩ 0

A・5 電子式の書き方 電子式が書けるようになろう！

原子からイオンへの変化（原子のイオン化）や，原子間の化学結合（共有結合）には，最外殻電子（価電子）が関与しています．そこで，原子を表す元素記号と，最外殻電子（価電子）を一緒に記した電子式（ルイス構造）を考えると，化学結合の理解に役立ちます．

問題 A-5 以下の原子の電子式を示しなさい．

① H【　　】 ② He【　　】 ③ Li【　　】 ④ C【　　】
⑤ N【　　】 ⑥ O【　　】 ⑦ Ne【　　】

電子式を書く

［手　順］

1. 原子の族番号を知る．
2. 原子の最外殻電子（価電子）は，1, 2 族では原子の族番号に，13～18 族では族番号－10 に等しいので，この電子を，（下記のルールにしたがって）元素記号の上下左右 4 カ所の「部屋」に，書き込む．

［ルール］

(1) 価電子の書き方：　元素記号の回り（上下左右 4 カ所）に，最外殻電子（価電子）を表す「・」を書き込む．

(2) 電子の部屋：　元素記号の回りには，「電子が 2 個まで入る部屋」[1)]が「4 部屋」ある．
（H, He には「2 人部屋」が 1 部屋のみ，Li 以降の元素は「2 人部屋」が 4 部屋あることを前提に考える）

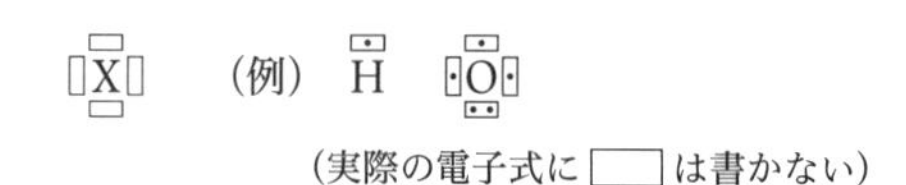

（実際の電子式に □ は書かない）

1)「電子が 2 個まで入る部屋（2 人部屋）」とは，電子の軌道（のようなもの，orbital）を意味している．s, p, d 軌道など（➡「ゼロからはじめる化学」p.92, 106,「有機化学 基礎の基礎 第 3 版」p.200, 201）．

(3) 電子の配列（詰め方）：

1) 本来はみな，単独で部屋に居住したがる．この 1 人住まいの電子のことを「不対電子」という．電子はそれぞれが負電荷（－）をもつので，電子が同じ部屋にいると互いに反発しあい（クーロンの法則），不安定になる．そこで，電子は 4 個目まではそれぞれ別の部屋に入り，不対電子となる．
2) 部屋は 4 つしかないので，5 個目の電子からは，仕方なく同居（1 つの部屋に 2 個の電子）となる．この，同居している 2 つの電子のことを「電子対」という（「電子が 2 個まで入る部屋」が「4 部屋」なので，合計 8 個までの電子が居住できる）．
3) この「4 部屋」に差はないので，ルールさえ守れば，どの部屋から居住して（詰めて）いってもよい．
4) H, He は 1 部屋だけなので，元素記号の回りの 1 カ所にのみ（上下左右の場所は不問），電子を詰める．

Point He は価電子が 2 個あるけれど，「部屋」は 1 部屋だけ．したがって，（·He· ではなく）He: となる．

以下のどれでも正しい（C と Ne 以外では複数の書き方がある）．

① Ḣ　H·　H̤　·H　② He（上に:）　He:　He（下に:）　:He　③ L̇i　Li·　Li（下に·）　·Li　④ ·Ċ·（下に·）
⑤ ·N·（上下に·）　·N:（上下に·）　·N·（上に·，下に:）　:N·（上下に·）　⑥ ·O·（上に:，下に·）　·O:（上に·，下に·）　:O·（上に·，下に:）　:O·（上に:，下に·）　·O·（上に·，下に:）　:O:（上に·，下に·）　⑦ :Ne:（上下に:）

A・6 共有結合・配位結合 共有結合と配位結合について理解しよう！

問題 A-6 共有結合とは何か，説明せよ．

【 】

答 A-6 共有結合（電子対結合，電子対共有結合）とは，2 つの原子が互いに価電子を 1 個ずつ出し合って，生じた電子対を共有してできる結合のことである．生じた電子対のことを共有電子対という．原子回りに 4 つある部屋（前ページ参照）のうち，1 個しか入っていない部屋の電子（不対電子）がこの結合に関与する．したがって，原子の原子価（手の数）は各原子の不対電子数に等しく，H が 1，C が 4，N が 3，O が 2 となる．その結果，共有結合した C，N，O 原子回りの電子数は，化学的に安定な貴ガス（Ne）と同じ 8 個（オクテット）となる（答 A-7；C，N，O に結合した H 原子回りの電子数は貴ガス He と同じ 2 個）．

共有結合のより本質的な考え方

結合する 2 つの原子の両方が不対電子をもち，それを共有してできるので“共有結合（電子対共有結合）”という．この不対電子がいわゆる共有結合の“手”であり，異なった原子の不対電子同士が“手”をつないで共有電子対をつくる（同居する＝共有結合をつくる（下図）この考え方はじつはオクテットとは無関係）．

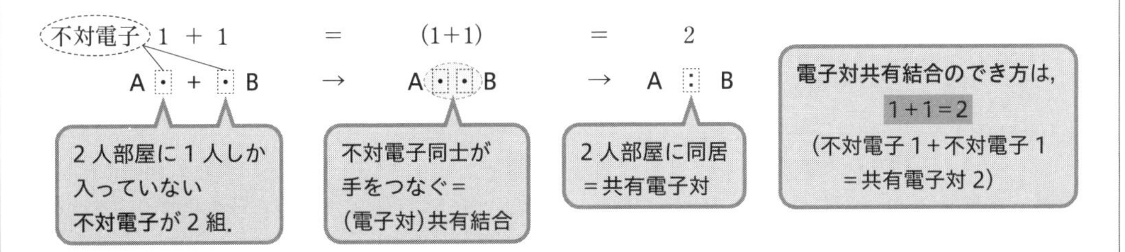

Point 共有結合のイメージは，2 人で 500 万円（電子 1 個）ずつ出し合って 1000 万円で会社をつくり，仲良く運営（共有結合）している（より詳しくは，拙著「ゼロからはじめる化学」p.94〜96，103〜110，「有機化学 基礎の基礎 第 3 版」p.208〜213 を参照されたい）．

問題 A-7 以下の分子と，そのでき方（共有結合のでき方）を，電子式で示せ．

（でき方） （分子）

(1) 水素【 】→【 】(H_2)

(2) 水【 】→【 】(H_2O)

(3) アンモニア【 】→【 】(NH_3)

(4) メタン【 】→【 】(CH_4)

H, O, N, C の不対電子の数，つまり原子価はそれぞれ 1, 2, 3, 4 である．したがって，

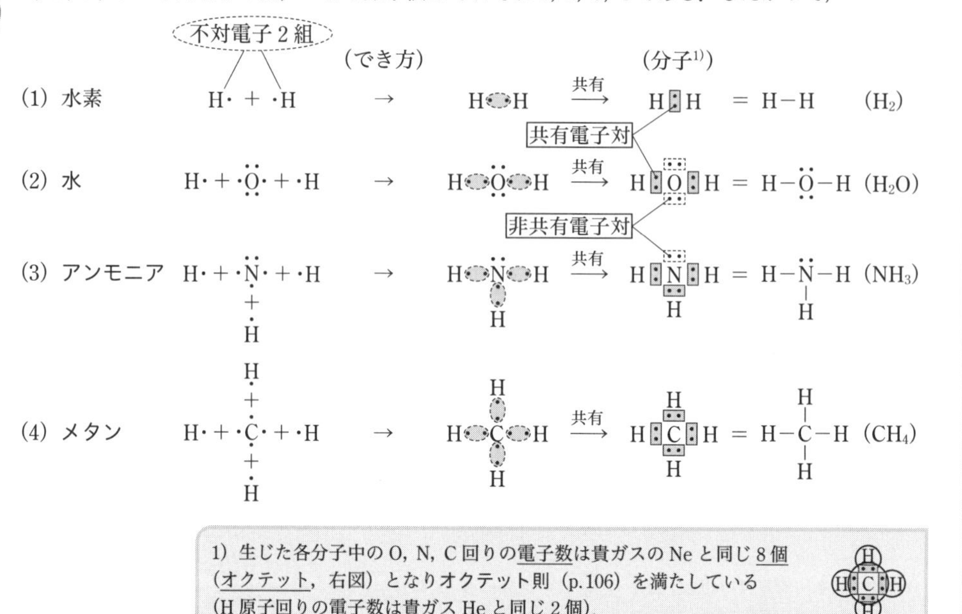

1) 生じた各分子中の O, N, C 回りの電子数は貴ガスの Ne と同じ 8 個（オクテット，右図）となりオクテット則（p.106）を満たしている（H 原子回りの電子数は貴ガス He と同じ 2 個）．

問題 A-8　配位結合とは何か，「配位」の意味もあわせて説明せよ．

【　　　　　　　　　　　　　　　　　　　　　　　　　　　　　　】

共有結合（電子対共有結合）の一種であり，「配位」という過程により生じた共有結合のこと．「配位」とは，非共有電子対をもつ（2 人部屋に自分の電子がすでに 2 個入っている）原子が，電子不足（2 人部屋が空っぽ）の原子に電子対を供与（配位），これを共有する（電子を 1 個与えた後で共有結合する）こと．

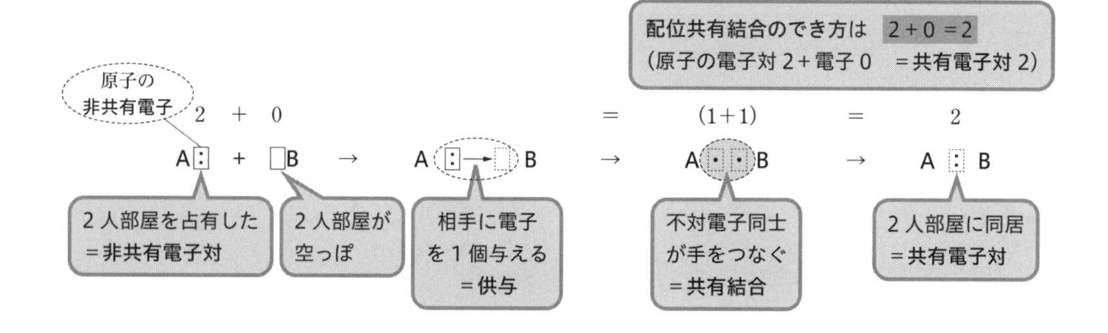

Point　片方が非共有電子対をもち（電子 2 個），片方は電子をもっていない（電子 0 個）場合，電子を与えてから（供与），共有結合する．これを（供与結合，または）“配位結合（配位共有結合）”という（詳しくは，拙著「ゼロからはじめる化学」p.96，「有機化学 基礎の基礎 第 3 版」p.212，「からだの中の化学」p.187 を参照されたい）．

問題 A-9　アンモニア NH_3 を水に溶かすと，水溶液は塩基性を示す（OH^- の濃度増大）．$NH_3 + H^+ \rightarrow NH_4^+$ の反応[2)]を電子式で示しなさい．

（参　考：NH_3 が水分子 H_2O から H^+ を引き抜くことで NH_4^+ と OH^- を生じると考えることもできる．）

H:N:(H)(H):　＋ □H^+ → 【　　　　　　　　　　】

2) 水のイオン解離；$H_2O \rightleftharpoons H^+ + OH^-$ で生じた H^+ を NH_3 が捕まえる；$NH_3 + H^+ \rightarrow NH_4^+$．$H^+$ の減少を補うために解離が → に進み OH^- が増える）．

答 A-9

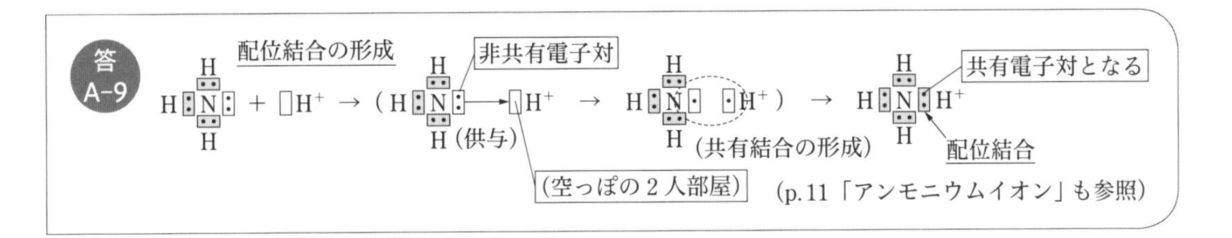

A・7 電気陰性度と極性　化合物の性質を理解するための重要概念．しっかりと理解しよう！

問題 A-10　電気陰性度について説明し，それぞれの原子についてその大きさの順序を示しなさい．

(1) 電気陰性度とは，

【　　　　　　　　　　】

(2) 原子 H，C，N，O，F，Cl　を，電気陰性度の小さい順に並べなさい．

【①　　】＜【②　　】＜【③　　】＝【④　　】＜【⑤　　】＜【⑥　　】

周期表の同じ周期（行）で比べた場合，電気陰性度は右側に行くほど大きくなるので，C ＜ N ＜ O ＜ F となります．全体としては，H[3)] ＜ C ＜ N ＝ Cl[4)] ＜ O[5)] ＜ F．

（理由は次ページ，より詳しくは拙著「有機化学 基礎の基礎 第3版」p.198，「ゼロからはじめる化学」p.102 を参照されたい）

3) H は H^+ になることができるので電子を失いやすそう → 電気陰性度小
4) N と Cl の電気陰性度がほぼ同じことは，事実として覚える．
5) O は O^{2-} になりやすい → 電子をもらいやすい → 電気陰性度大

電気陰性度の大きさは，最外殻電子（価電子）由来の共有結合の電子対が，原子核方向（内側）に引きつけられる強さで決まります．その要因は，① 内側の電荷の大きさ（有効核電荷：最高酸化数で近似できる）[1,2] と，② 原子核と最外殻電子間の距離（原子の大きさ）です．

内側の＋電荷が大きいほど，電子⊖が内側に引きつけられる力は強い（クーロンの法則）[3]＝電気陰性度が大きい

原子核と最外殻電子との距離が短い（原子の大きさが小さい）ほど，内側の＋電荷と電子⊖の引力は強い（クーロンの法則）[3]＝電気陰性度が大きい

1）内側の電荷（有効核電荷）：定性的には最高酸化数（p.109）と等しいとしてよい．
2）最外殻の電子は，この内側の正電荷により，原子核（内側）に引きつけられている．つまり，周期表の右方向に行くほど，電子を引きつける力が強い．この引力により，外部の電子も最外殻中の“電子の空席”へ引きつけられる（p.106～108）．
3）磁石をイメージしてみよう（引力が強いのは，どちらだろうか．
・内側の電荷が大きい
（強い磁石，たくさんの磁石）＞内側の電荷が小さい（弱い磁石，1個の磁石）
・距離が近い（磁石と対象物の距離が近い）＞距離が遠い（磁石と対象物の距離が遠い）
（静電気力に関するクーロンの法則と磁気に関するクーロンの法則は同じ式の形をしている＝同じイメージで考えてよい ➡「ゼロからはじめる化学」p.99）

(1) 電気陰性度とは，
共有結合した原子が，（結合相手の）電子を自分の方に引き寄せる強さ（共有電子対を綱引きする力）の尺度・電子を好む尺度のこと．

(2) ① H ＜ ② C ＜ ③ N ＝ ④ Cl ＜ ⑤ O ＜ ⑥ F

18族元素は軌道に電子が満杯（空席0）なので，外部（他の原子）の電子をひきつけることはできません．したがって，電気陰性度はゼロとなります．

電気陰性度

族番号	1族	2族	13族	14族	15族	16族	17族	② 原子殻から最外殻電子までの距離（◎：原子核，○：最外殻）
① 内側の電荷（最高酸化数）[a]	+1	+2	+3	+4	+5	+6	+7	
第1周期	H 2.1							短い（近い）
第2周期	Li 1.0	Be 1.5	B 2.0	C 2.5	N 3.0	O 3.5	F 4.0	
第3周期	Na 0.9	Mg 1.2	Al 1.5	Si 1.8	P 2.1	S 2.5	Cl 3.0	
第4周期	K 0.8	Ca 1	Sc 1.3	Ge 1.8	As 2	Se 2.4	Br 2.8	長い（遠い）

電気陰性度大（右上：F）／電気陰性度小（左下：K）

a）正確には有効核電荷
電気陰性度の値を覚える必要はありません．問題 A-10（2）の順番のみ原理を理解して記憶しましょう．

このように，電気陰性度は2つの要因（上表の①，②）により，大きさが決まります．

問題 A-11　**極性（極性結合，極性分子と無極性分子）について「分極」とあわせて説明せよ．**

(1) 極性結合（極性共有結合）とは，
【　　　　　　　　　　　　　　　　　　　　　　　　　　　　　　　　　　　】

(2) 極性分子，無極性分子とは，
【　　　　　　　　　　　　　　　　　　　　　　　　　　　　　　　　　　　】

(3) 結合の極性について判断し，$\delta+$，$\delta-$を記しなさい（無極性の場合“無極性”と示すこと）．
ヒント：ごくわずかな電荷（たとえば 0.05）を，記号 δ で表す．→「$\delta+$」＝+0.05，「$\delta-$」＝−0.05
①【−C—Cl】　②【−O—H】　③【−O—O−】　④【H—Cl】　⑤【H—O—H】
⑥【−O—C−】　⑦【H—N−】　⑧【−C—H】　⑨【−N—C−】

共有結合した 2 つの原子 A−B の間で，電気陰性度が大きい方の原子は，相手の電子を引き寄せます．すると，電子は負電荷（−）をもっているので，もともと中性だったものが少しだけ負（$\delta-$）となります．一方，相手（電気陰性度が小さい方）の原子は，電子を減らした分だけ，中性だったものが少しだけ正（$\delta+$）[4] となります．このように，わずかに分極した（正負の極に分かれた）結合を**極性結合**，またはその結合は**極性**をもつといいます．

4) 原子核の＋電荷を中和していた電子が，一部奪われたため．陽イオンのでき方 p.8, 9 参照

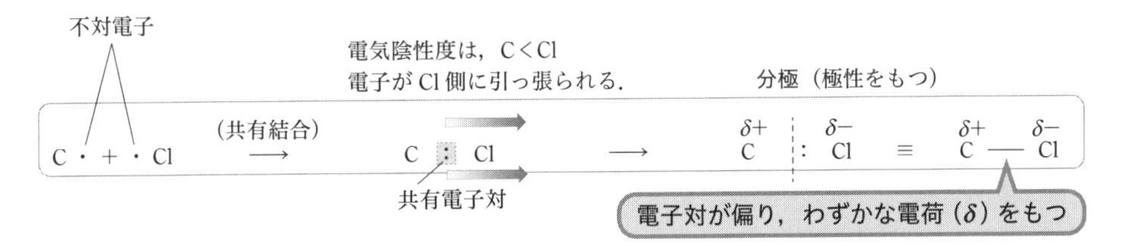

水分子 H_2O 自身が極性分子（極性をもった分子）なので（$\delta-$ と $\delta+$ に分極，p.116 図 1），親水性の物質（イオンや極性のある分子）は水に溶けます．たとえば NaCl は Na^+（水和イオン）+ Cl^-（水和イオン）となって（p.117，図 5, 6）水に溶けます．また，極性分子は H−O(−H)…$\delta+\delta-$…H−O−H となって水に溶けます（p.117，図 4）．このように，粒子（物質）は少しでも電荷をもてば，その電荷が増すほど水に溶けやすくなり，一方，無極性分子は水に溶けにくいのです．

(1) **極性**（共有）**結合**とは，共有結合した 2 つの原子の間で，電気陰性度が大きい原子が共有結合した電子対を自分の方に引き寄せると，自身は少しだけ負電荷を帯び，電子をもっていかれた相手（電気陰性度の小さい方）の原子は正電荷を帯びる（上述）．これを，極性をもつ（分極）といい，このような結合を極性（共有）結合という．

(2) **極性分子**，**無極性分子**とは，極性分子は極性をもった（分極した，分子の一部が正負の極に分かれた）分子であり，水に溶ける（水分子自身が極性分子である）．無極性分子は極性をもっていない（分極していない）分子であり，水に溶けにくい（水との相互作用が小さい，仲良くできない）．

(3) ①【$-C^{\delta+}-Cl^{\delta-}$】　②【$-O^{\delta-}-H^{\delta+}$】　③【$-O^{0}-O^{0}-$】 無極性
④【$H^{\delta+}-Cl^{\delta-}$】　⑤【${}^{\delta+}H-{}^{\delta-}O^{\delta-}-H^{\delta+}$】　⑥【$-O^{\delta-}-C^{\delta+}-$】
⑦【$H^{\delta+}-N^{\delta-}-$】　⑧【$-C^{\delta-}-H^{\delta+}$】[5]　⑨【$-N^{\delta-}$　$C^{\delta+}-$】

5) C−H 結合はごくわずかしか極性をもたない（C−H 結合は，実質「分極していない（極性をもたない）」と考えてもよい程度の極性の強さである）．

A・8 分子間相互作用と水素結合　からだと身のまわりの物質を理解するための重要概念！

問題 A-12　以下の問題に答えなさい.

(1) 分子間相互作用とは何か，説明せよ.

【　　　　　　　　　　　　　　　　　　　　　　　　　　　　　　　】

(2) 水素結合とは何か，説明せよ.

【　　　　　　　　　　　　　　　　　　　　　　　　　　　　　　　】

分子間相互作用とは，水素結合，双極子相互作用，静電的相互作用（クーロン力），分散力など，共有結合でない分子同士の間で生じる引力のことです（次ページ参照）．人に例えれば，親子や夫婦・家族，隣人や友人との“きづな”やつながりに対応します．

O 原子の電気陰性度は H 原子に比べて相当大きく（p.114），O−H 結合の共有電子対は O 原子側に強く引き寄せられ，結合は大きく分極しています（O−H 結合は極性が大きい＝水分子は強い極性をもっている）．つまり，O 原子は負の電荷（$\delta-$）を，H 原子は正の電荷（$\delta+$）を帯びています（図 1）．すると，H 原子の $\delta+$ と隣の分子の非共有電子対（O 原子の $\delta-$），および O 原子の $\delta-$ と隣の分子の H 原子の $\delta+$ の間に，クーロン力（静電的相互作用，⊕⊖の引力，磁石の NS の引力と相似）に基づく引力がはたらくため，水分子同士は互いに水素原子を介してつながります．これを**水素結合**といいます（図 2，図 3）．H_2O 分子は O 原子上に 2 組の非共有電子対があるため（図 1 の下側，$\delta-$・あごヒゲと後ろ髪），正四面体の頂点方向（メタン分子 CH_4 の 4 つの H と同じ方向）に，4 本の水素結合をつくります（図 2，点線）．したがって，氷や液体の“水”は，四面体方向にのびた 4 本の水素結合が無限につながった，3 次元の網目構造をしています（図 3）．

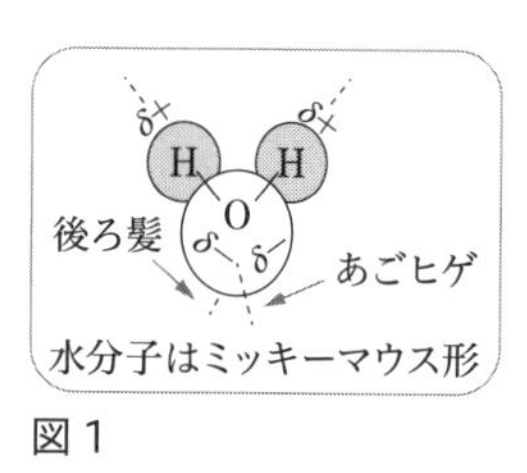

図 1

水分子は，正四面体方向に水素結合をもつ

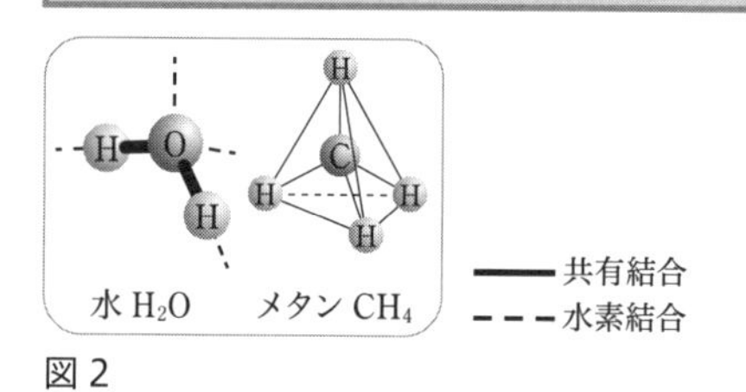

図 2

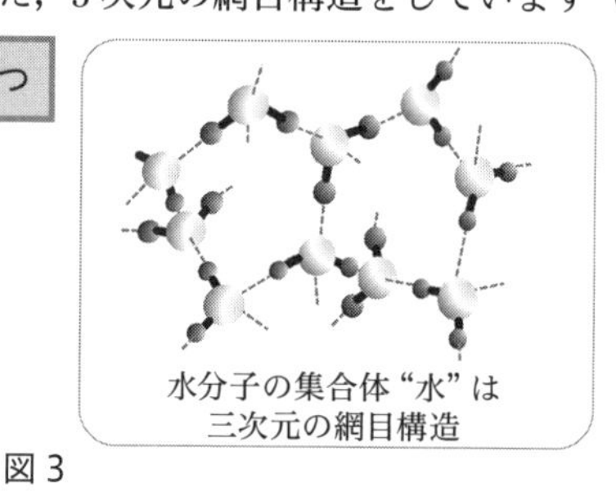

水分子の集合体“水”は
三次元の網目構造

図 3

水のさまざまな特異性は水素結合に由来します．氷は水に浮きます（水は氷になると体積が増えて密度が小さくなる）．水の沸点 100 ℃は，水と似た分子量のメタンの沸点 −161 ℃に比べて 261 ℃も高く，**蒸発熱**（**蒸発の潜熱，気化熱**）は液体中で最大，比熱も物質中で最大です．また，表面張力も金属の水銀を除き最大です．これらの水の特異性が，タンパク質や DNA の構造維持，発汗による体温調節，地球の気温や気候調節など，からだや身のまわり，地球上のさまざまなことを可能にしているのです．

答 A-12

(1) 分子間相互作用とは，水素結合，双極子相互作用，静電的相互作用（クーロン力），分散力など，分子同士の間で生じる弱い相互作用・引力（分子同士のきづな）のこと．

(2) 水素結合は，分子間相互作用の一種．水素原子を介した，クーロン力（電気的な＋と−が互いに引き合う力）による相互作用のこと（O−H 基のような極性結合をもつ分子が，その $^{\delta+}$H を介して，別の分子中の原子の非共有電子対 $^{\delta-}$:X と引き合うこと）．液体の“水”は，正四面体構造である水分子それぞれが伸ばした水素結合が，無限につながった網目構造をとったものである．

双極子相互作用

水分子（H_2O）のO−H結合や，カルボニル基（−CO−，>C=O）[1]のように分極した結合（極性結合）をもつ分子（極性分子）は，分子間で＋と－の引力がはたらき，磁石のように引き合います．これを双極子相互作用といいます．

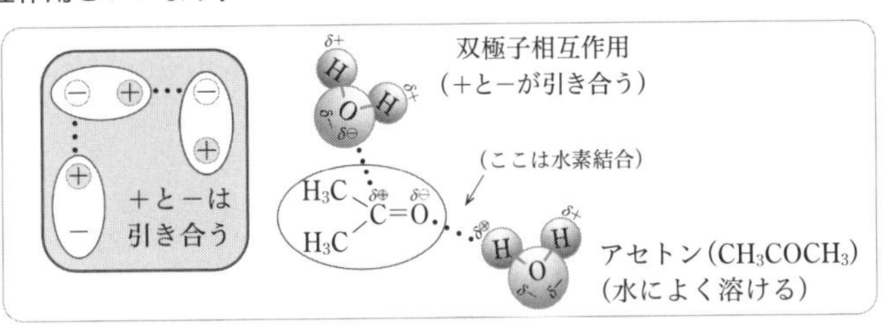

1）>C=O，−C−（$\delta\oplus$，$\delta\ominus$）
（➡「有機化学基礎の基礎」p.115，「ゼロからはじめる化学」p.159，「からだの中の化学」p.192）

図4

イオン−双極子相互作用

イオンは，強い極性をもつ水分子との「イオン−双極子相互作用（＋と－の引力）」（図5）により，水溶液中で水分子を回りにまとった「水和」構造をとります（図6）．これが，イオンが水に溶けている状態です．

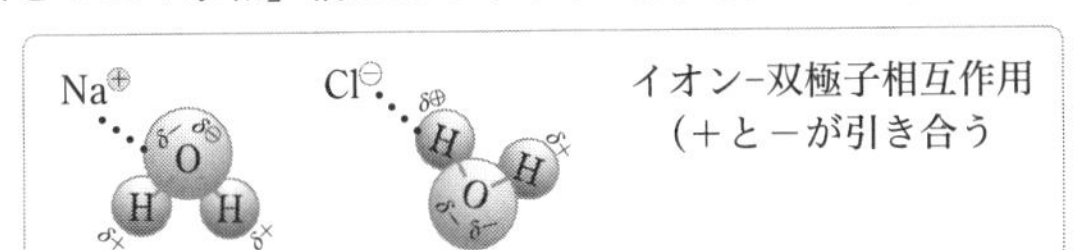

イオン−双極子相互作用
（＋と－が引き合う

図5

水分子H_2O自身が極性分子なので，親水性物質（イオンや極性をっている分子）は，水素結合，双極子相互作用，イオン−双極子相互作用などにより，水分子と相互作用（引き合う，仲良く）するために水に溶けます（Na^+とCl^-は，それぞれが図6のような水和構造をとり，水に溶け込んでいる）．

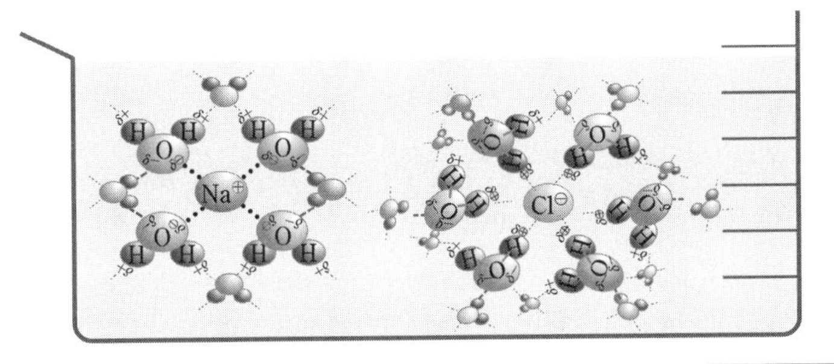

図6　イオンの水和
Na^+：4個の水分子が正四面体配位，
Cl^-：6個の水分子が正八面体配位
･･･：陽イオン（Na^+）は，水分子と配位結合していると考えることもできる．

静電的相互作用（クーロン相互作用・クーロン力）

タンパク質中では酸性アミノ酸残基の $-COO^-$ と塩基性アミノ酸残基の $-NH_3^+$ が静電的相互作用（＋－の引力，イオン結合）しています．固体のNaCl結晶中では，Na^+ と Cl^- は静電的相互作用（クーロン相互作用）で全体がひとかたまり（Na^+Cl^-）$_\infty$として集合しています（p.31下図，イオン結晶）．

分散力とファンデルワールス力

静電的相互作用，水素結合以外の分子間相互作用には，双極子−双極子（永久双極子−永久双極子，永久双極子−誘起双極子，瞬間双極子−誘起瞬間双極子）相互作用があります．この双極子相互作用全体をファンデルワールス力といいます．このうち瞬間双極子−誘起瞬間双極子相互作用をとくに分散力とよびます．永久双極子とは極性分子，瞬間双極子とは原子中の電子が原子内の一方向に瞬間的に偏った結果生じるすべての原子がもつ双極子（δ+とδ−）です．瞬間双極子は電子数が多いほど大きくなるので，分散力は原子番号の大きい元素の原子同士ほど大きくなります．誘起双極子，誘起瞬間双極子は双極子の電荷が隣の分子に引き起こす誘起電荷に基づきます．（(＋ －)（　）→(＋ －)(δ^+ δ^-)）．

食品学・栄養学・生化学分野の有機化合物に関する基礎知識

C・1 アミノ酸・タンパク質　からだの構成成分：筋肉，酵素，ペプチドホルモンなど

［アミノ酸と鏡像異性体（光学異性体）］

問題 C-1　以下の問題に答えなさい．

(1) アミノ酸の一般式と，グリシン，アラニン，フェニルアラニン，グルタミン酸（グルタミン酸ナトリウムはうまみ調味料）の構造式を示しなさい．

(2) アミノ酸や糖には鏡像体・対掌体といわれる分子構造が鏡で映した左右逆・左右の手のひら（掌）の関係にある鏡像異性体（光学異性体）が存在する．アラニンの鏡像異性体の構造式を示しなさい．

答 C-1

(1)

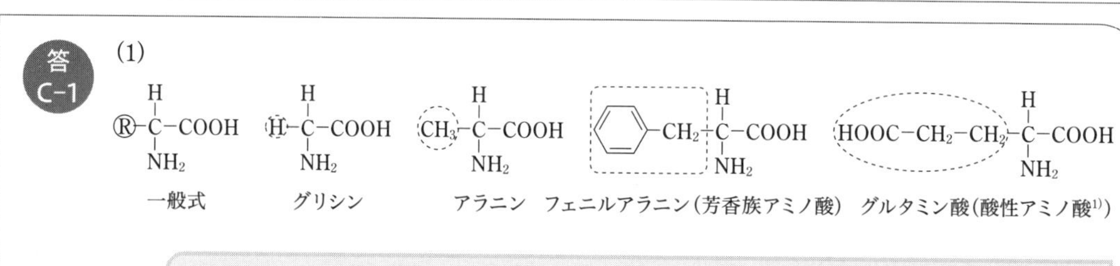

1) 通常のアミノ酸分子中には酸性を示す－COOH 基と塩基性を示す$-NH_2$ 基が一対あるので，両者は分子内で中和し，双性イオン（$RCH(NH_3^+)COO^-$）となっており，水溶液は中性を示す（中性アミノ酸）．

(2) $H_2N-C^*(COOH)(CH_3)-H$ ｜ $H-C^*(COOH)(CH_3)-NH_2$　左の構造式の立体構造式 →

鏡面

L-アラニン（左手分子）　D-アラニン（右手分子）

*は不斉炭素原子

◀ 紙面の上側　┅ 紙面の下側 ── 紙面上

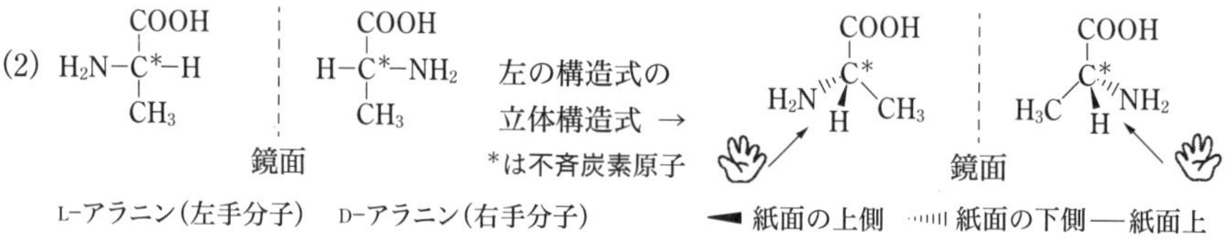

＊　分子中に不斉炭素原子（炭素に結合した原子・原子団 4 個がすべて異なる）があれば鏡像異性体が存在する．鏡像異性体の D, L については L- を Left（左）と覚えればよい．

［ペプチド・タンパク質］（タンパク質はアミノ酸からできている）

問題 C-2　アラニン 3 分子からなるトリペプチドの生成反応を示しなさい．

ヒント：タンパク質はアミド結合・ペプチド結合で多数のアミノ酸がつながったポリアミド・ポリペプチドである．

答 C-2

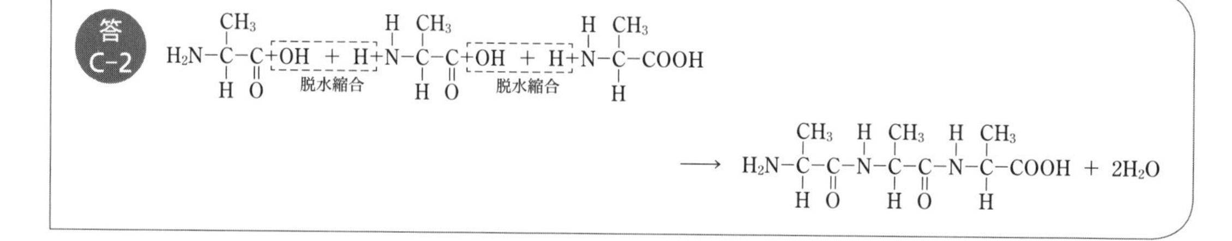

C・2 脂質　細胞膜，体脂肪・エネルギー貯蔵物質，油脂など

脂質（lipid）とは炭水化物・タンパク質などとともに生体を構成するおもな物質群の総称です．単純脂質（中性脂肪，ろう）・複合脂質（リン脂質，糖脂質）・誘導脂質（コレステロール，脂肪酸など）に分類され，分子中に水に溶けにくい疎水基（C，Hからなる部分）をもつ化合物群です．中性脂肪は，3価アルコールのグリセリンと脂肪酸（長鎖カルボン酸）がエステル結合した，生体の通常および貯蔵エネルギー源，リン脂質は，細胞膜の主要成分です．

［中性脂肪（トリグリセリド，トリアシルグリセロール）］（脂肪酸とグリセリンのエステル）

問題 C-3　以下の生成反応式を示しなさい．また，反応の脱水の様式も示しなさい．

グリセリン（グリセロール，1,2,3-プロパントリオール）$CH_2(OH)CH(OH)CH_2OH$ と3分子の脂肪酸 RCOOH から生じる中性脂肪（油脂）

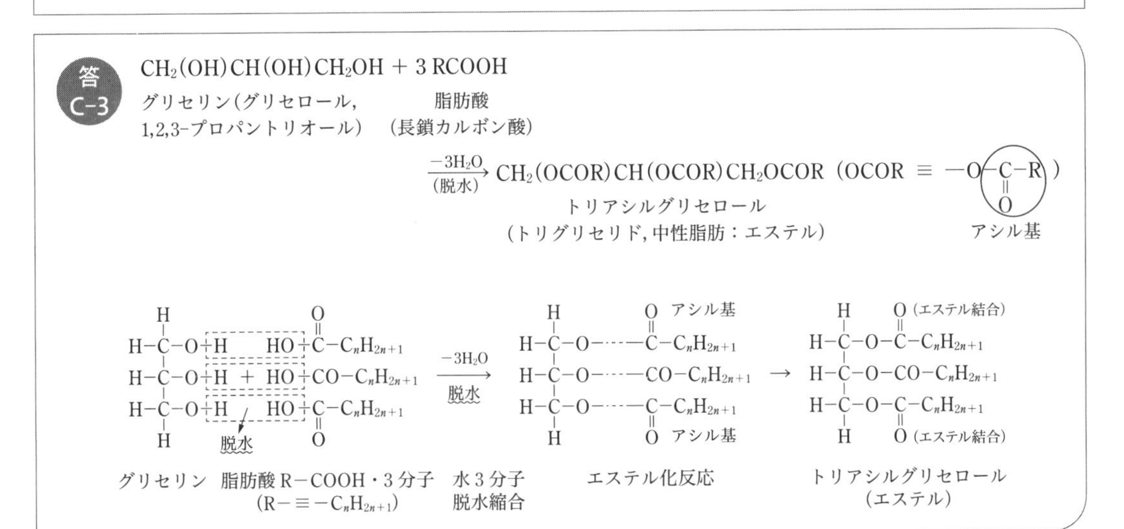

［コレステロールとリン脂質］

コレステロールは，細胞膜の構成成分で，ステロイドホルモン類や胆汁酸塩の原料となります．血液中ではエステル型が多い．細胞膜の主要成分はグリセロリン脂質のホスファチジルコリン（レシチン）です．卵黄レシチンはマヨネーズをつくる際の乳化剤として作用しています．

問題 C-4　以下の2つの反応をそれぞれ構造式で示しなさい．

① コレステロール → コレステロールエステル
② グリセロール＋脂肪酸2分子[1]＋リン酸＋コリン → ホスファチジルコリン（レシチン）

ヒント：2分子の脂肪酸と1分子のリン酸がグリセロールにエステル結合し，そのリン酸基の残りの−OH基にコリン（*N,N,N*-トリメチルエタノールアミン）がエステル結合したものがホスファチジルコリン（レシチン）．

1）脂肪酸 $CH_3CH_2CH_2\cdots CH_2COOH$ は ／＼／＼／＼／＼COOH のように線描略記する．

① 脂肪酸とコレステロールのエステル（C，H を省略した線描構造式 p.102）

R−C(=O)−OH ＋ H−O−（コレステロール） $\xrightarrow{-H_2O}$ R−C(=O)−O−（コレステロールエステル）

脂肪酸　　コレステロール　　コレステロールエステル

② グリセリンと 2 分子の脂肪酸・1 分子のリン酸がエステル結合したもの（ホスファチジン酸）に，コリンがさらにリン酸エステル結合をつくることでホスファチジルコリン（レシチン）となる．

H_2C-O-H, $HC-O-H$, H_2C-O-H ＋ 2HO−C(=O)−（C, H を省いた線描構造式） $\xrightarrow{-3H_2O}$

グリセロール ＋ 2 脂肪酸 ＋ リン酸　＋ コリン
（グリセリン）　2 RCOOH

$HO-P(=O)(O^{\ominus})-OH$　$H-O-CH_2CH_2-N^{\oplus}(CH_3)_3$
（リン酸エステル）

$H_2C-O-C(=O)-$, $HC-O-CO-$, $H_2C-O-P(=O)(O^{\ominus})-O-CH_2CH_2-N^{\oplus}(CH_3)_3$

ホスファチジルコリン（レシチン）

C・3 糖質 炭水化物およびその誘導体・生体のエネルギー源

[糖：アルドース，ケトース，鎖状構造式と環状構造式，α-，β-アノマー，グリコシド結合]

アルデヒド基 $-C(=O)-H$，またはケトン基 $C-C(=O)-C$ と 2 個以上の −OH 基をあわせもった化合物を糖といいます．代表例はグルコース（ブドウ糖，アルドース＝アルデヒド糖）とフルクトース（果糖，ケトース＝ケトン糖）です．鎖状構造（下図左端）は極少量しか存在しませんが，環状構造（下図右側の線描構造式）と迅速に相互変換しているので，糖は両方の性質を示します（アルデヒド，ケトンとしての性質ももつ：還元性がある＝酸化されやすい）．環状構造では，鎖状構造が環化する際に立体異性体（α-, β-アノマー）を生じます．六員環の環状構造式の書き方はパッカード式（実際の分子構造に対応）とハース式（Haworth 式，簡略化した構造式）の 2 通りがあり，生物系の分野ではハース式を用います（五員環では環はほぼ平面でありハース式が実際の構造にほぼ対応しています）．

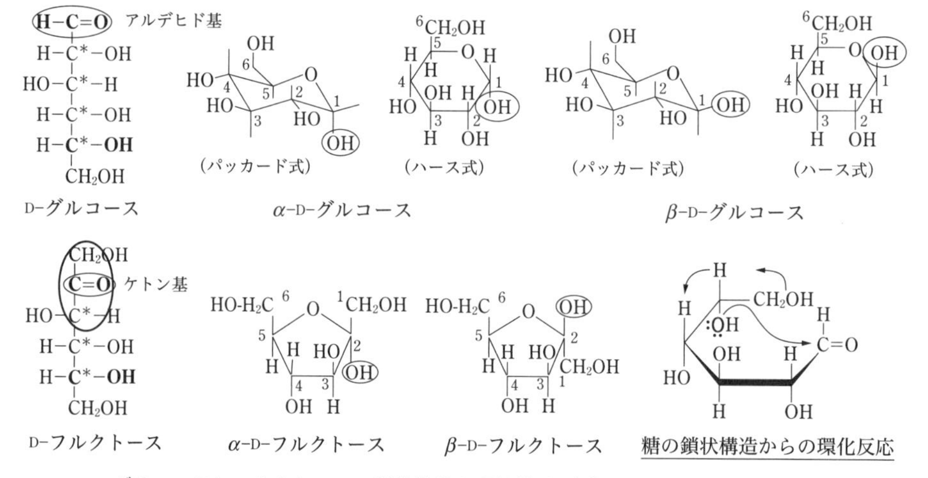

グルコースとフルクトースの鎖状構造と環状構造（パッカード式とハース式）

［α–, β–グルコースの構造式］（パッカード式とハース式）

問題 C-5　**α–, β–グルコースの構造式をパッカード式，ハース式で書きなさい．**

ヒント：前ページの構造式をまねて何回か書いてみるだけでよい．β–グルコースは C^1〜C^4 の －OH が横向きの上下上下となる．パッカード式はシクロヘキサンのいす形；ハース式はシクロヘキサンの平面表示構造

α, β–グルコースの構造式（パッカード式とハース式）は前ページ参照．
α：C^1の OH（グリコシル OH, もともとはアルデヒド基だったところ）は下向き（C^5－C^6 と反対向き）
β：C^1 の OH は横（上）向き（C^5－C^6 と同じ向き）

［α (1 → 4) グリコシド結合と β (1 → 4) グリコシド結合，糖の鏡像異性体］

アルドース C^1－OH（ケトース C^2－OH）をグリコシル OH（もとはアルデヒド基・ケトン基の O 原子）[1] といい高い反応性をもちます．この －OH と別の糖分子の C^4, C^6－OH（アルコール OH）の H とが脱水（$-H_2O$）縮合した（エーテル結合でつながった）ものをグリコシド結合といいます．これにより複数の糖分子がつながります．二糖類（2 個の糖分子・単糖からなる）：　ショ糖・スクロース（グルコース＋フルクトース），乳糖・ラクトース（ガラクトース＋グルコース），麦芽糖・マルトース（グルコース＋グルコース）．少糖類・オリゴ糖（複数の単糖からなる），多糖類（多数の単糖からなる）：　グルコースの多糖類デンプン（らせん構造，答 C–6(1)），グリコーゲン[2] とセルロース（直線，答 C–6(2)）など．

1) ヘミアセタール性 OH（➡「有機化学 基礎の基礎 第 3 版」p.114）
2) 動物体内の貯蔵多糖，α(1→4) 結合の主鎖に α(1→6) 結合で分岐した構造をもつ．

問題 C-6　**以下の問題に答えなさい．**

(1) マルトース（麦芽糖，らせん構造のデンプンの基本単位）と，(2) セロビオース（直線構造のセルロースの基本単位）の，α (1 → 4)，β (1 → 4) グリコシド結合をパッカード式とハース式で示せ．
(3) 鏡像異性体 D–グルコースと L–グルコースの構造式を書け（一番下の不斉炭素の－OH の右左で判断）

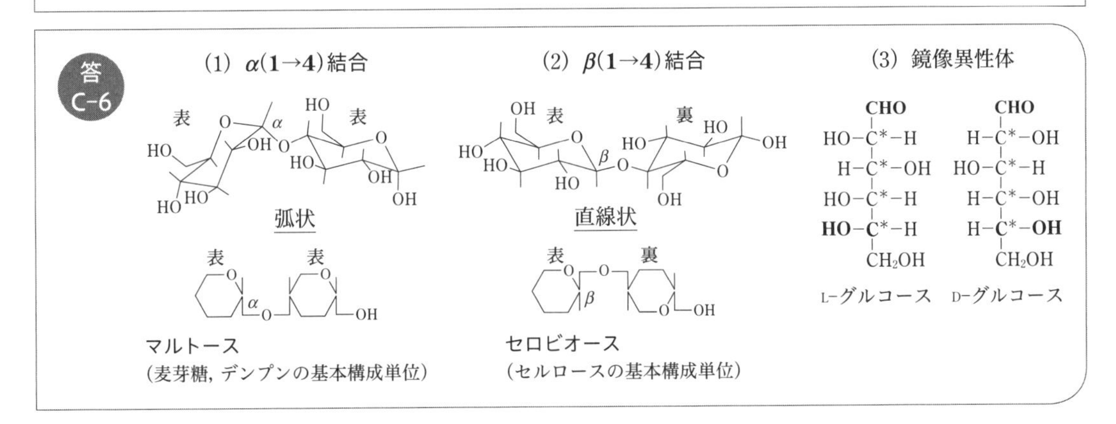

索　引

た　行

な　行

は　行

ま 行

や 行

ら 行

著者略歴

立屋敷　哲（たちやしき・さとし）
女子栄養大学名誉教授，理学博士
女子栄養大学栄養科学研究所 客員研究員（2019，2020 年度）
1949 年　福岡県大牟田市生まれ
1971 年　名古屋大学理学部卒
研究分野：無機錯体化学，無機光化学，無機溶液化学

三 芳　綾（みよし・あや）
学士（栄養学）
1986 年　新潟県新潟市生まれ
2008 年　女子栄養大学栄養学部（食文化栄養学科）卒

演習でマスターしよう！
化学のキソ・計算のキソ・有機化学のキソ

令和 3 年 4 月 30 日　発　行

著作者　立屋敷　哲
　　　　三 芳　綾

発行者　池 田 和 博

発行所　丸善出版株式会社
〒101-0051 東京都千代田区神田神保町二丁目17番
編集：電話(03)3512-3263／FAX(03)3512-3272
営業：電話(03)3512-3256／FAX(03)3512-3270
https://www.maruzen-publishing.co.jp

組版印刷・中央印刷株式会社／製本・株式会社 松岳社

ISBN 978-4-621-30609-3　C 3043　　Printed in Japan

13 種類の有機化合物群について理解すること・頭に入れること 重要

テスト　13 種類の有機化合物群名と官能基，その代表的化合物名と化学式，性質

以下の表の空欄を埋めよ（p.87〜102）　規則的命名法（置換名，炭素鎖の炭素数で命名する方法）

有機化合物群名	(1) 一般式 R−＝C_nH_{2n+1}−	(2) 官能基	(3) 代表的化合物 置換名 (官能種類名*, 慣用名)	(4) (3)の示性式・ 構造式	(5) 代表的性質
① (油)		,	, , , (,)	, , ,	油（燃料), (　　), , 低反応性
② (ハロゲン元素)		,	(　　):		, アルカン の親戚, , (発がん性)
③　　(アン モニアの親戚)		,	(　　*) , (　　*)	,	アンモニアの親戚, ,
④ (水の親戚)		,	(,) (　　*)	(　　)	水の親戚, ,
⑤ (水と他人)		,	(　　*)	(　　)	水と他人, ,
⑥ (④から脱水素)	,	, (　　)	, (,) (,)	(　　)	, ,
⑦ (⑥の親戚)	,	,	(,)・ , (　　)	(　　)	, からだの異常代謝産物（飢餓,　）
⑧ (酢の成分)	,	,	(　) (　　)	(　　)	食酢主成分, (　　), ,
⑨ (果物の香り)	, ,	, ,	(　　)	(　　)	芳香（果物の香り・酒の吟醸香),
⑩ (タンパク質結合の一般名)	,	,	(　　)	(　　)	タンパク質,
⑪ (二重結合)		,	(,) (　　)		, ・ ,
⑫ (①と別の油)	,	, ,	(　　)	,	油（ , ・ ）
⑬ (⑫と④の親戚)	,	,	, (　　)	,	(お茶などの) , 抗酸化作用
1点×13	1点×21	1点×28	1点×37	1点×27	1点×30

(　　　)学科（　　　）専攻（　）クラス（　　　）番，氏名（　　　　）

____ 156点